老鳥都會！菜鳥必學！

Excel 全彩圖解

商用表單製作

財會　行政　銷售

★ 完整學習 Excel 功能

Microsoft Excel 2013 使用手冊

透過函數、圖表、分析工具，便能將資料轉換成利於判斷、決策的資訊，要讓數字會說話，必定要將 Excel 的功能完整學通。

★ 用 Excel 處理辦公事務

老鳥都會!菜鳥必學! Excel 商用表單製作

本書帶你從實作中學會 Excel 的表單製作，包括預算管理、業績獎金計算、出缺勤統計、薪資系統建立、等多樣的實例應用。

★ 善用 Excel 函數解決繁雜的計算

上班族一定要會的 Excel 函數‧組合應用‧商務實例

本書從 Excel 將近 450 個函數中精選最常使用的函數，搭配實例說明，讓讀者學得完、學得會、用得到。

超實用 Excel 商務實例函數字典
(2013/2010/2007/2003 適用)

本書是目前介紹 Excel 函數最完整的工具書，詳細解說 2013 / 2010 / 2007 / 2003 各個版本的函數用途和語法，搭配標示清楚的索引目錄、並附上 Excel 函數範例檔案，保證您看得懂、學得會，輕鬆提高工作效率。

★ 用 Excel 提高工作效率

Excel VBA 超入門教室

本書以漫畫人物的對話方式，帶你從情境中建立 VBA 概念，學會撰寫 VBA 程式幫你處理各種繁雜的資料。

三步驟搞定! 最強 Excel 資料整理術 (2013/2010/2007 適用)

本書收錄許多使用者在整理資料時所遇到的問題，並教你用簡短又有效的方法來解決這些牽一髮就動全身的繁雜資料。

Excel 效率 UP! 快速完成工作的技巧

本書將教您超便利的操作秘技，讓您快速完成資料的輸入並且將表格整理成一眼就懂的格式!

序 Preface

　　Excel 具有非常強大的運算功能，職場上的行政、管理、財會等工作，都會運用 Excel 來進行試算、統計或分析結果。如果您只會用 Excel 建立工作表或簡單的加減計算，那麼一定要再加強 Excel 的實務應用技能，才能提升個人的職場競爭力。

　　本書採範例式的實作教學，精心規劃 14 個範例，含括財會、行政管理、銷售統計等領域，為您整合說明 Excel 的各項功能及應用方式。藉由詳細的步驟解析，可以幫您解決職場上經常遇到的各種試算難題，並迅速完成主管交辦的報表或表單。

　　在規劃本書範例期間，曾多次請教任職於公司行號的財務、行政人員，以確保範例的正確與實用性，其中更提供符合現況的試算報表，並鍵入大量的資料內容，以模擬最貼近實務的情況。因此，本書不僅可為剛踏進職場的新鮮人做準備、對於相關從業的人員也是一本最佳的實務手冊，更希望藉由本書的範例及說明，讓 Excel 成為您工作上的好幫手。

施威銘研究室

2015.7

關於光碟 About CD

本書光碟收錄了各章範例檔案, 方便你跟著書中的內容操作, 以節省輸入資料的時間, 也可以迅速融入各章節的主題, 提昇學習效果。請將書附光碟放入光碟機中, 稍待一會兒會出現**自動播放**交談窗, 按下**開啟資料夾以檢視檔案**項目就會看到如下畫面:

雙按各章節的資料夾, 即可看到範例檔案, 雙按檔案即可開啟, 建議你將檔案複製一份到電腦中以方便操作。

版 權 聲 明

目錄 Contents

Chapter 01 建立教育訓練課程表

- 快速輸入連續編號－「**自動填滿**」功能
- 自動輸入只有工作日的日期－自動填滿選項
- 快速輸入相同的資料－「**自動完成**」功能
- 在一個儲存格中輸入多行資料
- 替表格加上底色和框線
- 刪掉某列資料, 連續編號會自動重編
- 免複製、貼上, 一次輸入相同的資料
- 將常用的文字製作成「**下拉式清單**」, 節省打字時間
- 調整欄寬與列高的技巧
- 將 Excel **轉存成 PDF 檔案**

Chapter 02 庫存資料管理

- 移除重複的資料－**資料/移除重複**
- 讓編號包含開頭的 00－**自訂數值格式**
- 在儲存格範圍中一次輸入相同的資料
- 用萬用字元取代不要顯示的產品代號
- 每隔一列填滿底色
- 將庫存不足的產品填入醒目顏色－**設定格式化的條件**
- 將兩個欄位的產品編號整合在一起－**快速填入**功能
- 判斷目前的庫存量是否低於安全庫存量－**IF 函數**
- 每隔一列插入空白

Chapter 03 製作網購產品目錄及訂購單

- 匯入文字檔案
- 為金額加上貨幣及千分位符號
- 修改工作表頁次標籤名稱及顏色
- 整合客戶訂單－新增、移除、複製工作表
- 計算各類產品的總額－使用 **SUMPRODUCT 函數**
- 固定顯示產品的標題欄位, 以方便對照－**凍結窗格**
- 確保目錄及單價不被任意更改－**保護工作表**
- 統計產品訂購數量－**使用「合併彙算」統整訂單**

Chapter 04　計算員工升等考核成績

- 計算每個人的筆試成績－「**自動加總**」鈕
- 用圖形來顯示成績的高低－「**設定格式化的條件**」
- 計算筆試合格與不合格的人數－ **COUNTIF** 函數
- 排列名次－「**排序**」和「數據填滿」功能
- 判斷筆試成績是否合格－ **IF** 函數
- 只要篩選出筆試合格的人－「**自動篩選**」功能
- 只要篩選出筆試合格的人－「**自動篩選**」功能
- 查詢個人考核成績－活用 **VLOOKUP** 函數

Chapter 05　結算每月員工出缺勤時數

- 輸入員工編號後自動顯示員工姓名－**使用 LOOKUP 函數查表**
- 建立「假別」下拉式清單, 節省輸入資料的時間－使用**資料驗證**功能
- 建立請假扣分公式－ 在 IF 函數中搭配 OR 函數做判斷
- 只篩選出六月份的請假資料－**自訂篩選**功能
- 列出所有員工六月份的出缺勤資料－建立**樞紐分析表**

Chapter 06　員工季考績及年度考績計算

- 跨活頁簿複製出缺勤資料
- 計算出勤得分－使用 IF 函數設定條件判斷式
- 使用 LOOKUP 函數進行查表
- 使用 RANK.EQ 函數排列名次
- 使用**合併彙算**功能計算四季平均考績

Chapter 07 產品銷售分析

- 依產品型號自動查出單價－VLOOKUP 函數
- 只篩選出 2 月份的訂單記錄－**自動篩選**功能
- 建立「銷售地區」清單, 避免打錯資料－利用「**資料驗證**」功能
- 設定輸入「產品名稱」後自動帶出「產品型號」－**多重清單技巧**
- 依銷售量高低以圖示標示等級－運用「**設定格式化的條件**」強化樞紐分析表
- 製作銷售統計的**樞紐分析表**與**樞紐分析圖**

Chapter 08 計算業務員的業績獎金

- 查詢獎金比例及累進差額－使用 **HLOOKUP 函數**與 **LOOKUP 函數**進行查表
- 計算業務員的年資－用 **TODAY** 函數搭配 **ROUND** 函數做四捨五入
- 找出業績佳的業務員－運用篩選、排序
- 找出獎金高於平均的業務員－套用**設定格式化的條件**功能搭配**註解**說明

Chapter 09 年度預算報表

- 建立人員、專案名稱、科目名稱的清單－**使用「資料驗證」**
- 為儲存格建立**名稱**強化公式的易讀性
- 結算每月的預算小計－運用 **SUBTOTAL** 函數
- 合計各項目的預算總額－**運用 SUMIF** 函數

Chapter 10 計算資產設備的折舊

- 認識「直線法」折舊的公式
- 利用 SLN 函數計算直線法折舊
- 「年數合計法」折舊的函數：SYD
- 「倍數餘額遞減法」折舊的函數：DDB
- 按「定率遞減法」折舊的函數：DB

Chapter 11 市場調查分析

- 市場調查的流程
- 問卷資料的尋找與取代技巧
- 利用樞紐分析表來做問卷分析
- 繪製樞紐分析圖
- 利用交叉篩選器來做交叉分析

Chapter 12 人事薪資、二代健保、勞退提撥－資料的建立與查表

- 利用 VLOOKUP 函數查詢扣繳稅額及勞、健保費
- 建立員工基本資料與參考表格
- 為查表範圍定義名稱
- 計算應付薪資

Chapter **13** 製作薪資查詢系統及大量列印薪資明細

● 利用儲存格的**參照**功能, 製作轉帳明細表

● 使用**表單控制項**, 製作可供查詢的薪資明細

● 套用 Word 的**合併列印**功能, 一次列印所有員工的薪資單

● 保護活頁簿及檔案, 避免機密資料外洩或被任意修改

Chapter **14** 錄製巨集加速完成重複性的工時統計作業

● 認識巨集與巨集的使用時機

● 錄製與執行工時統計巨集

● 將巨集做成按鈕以便快速執行

● 巨集病毒及安全層級設定

1

建立教育訓練課程表

你會學到的 Excel 功能

- 快速輸入連續編號-「**自動填滿**」功能
- 刪掉某列資料, 連續編號會自動重編
- 自動輸入只有工作日的日期-自動填滿選項
- 免複製、貼上, 一次輸入相同的資料
- 快速輸入相同的資料-「**自動完成**」功能
- 將常用的文字製作成「**下拉式清單**」, 節省打字時間
- 在一個儲存格中輸入多行資料
- 調整欄寬與列高的技巧
- 替表格加上底色和框線
- 將 Excel **轉存成 PDF 檔案**

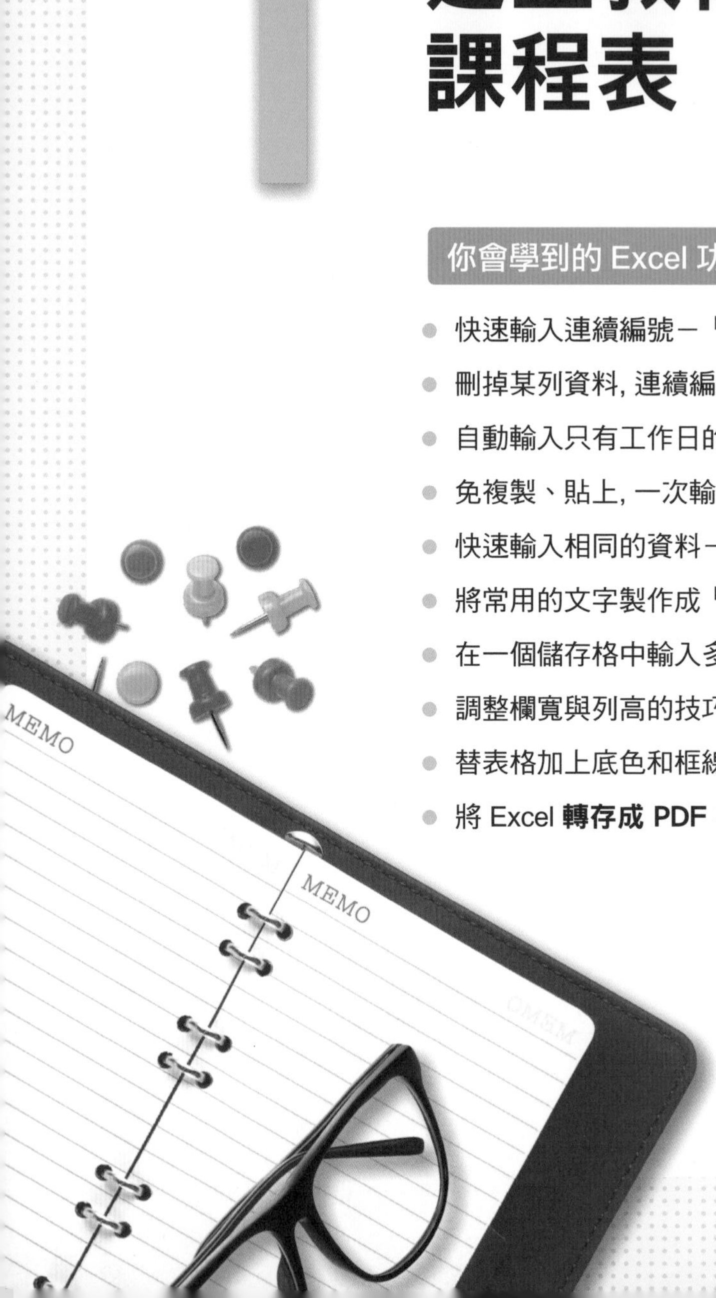

在企業內, 常常遇到需要用表格彙整資料的情況, 像是請假單、會議記錄、產品訂單、估價單…等, 本章我們就來學習如何製作一份教育訓練課程表。下圖就是本章完成的結果:

美森公司教育訓練課程表				
課程編號	上課日期	課程名稱	上課時間	受訓單位
OAL001	2015/7/1	辦公室人際關係	19:30～21:30	管理部
OAL002	2015/7/2	辦公室人際關係	19:30～21:30	財務部
OAL003	2015/7/3	魅力公關與溝通高手	19:30～21:30	業務部
OAL004	2015/7/6	魅力公關與溝通高手	19:30～21:30	業務部
OAL005	2015/7/7	客戶滿意的關鍵	19:30～21:30	業務部 開發部
OAL006	2015/7/8	簡報模擬訓練營	19:30～21:30	業務部
OAL007	2015/7/9	全方位理財規劃	19:30～21:30	財務部
OAL008	2015/7/10	投資風險講座	19:30～21:30	財務部
OAL009	2015/7/13	投資風險講座	19:30～21:30	財務部

在課程表的製作過程中, 我們將學會在 Excel 中快速輸入資料及自動帶入常用的資料、美化工作表等技巧。以上這些都是使用 Excel 的基本操作, 本章以此範例將這些基本操作做一個完整的說明與示範, 你學會這些技巧後, 就可以自行運用到本書往後的範例, 或日常的工作中。而本書之後的範例, 我們就不再對這些基本操作多做說明了。

1-1 快速建立「課程表」資料

當你接到主管指派的任務,要你在半小時內製作好一份內部的「教育訓練課程表」,你不需辛苦地打字,只要運用一點 Excel 的技巧,就能幫你在短時間內完成表格的製作。

用「自動填滿」功能快速輸入連續編號

首先,開啟範例檔案 Ch01-01,我們要製作的「課程表」包含以下五個欄位,請依照主管給的資料分別輸入到這些欄位裡。

快速鍵 Ctrl + O

要快速進入**開啟舊檔**畫面,可按下 Ctrl + O 快速鍵。

01 選取儲存格 A2,輸入 "OAL001",按 Enter 鍵後,再將指標移至粗框線右下角的填滿控點上 (此時指標會變成 **+** 狀)。

A2		✕ ✓ f_x	OAL001		
	A	B	C	D	E
1	課程編號	上課日期	課程名稱	上課時間	受訓單位
2	OAL001				
3					

這就是填滿控點

02 將指標移至填滿控點上後,按住左鈕不放,向下拉曳至 A10 儲存格,即可在 A2:A10 的範圍內填滿編號:

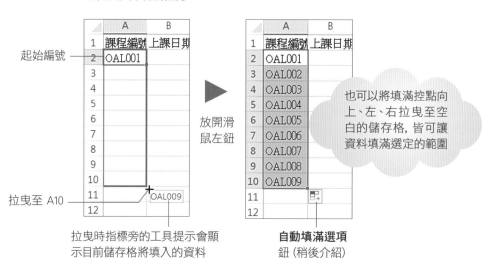

起始編號

放開滑鼠左鈕

拉曳至 A10

拉曳時指標旁的工具提示會顯示目前儲存格將填入的資料

也可以將填滿控點向上、左、右拉曳至空白的儲存格,皆可讓資料填滿選定的範圍

自動填滿選項鈕 (稍後介紹)

刪掉某列資料, 連續編號會自動重編

　　雖然用「自動填滿」來產生編號非常方便, 但如果刪除了某一列資料, 編號就會不連續, 必須重新順過! 若是希望在刪除某列資料後, 能夠自動產生連續編號, 你可以用 ROW() 函數達成。

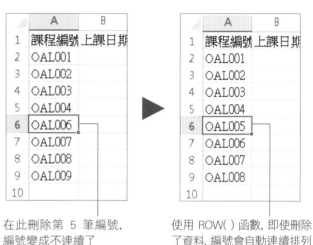

在此刪除第 5 筆編號, 編號變成不連續了

使用 ROW( ) 函數, 即使刪除了資料, 編號會自動連續排列

快速鍵 Ctrl + ▬

想要快速刪除某一列 (或多列) 資料, 只要選取整列 (或多列) 後, 按下 Ctrl + ▬ 快速鍵即可。

01 請先刪除剛才建立的編號 (儲存格 A2～A10), 接著選取儲存格 A2 輸入:「="OAL00"&ROW()-1」。ROW( ) 函數會傳回目前所在的列編號, 在此 -1 是扣除最上面的標題列, 若標題列有兩列, 則 ROW() 函數之後要 -2。

02 將儲存格 A2 右下角的填滿控點往下拉曳至 A10, 即可自動產生編號。

自動輸入只有工作日的日期－自動填滿選項

　　輸入好**課程編號**的資料後，接著我們要輸入**上課日期**，在此同樣利用**自動填滿**功能的技巧來輸入，請在儲存格 B2 輸入日期 2015/7/1，同樣拉曳填滿控點至儲存格 B10，此時儲存格附近亦會出現**自動填滿選項**鈕，利用這個按鈕，我們可以讓日期只填入工作日的日期 (跳過周末與假日)：

1 輸入日期

2 拉曳至 B10 儲存格，預設會填滿連續日期

此為預設值

3 按下**自動填滿選項**鈕，從中選取**以工作日填滿**

選此項，B2：B10 會填入 2015/7/1、2015/8/1…2016/3/1

選此項，B2：B10 會填入 2015/7/1、2016/7/1…2023/7/1

已自動跳過六、日 (非工作日)

沒有顯示「自動填滿選項」鈕

　　如果在填滿資料後，沒有顯示**自動填滿選項**鈕，請按下**檔案**頁次中的**選項**鈕，在**進階**頁次中確認是否已勾選**剪下、複製與貼上**區的**內容貼上時，顯示 [貼上選項] 按鈕**項目。

免複製、貼上，一次輸入相同的資料

自動填滿選項鈕，會自動依第一個儲存格的內容以數列的方式填滿其他儲存格，若是想輸入相同的資料，可改選**複製儲存格**項目。請在儲存格 D2 輸入 "19:30～21:30"，並拉曳**填滿控點**到儲存格 D10。

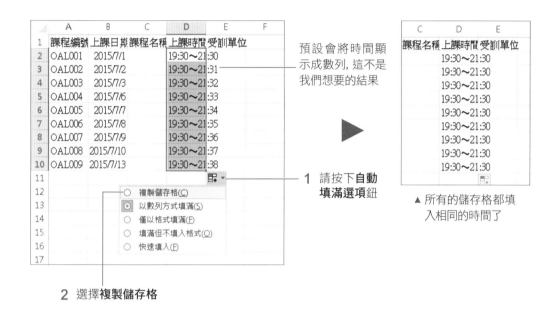

預設會將時間顯示成數列，這不是我們想要的結果

1 請按下**自動填滿選項**鈕

▲ 所有的儲存格都填入相同的時間了

2 選擇**複製儲存格**

利用「自動完成」快速輸入相同資料

接下來我們要輸入**課程名稱**，由於名稱較長，請您先拉曳 C 欄儲存格的右框線，使其可顯示較多的文字，完成後請在儲存格 C2 輸入 "辦公室人際關係"：

拉曳框線可調整欄位寬度

當我們要在儲存格中 C3 輸入課程名稱時，Excel 會把目前輸入的資料和同欄中其它的儲存格資料做比較，若發現有相同的部份，就會為該儲存格填入剩餘的部份。例如，在 C3 輸入 "辦"：

輸入第 1 個字　　自動填入剩餘的部份

若自動填入的資料恰巧是您接著想輸入的字, 就可直接按下 `Enter` 鍵, 將資料存入儲存格中; 反之若不是您想要的資料, 則可以不理會自動填入的字, 繼續輸入即可, 在此例請按下 `Enter` 鍵。

接下來請參考下圖練習輸入課程名稱:

	A	B	C	D	E
1	課程編號	上課日期	課程名稱	上課時間	受訓單位
2	OAL001	2015/7/1	辦公室人際關係	19:30〜21:30	
3	OAL002	2015/7/2	辦公室人際關係	19:30〜21:30	
4	OAL003	2015/7/3	魅力公關與溝通高手	19:30〜21:30	
5	OAL004	2015/7/6	魅力公關與溝通高手	19:30〜21:30	
6	OAL005	2015/7/7	客戶滿意的關鍵	19:30〜21:30	
7	OAL006	2015/7/8	簡報模擬訓練營	19:30〜21:30	
8	OAL007	2015/7/9	全方位理財規劃	19:30〜21:30	
9	OAL008	2015/7/10	投資風險講座	19:30〜21:30	
10	OAL009	2015/7/13	投資風險講座	19:30〜21:30	

▲ 拉曳各欄位的右框線調整欄寬, 使資料完整顯示, 稍後我們會針對欄寬設定做更進一步的說明

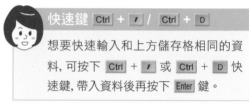

快速鍵 `Ctrl` + `'` / `Ctrl` + `D`

想要快速輸入和上方儲存格相同的資料, 可按下 `Ctrl` + `'` 或 `Ctrl` + `D` 快速鍵, 帶入資料後再按下 `Enter` 鍵。

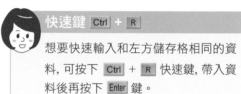

快速鍵 `Ctrl` + `R`

想要快速輸入和左方儲存格相同的資料, 可按下 `Ctrl` + `R` 快速鍵, 帶入資料後再按下 `Enter` 鍵。

從下拉式清單挑選欲輸入的資料

除了一筆筆輸入資料, 以及利用**自動完成**來輸入外, 我們還可以從清單來挑選, 省卻輸入資料的繁複步驟。請開啟範例檔案 Ch01-02, 我們已經在 E 欄輸入了 3 個受訓單位。接著, 我們要利用清單功能來繼續輸入其它的資料。

選定 E5 儲存格, 然後按下滑鼠右鈕, 選擇快顯功能表中的『**從下拉式清單挑選**』命令, 此時作用儲存格 E5 下方會出現一張清單, 記錄著同一欄 (此處為 E 欄) 中已出現過的資料, 只要由清單中選取, 即可完成資料的輸入:

	A	B	C	D	E
1	課程編號	上課日期	課程名稱	上課時間	受訓單位
2	OAL001	2015/7/1	辦公室人際關係	19:30〜21:30	管理部
3	OAL002	2015/7/2	辦公室人際關係	19:30〜21:30	財務部
4	OAL003	2015/7/3	魅力公關與溝通高手	19:30〜21:30	業務部
5	OAL004	2015/7/6	魅力公關與溝通高手	19:30〜21:30	
6	OAL005	2015/7/7	客戶滿意的關鍵	19:30〜21:30	財務部 ← 清單的內容
7	OAL006	2015/7/8	簡報模擬訓練營	19:30〜21:30	業務部 ← 選取的資料
8	OAL007	2015/7/9	全方位理財規劃	19:30〜21:30	管理部

下拉式清單中的資料是怎麼來的?

Excel 會從選取的儲存格往上、下尋找, 只要找到的儲存格內有資料, 就會把它放到清單中, 直到遇到空白的儲存格為止。以下圖為例來做説明, 清單中只會列出 "管理部"、"財務部"、"開發部" 與 "全員" 這 4 個項目, 而不會出現 "資訊室"、"會計部"。

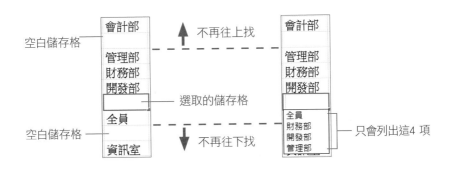

在一個儲存格中輸入多行資料

如果同時要指派 2 個單位的人員上課, 也可以在同一個儲存格中輸入 2 個單位。為看清楚效果, 請先將**資料編輯列**的範圍拉高至約 2 列的高度：

向下拉曳

	A	B	C	D	E	F
1	課程編號	上課日期	課程名稱	上課時間	受訓單位	
2	OAL001	2015/7/1	辦公室人際關係	19:30～21:30	管理部	
3	OAL002	2015/7/2	辦公室人際關係	19:30～21:30	財務部	
4	OAL003	2015/7/3	魅力公關與溝通高手	19:30～21:30	業務部	
5	OAL004	2015/7/6	魅力公關與溝通高手	19:30～21:30	業務部	
6	OAL005	2015/7/7	客戶滿意的關鍵	19:30～21:30		
7	OAL006	2015/7/8	簡報模擬訓練營	19:30～21:30		

E6

接著, 請選定 E6 儲存格, 然後如下操作:

2 將插入點移到此, 按下 Alt + Enter 鍵

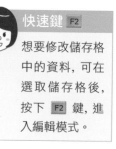

E6		✕ ✓ f_x	業務部		
	A	B	C	D	E	F
1	課程編號	上課日期	課程名稱	上課時間	受訓單位	
2	OAL001	2015/7/1	辦公室人際關係	19:30～21:30	管理部	
3	OAL002	2015/7/2	辦公室人際關係	19:30～21:30	財務部	
4	OAL003	2015/7/3	魅力公關與溝通高手	19:30～21:30	業務部	
5	OAL004	2015/7/6	魅力公關與溝通高手	19:30～21:30	業務部	
6	OAL005	2015/7/7	客戶滿意的關鍵	19:30～21:30	業務部	
7	OAL006	2015/7/8	簡報模擬訓練營	19:30～21:30		
8	OAL007	2015/7/9	全方位理財規劃	19:30～21:30		

快速鍵 F2

想要修改儲存格中的資料, 可在選取儲存格後, 按下 F2 鍵, 進入編輯模式。

1 先由下拉式清單中選取 "業務部"

	✕ ✓ f_x	業務部 開發部		
B	C	D	E
上課日期	課程名稱	上課時間	受訓單位
2015/7/1	辦公室人際關係	19:30～21:30	管理部
2015/7/2	辦公室人際關係	19:30～21:30	財務部
2015/7/3	魅力公關與溝通高手	19:30～21:30	業務部
2015/7/6	魅力公關與溝通高手	19:30～21:30	業務部
2015/7/7	客戶滿意的關鍵	19:30～21:30	業務部
2015/7/8	簡報模擬訓練營	19:30～21:30	開發部
2015/7/9	全方位理財規劃	19:30～21:30	

3 插入點自動移至儲存格的第 2 行, 接著輸入 " 開發部" 再按下 Enter 鍵

C	D	E
課程名稱	上課時間	受訓單位
辦公室人際關係	19:30～21:30	管理部
辦公室人際關係	19:30～21:30	財務部
魅力公關與溝通高手	19:30～21:30	業務部
魅力公關與溝通高手	19:30～21:30	業務部
客戶滿意的關鍵	19:30～21:30	業務部 開發部
簡報模擬訓練營	19:30～21:30	
全方位理財規劃	19:30～21:30	

E6 儲存格自動顯示成兩行了, 而且列高也會自動調整

　　您可以利用以上介紹的幾種方式, 輸入完整的課程表, 下一節我們將要介紹調整儲存格的技巧。

1-2 調整儲存格的寬度和高度

當資料內容超出儲存格寬度而被右邊的儲存格遮住, 或是覺得儲存格的欄位太寬、列的高度不夠時, 都可以藉由調整儲存格的欄寬及列高來修正, 這樣不僅讓表格看起來美觀, 閱讀起來也會感覺較舒適。

調整最適欄寬、列高

在前面操作的過程中, 我們曾經提醒過可以拉曳儲存格的右框線來調整欄寬, 但手動調整時, 難免調得太過或是不及, 這時你可以試著在欄的右框線上雙按, 讓 Excel 依內容自動調整最適合的欄寬。你可以利用範例檔案 Ch01-03 來進行以下的練習:

雙按此處可調整至最適合的欄寬

若是要調整列高, 可雙按列的下框線來調整 ── 此欄依內容調整了

指定欄寬、列高

若要一次將多欄或多列的高度調成一樣大小, 可透過底下的方法來調整, 會比較有效率。

指定欄寬

　　將 C 欄調整到最適欄寬後, 接著調整一下 A、B、D、E 共 4 欄的欄寬, 使這 4 欄能有相同的寬度。請先選取 A 欄, 再按下 Ctrl 鍵一一點選 B、D、E 欄的欄標題:

1 選取這 4 欄

在欄標題上按一下, 即可選取整欄

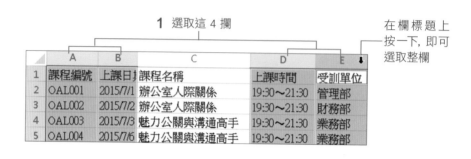

3 輸入 12 (單位: 字元)

4 按下**確定**鈕

2 在選取範圍的欄標題上按右鈕 (或按**常用**頁次中的**格式**鈕), 執行『**欄寬**』命令

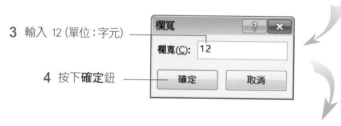

▲ 同時完成 4 欄的欄寬設定

指定列高

　　欄寬調整好後, 我們還可以將第 1 列的列高加大, 讓課程表的欄位標題更明顯。同樣地, 您可以透過快顯功能表中的『**列高**』命令來指定列高, 也可以採用「拉曳法」來調整; 在此我們以「拉曳法」來做示範。請選取 A1 儲存格, 然後將指標移到第 1 列的下框線並向下拉曳:

請拉曳至 30 (單位: 文字點數) 的高度, 拉曳時可由工具提示得知該列的高度

▲ 向下拉曳可加大列高;
　向上拉曳可縮小列高

接著請連續選取 2~10 列, 再以拉曳的方式將列高調整至 36 的高度 (拉曳選取列的任一列高):

	A	B
1	課程編號	上課日期
2	○AL001	2015/7/1
3	○AL002	2015/7/2
4	○AL003	2015/7/3
	高度:36.00 (60 像素)	2015/7/6
5	○AL005	2015/7/7
6	○AL006	2015/7/8
7	○AL007	2015/7/9
8	○AL008	2015/7/10
9	○AL009	2015/7/13

	A	B	C
1	課程編號	上課日期	課程名稱
2	○AL001	2015/7/1	辦公室人際關係
3	○AL002	2015/7/2	辦公室人際關係
4	○AL003	2015/7/3	魅力公關與溝通高手
5	○AL004	2015/7/6	魅力公關與溝通高手
	○AL005	2015/7/7	客戶滿意的關鍵
6			

在列標題上按一下, 即可選取整列; 按住列標題往下拉曳, 可連續選取多列

▲ 選取範圍的列高會一併調整

為課程表加上標題

課程表的內容大致完成了, 現在我們再來為課程表加上醒目的標題。

01 我們先在儲存格的最上面新增兩列。

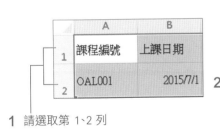

1 請選取第 1、2 列

2 按右鈕執行『插入』命令 (或按常用頁次中的插入鈕)

由於我們選取了兩列, 所以會新增兩列

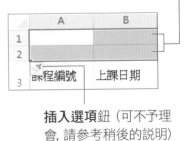

插入選項鈕 (可不予理會, 請參考稍後的說明)

02 接著, 在新增的 A1 儲存格中輸入 "美森公司教育訓練課程表":

	A	B	C	D	E
1	美森公司教育訓練課程表				
2					
3	課程編號	上課日期	課程名稱	上課時間	受訓單位

03 然後選取 A1：E2 的儲存格範圍, 再按下
常用頁次下**對齊方式**區的**跨欄置中**鈕, 即可
將標題置中對齊：

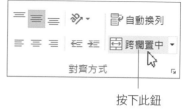

按下此鈕

為課程表加上標題
了, 並跨欄置中對齊

	A	B	C	D	E
1			美森公司教育訓練課程表		
2					
3	課程編號	上課日期	課程名稱	上課時間	受訓單位

利用「插入選項」鈕快速套用格式

當我們插入新的列 (欄) 時, 可能
會在新增的列下方 (或新增的欄
右方) 看到**插入選項**按鈕 。那
是因為 Excel 會自動判斷新增列
的上方列和下方列 (或是新增欄
的左方欄和右方欄) 格式是否相
同, 如果不同的話, 就會出現**插入
選項**鈕讓您選擇想要套用哪一列
(欄) 的格式：

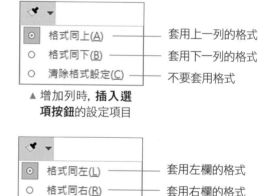

套用上一列的格式
套用下一列的格式
不要套用格式

▲ 增加列時, **插入選
項按鈕**的設定項目

套用左欄的格式
套用右欄的格式
不要套用格式

▲ 增加欄時, **插入選
項按鈕**的設定項目

您也可以不理會**插入選項**鈕, 其效果相當於選擇『**清除格式設定**』命令。

如果要新增欄、列的地方剛好是第一欄或第一列的話, 則選擇『**格式同左**』和『**格
式同上**』命令, 將會套用 Excel 預設的格式。

1-3 美化課程表

到目前為止, 我們都著重在表格的內容, 目前內容已大致完備了, 我們再針對表格的美化工作來下點工夫, 讓表格能顯得更美觀、專業。

為表格加底色與框線

Excel 內建了多種表格配色, 就算對自己的配色沒有信心, 也可以輕鬆建立美觀、專業的表格樣式。你可以接續剛才的範例來練習, 或是開啟範例檔案 Ch01-04 跟著如下操作。

01 選取要套用表格樣式的範圍 A3：E12 (按住 A3 儲存格, 拉曳到 E12 儲存格再放開), 切換至**常用**頁次並如下操作:

1 按下**格式化為表格**鈕

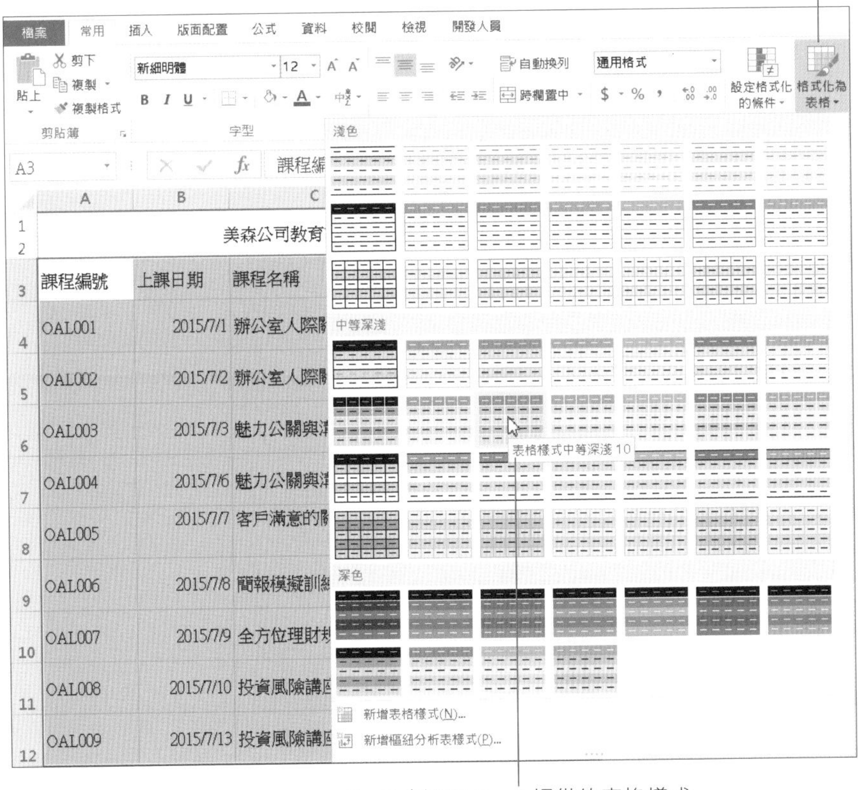

2 從中選取 Excel 提供的表格樣式

02 接著會要你確認套用表格樣式的儲存格範圍，若沒有問題請按下**確定**鈕：

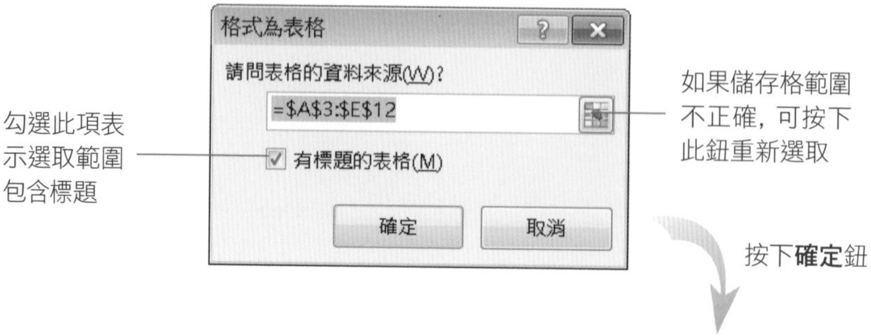
格式為表格
請問表格的資料來源(W)?
=$A$3:$E$12
有標題的表格(M)
確定
取消
勾選此項表示選取範圍包含標題
如果儲存格範圍不正確，可按下此鈕重新選取
按下**確定**鈕

	A	B	C	D	E
1-2	美森公司教育訓練課程表				
3	課程編號	上課日期	課程名稱	上課時間	受訓單位
4	OAL001	2015/7/1	辦公室人際關係	19:30～21:30	管理部
5	OAL002	2015/7/2	辦公室人際關係	19:30～21:30	財務部
6	OAL003	2015/7/3	魅力公關與溝通高手	19:30～21:30	業務部
7	OAL004	2015/7/6	魅力公關與溝通高手	19:30～21:30	業務部
8	OAL005	2015/7/7	客戶滿意的關鍵	19:30～21:30	業務部 開發部
9	OAL006	2015/7/8	簡報模擬訓練營	19:30～21:30	業務部
10	OAL007	2015/7/9	全方位理財規劃	19:30～21:30	財務部
11	OAL008	2015/7/10	投資風險講座	19:30～21:30	財務部

▲ 輕鬆就設定好表格的底色、框線了

如果對於套用的顏色不滿意，你可以重新選取樣式，選取範圍就會立即套用新選取的樣式。

套用表格樣式後，標題會顯示**自動篩選**鈕 ▾，不過此處我們用不到此功能，因此可如下將篩選功能關閉：

1 選取標題列範圍 A3：E3

2 按下**資料**頁次**排序與篩選**區的**篩選**鈕, 使其呈現未啟用的狀態

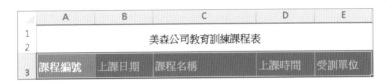

將表格轉為一般儲存格範圍

在套用表格樣式之後, 整個範圍就轉換成「表格」了！而 Excel 所謂的「表格」是指由數個欄、列所組成, 可用來篩選資料的表格。由於此課程表, 不需要篩選資料, 因此我們將表格轉回一般的儲存格 (但美化的樣式仍在):

1 切換至**資料表工具/設計**頁次

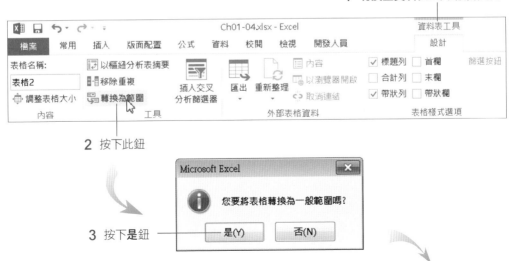

2 按下此鈕

3 按下**是**鈕

▲ 轉換為一般範圍了

原本表格範圍右下角的 ◢ 符號消失了, 表示已轉為一般儲存格範圍

若是尚未關閉**自動篩選**功能, 將表格轉換為一般範圍時, 仍會關閉**自動篩選**功能。

套用儲存格樣式

如果不喜歡配套好的表格樣式, 也可以針對儲存格來設定想要呈現的格式。以課程表的標題 A1 為例, 請選取 A1 儲存格, 再切換至**常用**頁次按下**樣式**區的**儲存格樣式**鈕:

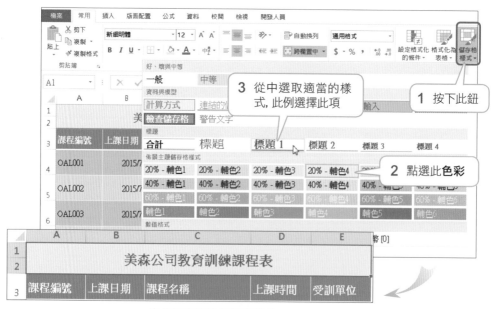

▲ 為標題套用的儲存格樣式

此外, 選取儲存格或儲存格範圍後, 亦可利用**常用**頁次下**字型**區的**填滿色彩**鈕 來套用底色, 或是按下**框線**鈕 來設定要顯示的框線位置。

設定文字對齊方式

　　現在課程表中的文字, 除了標題是對齊中央外, 其它內容對齊的方式並不一致, 看起來不太整齊, 我們來將**課程編號、上課日期、上課時間**及**受訓單位** 4 個欄位的資料內容全都設定為置中吧!

01 請選取 A3：B12 的儲存格範圍, 按下 `Ctrl` 鍵不鍵放再選取 C3 及 D3：E12 儲存格範圍：

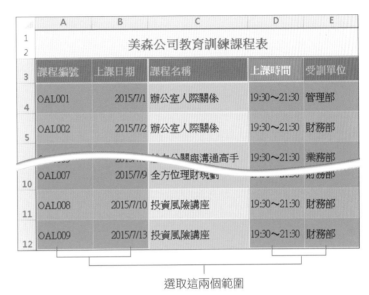

選取這兩個範圍

02 按下**常用**頁次下**對齊方式**區中的**置中鈕** ≡：

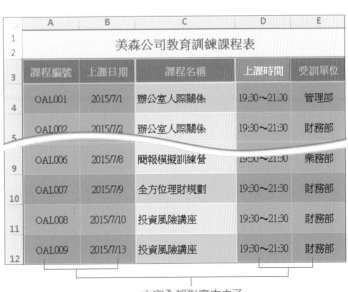

文字全都對齊中央了

1-4 儲存 Excel 檔案及另存成 PDF 檔案

整個課程表終於製作完成了, 現在只要將檔案存檔, 並列印出來貼到公佈欄, 就完成主管交付的任務了。

儲存成 Excel 檔案

儲存檔案時, 請按下**快速存取工具列**的**儲存檔案**鈕 🖫 (或是切換到**檔案**頁次按下**儲存檔案**命令)。第一次存檔時, Excel 會切換到**另存新檔**頁次讓您進行儲存檔案的相關設定。

第一次存檔時, 會自動切換至**另存新檔**頁次

請選擇要儲存的位置, 此例請點選**我的文件**項目

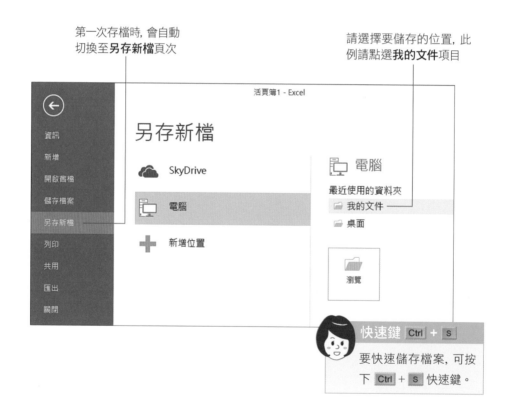

　　請在**檔案名稱**欄中輸入活頁簿的檔名，接著拉下**存檔類型**列示窗選擇儲存的類型，預設是 **Excel 活頁簿**也就是 Excel 2013 的格式，其副檔名為 .xlsx。不過此格式只能在 Excel 2007/2010/2013 中開啟，若是需要將檔案拿到更舊版的 Excel 開啟，那麼建議您選擇 **Excel 97-2003 活頁簿**的檔案格式。

1 在此輸入檔案名稱

2 選擇存檔類型，預設為 **Excel 活頁簿**，副檔名為 .xlsx

3 按下**儲存**鈕

　　存檔之後當您下回修改了活頁簿的內容，且再次按下**儲存檔案**鈕，Excel 就會將修改後的活頁簿直接儲存，而不會出現**另存新檔**交談窗。而在建立活頁簿的過程中，建議你最好可以隨時存檔，以免有當機、斷電等意外發生，又得重新建立一次檔案囉。

檢查檔案格式的相容性

當你選擇將檔案存成 **Excel 97-2003 活頁簿**時, Excel 會幫你做檔案相容性檢查。假如工作表中使用了 Excel 2003 (或更舊版本) 所沒有的功能, 便會出現如下的交談窗, 告知您儲存後可能部分功能會轉變或喪失, 你可以自己決定是否仍要存成 **Excel 97-2003 活頁簿**格式:

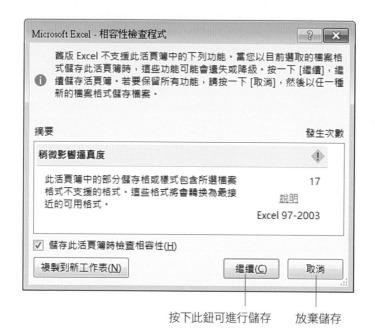

按下此鈕可進行儲存　放棄儲存

遇到這種情況, 建議您還是先儲存一份 Excel 2013 的 **Excel 活頁簿**格式, 以便日後可完整編輯, 然後再另存成一份 **Excel 97-2003 活頁簿**格式, 以供舊版的 Excel 使用。

將 Excel 活頁簿另存為 PDF 檔案

利用 Excel 完成課程表後, 如果主管希望你先寄一份 PDF 檔案讓他查看, 該怎辦呢?先別慌, 你不用另外安裝 PDF 的轉換程式, 直接用 Excel 就能儲存囉!

要將 Excel 文件儲存成 PDF 格式, 請執行『**檔案/另存新檔**』命令, 選好儲存的位置後, 只要在底下的視窗中做設定就可以了:

1 輸入檔案名稱

2 拉下**存檔類型**列示窗, 選擇**PDF**　　3 按下**儲存**鈕

接著會自動開啟預設的 PDF 瀏覽器, 讓你瀏覽轉存後的結果。若是你的電腦中沒有安裝可瀏覽 PDF 的檔案格式, 可開啟 IE 瀏覽器, 連到 https://get.adobe.com/tw/reader/ 下載、安裝 **Adobe Reader DC**, 就能開啟 PDF 檔案。

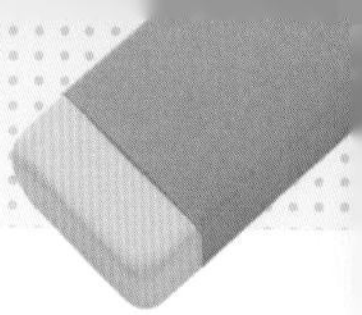

2 庫存資料管理

你會學到的 Excel 功能

- 移除重複的資料－**資料/移除重複**
- 用萬用字元取代不要顯示的產品代號
- 讓編號包含開頭的 00－**自訂數值格式**
- 將兩個欄位的產品編號整合在一起－**快速填入**功能
- 在儲存格範圍中一次輸入相同的資料
- 判斷目前的庫存量是否低於安全庫存量－**IF 函數**
- 將庫存不足的產品填入醒目顏色－**設定格式化的條件**
- 每隔一列插入空白
- 每隔一列填滿底色

伊美斯彩妝公司每半年會固定盤點所有產品的庫存, 以便了解目前的庫存量是否足夠, 若是產品庫存低於安全庫存量, 那麼倉管人員必須將這些產品提列出來, 並進行訂貨。

由於盤點作業是以人工抄寫的方式進行, 所以倉管人員必須將人工抄寫的資料輸入到 Excel 中再做整理, 在輸入資料的過程中, 我們發現有些資料似乎有重複, 而且產品編號應該為 4 碼, 但在 Excel 中輸入「0013」、「0156」這類編號時, 前面的 0 會不見, 這該怎麼辦呢？還有資料筆數非常多, 如何找出低於安全庫存的產品呢？本章將教你解決這些資料整理的難題。

	A	B	C	D	E	F	G
1	品項代號	產品編號	產品名稱	單價	庫存量	安全庫存量	是否進貨
2	HA(手部護理系列)	13	柔皙護手霜75ml	400	2338		
3	HA(手部護理系列)	14	小甘菊護手霜80ml	400	1584		
4	HA(手部護理系列)	15	玫瑰精油護手霜75ml	400	552		
5	WT(美白產品系列)	38	亮白乳液 120ml	320	2374		
	美白產理系列)	16	美白露 ml	350	399		
7	WT(美白產品系列)	20	白皙美人淡斑精華 30ml		2082		
25	WT(美白產品系列)	28	亮白化妝水 180ml	320	2083		
26	CO(卸妝/洗臉產品)	30	平衡潔顏油 150ml	550	1224		
27	BD(身體護理系列)	30	嬰兒沐浴乳 300ml	150	2028		
28	BD(身體護理系列)	31	清爽沐浴乳 300ml	150	1345		
29	CO(卸妝/洗臉產品)	33	親水潔顏油 180 ml	1250	2312		
30	CO(卸妝/洗臉產品)	34	晶瑩卸妝油 200ml	1200	2225		

▲ 人工盤點後的庫存資料, 密密麻麻不易閱讀

	A	B	C	D	E	F	G
1	產品編號	產品名稱	單價	庫存量	安全庫存量	是否進貨	
2	BD0020	果酸美白身體乳 260ml	600	149	550	庫存不足, 需進貨！	
3							
4	BD0021	果酸美白身體乳 261ml	600	149	550	庫存不足, 需進貨！	
5							
6	BD0022	果酸美白身體乳 262ml	600	149	550	庫存不足, 需進貨！	
7							
8	BD0023	果酸美白身體乳 263ml	600	149	550	庫存不足, 需進貨！	
9							
10	BD0024	果酸美白身體乳 264ml	600	149	550	庫存不足, 需進貨！	
11							
12	BD0025	果酸美白身體乳 265ml	600	149	550	庫存不足, 需進貨！	
13							
14	BD0026	果酸美白身體乳 266ml	600	149	550	庫存不足, 需進貨！	
15							
16	BD0027	果酸美白身體乳 267ml	600	149	550	庫存不足, 需進貨！	
17							
18	BD0028	果酸美白身體乳 268ml	600	149	550	庫存不足, 需進貨！	
19							
20	BD0029	果酸美白身體乳 269ml	600	149	550	庫存不足, 需進貨！	
21							

▲ 利用 Excel 的幾個小技巧, 將庫存資料依類別整理好, 並快速找出需訂貨的產品

2-1 庫存資料的整理－去除重複資料、依類別排序產品

倉管人員好不容易將人工盤點的抄寫資料輸入到電腦裡,但輸入資料時發現有資料重複,且所有產品全部混合在一起,沒有依產品的類別做區分,產品的編號應該為 4 碼,但輸入時無法輸入以「0」為開頭的編號,現在我們就來解決這些問題。

去除重複的資料

首先,我們要剔除重複輸入的資料,讓資料保持唯一性,但這麼多筆資料,用人工來檢查實在太傷眼力了,所幸 Excel 提供了一項非常便利的功能,不但能找出重複的資料還會自動移除。

01 請開啟範例檔案 Ch02-01,切換到**資料**頁次,在**資料工具**區按下**移除重複**鈕。

按下此鈕

02 接著選取要比對的欄位,預設會選取所有欄位,若只想比對某幾個欄位的資料是否重複,可按下**取消全選**鈕,再勾選要比對的欄位。

1 在此請按下**全選**鈕,選取所有欄位

2 按下**確定**鈕

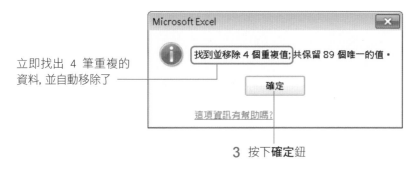

立即找出 4 筆重複的
資料, 並自動移除了

3 按下**確定**鈕

將資料依品項排序

移除重複資料後, 目前的資料仍然沒有條理看起來很亂, 所以我們先依**品項代號**做排序。請選取 **A** 欄中的任一個儲存格, 接著按下**資料**頁次**排序與篩選**區中的**從 A 到 Z 排序**鈕 ↓。

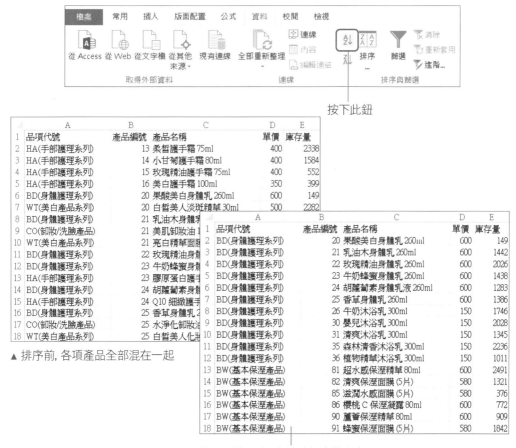

按下此鈕

▲ 排序前, 各項產品全部混在一起

依品項排序後, 資料看起來整齊多了

用萬用字元取代不要顯示的產品代號

目前輸入的資料將產品編號分成「品項代號」及「產品編號」兩個欄位，且「產品編號」應該為 4 碼，但在輸入資料時，Excel 自動將編號前的「0」忽略，在此希望將兩欄的編號整合成一欄，並以「BD0020」、「BW0081」的方式顯示。

01 請開啟範例檔案 Ch02-02，選取 A2：A90 儲存格範圍，再按下**常用**頁次**編輯**區中的**尋找與選取**鈕，點選**取代**，我們要刪除品項代號裡的中文，只保留英文代號。

02 開啟**尋找及取代**交談窗後，請在**尋找目標**欄中輸入 "(*)"，**取代成**欄位保持空白，再按下**全部取代**鈕，這樣就可以將 A2：A90 括號中的中文字取代成空白，只留下英文代號。

1 在此輸入 "(*)", * 代表所有字元

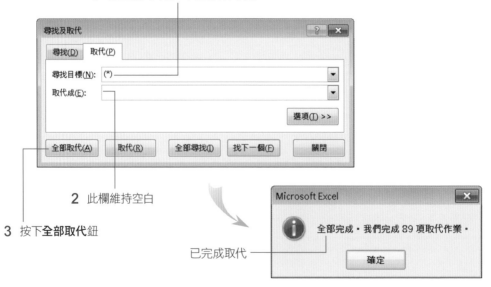

2 此欄維持空白

3 按下**全部取代**鈕

已完成取代

	A	B	C
1	品項代號	產品編號	產品名稱
2	BD	20	果酸美白身體乳 260ml
3	BD	21	乳油木身體乳 260ml
4	BD	22	玫瑰精油身體乳 260ml
5	BD	23	牛奶蜂蜜身體乳 260ml
6	BD	24	胡蘿蔔素身體乳液 260ml
7	BD	25	香草身體乳 260ml
8	BD	26	牛奶沐浴乳 300ml
9	BD	30	嬰兒沐浴乳 300ml
10	BD	31	清爽沐浴乳 300ml
11	BD	35	森林清香沐浴乳 300ml

括號中的中文名稱已全部清除

讓產品編號包含開頭的 00

我們的產品編號應該為 4 碼，但在輸入以「0」為開頭的產品編號時，被 Excel 自動忽略了，現在我們要讓 B 欄的產品編號以「0022」、「0081」的格式顯示。

請選取 B2：B90，再按下**常用**頁次**數值**區右下角的 🡖 鈕，開啟**儲存格格式**交談窗，並如下操作：

1 切換到**自訂**頁次

2 在**類型**欄中輸入 4 個零："0000"

3 按下**確定**鈕

	A	B	C
1	品項代號	產品編號	產品名稱
2	BD	0020	果酸美白身體乳 260ml
3	BD	0021	乳油木身體乳 260ml
4	BD	0022	玫瑰精油身體乳 260ml
5	BD	0023	牛奶蜂蜜身體乳 260ml
6	BD	0024	胡蘿蔔素身體乳液 260ml
7	BD	0025	香草身體乳 260ml
8	BD	0026	牛奶沐浴乳 300ml
9	BD	0030	嬰兒沐浴乳 300ml
10	BD	0031	清爽沐浴乳 300ml
11	BD	0035	森林清香沐浴乳 300ml
12	BD	0036	植物精華沐浴乳 300ml

除了用自訂的儲存格格式來顯示 0 開頭的代碼外, 你也可以在輸入資料時加上 **'**, 例如輸入「'0058」, 這樣 Excel 就會將輸入的資料當做**文字**格式, 如此一來就能保留 0。

產品編號變成 4 碼了, 而且編號前的 0 也正確顯示了

將兩個欄位的產品編號整合在一起－「自動填入」功能

整理好產品的代號後, 接著我們要將 A 欄和 B 欄兩欄的資料整合成一個欄位, 但是手動輸入實在太花時間, 還好 Excel 2013 新增了一個**自動填入**功能, 只要輸入一、二筆資料給 Excel 當範本, 它就能自動判斷你想輸入的資料。

01 請在 B 欄的右側, 插入一個新欄位, 以存放 A 欄與 B 欄合併後的資料：

	A	B	C	D
1	品項代號	產品編號		產品名稱
2	BD	0020		果酸美白身體乳 260ml
3	BD	0021		乳油木身體乳 260ml
4	BD	0022		玫瑰精油身體乳 260ml
5	BD	0023		牛奶蜂蜜身體乳 260ml
6	BD	0024		胡蘿蔔素身體乳液 260ml
7	BD	0025		香草身體乳 260ml
8	BD	0026		牛奶沐浴乳 300ml
9	BD	0030		嬰兒沐浴乳 300ml
10	BD	0031		清爽沐浴乳 300ml
11	BD	0035		森林清香沐浴乳 300ml

02 選取 C2 儲存格, 並輸入 "BD0020", 選取 C3 儲存格, 並輸入 "BD0021", 這麼做的用意是示範給 Excel 看, 讓它知道我們想將 A 欄與 B 欄合併：

	A	B	C	D
1	品項代號	產品編號		產品名稱
2	BD	0020	BD0020	果酸美白身體乳 260ml
3	BD	0021	BD0021	乳油木身體乳 260ml
4	BD	0022		玫瑰精油身體乳 260ml
5	BD	0023		牛奶蜂蜜身體乳 260ml

03 接著按下**資料**頁次**資料工具**區的**快速填入**鈕，Excel 就會自動輸入好底下的資料了。

	A	B	C	D	E	F	G
1	品項代號	產品編號	品項代號	產品名稱	單價	庫存量	安全庫
2	BD	0020	BD0020	果酸美白身體乳 260ml	600	149	
3	BD	0021	BD0021	乳油木身體乳 260ml	600	1442	
4	BD	0022	BD0022	瑰精油身體乳 260ml	600	2026	
5	BD	0023	BD0023	牛奶蜂蜜身體乳 260ml	600	1438	
6	BD	0024	BD0024	胡蘿蔔素身體乳液 260ml	600	1283	
7	BD	0025	BD0025	香草身體乳 260ml	600	1386	
8	BD	0026	BD0026	牛奶沐浴乳 300ml	150	1746	
9	BD	0030	BD0030	嬰兒沐浴乳 300ml	150	2028	
10	BD	0031	BD0031	清爽沐浴乳 300ml	150	1345	
11	BD	0035	BD0035	森林清香沐浴乳 300ml	150	2236	
12	BD	0036	BD0036	植物精華沐浴乳 300ml	150	1011	
13	BW	0081	BW0081	超水感保溼精華 80ml	600	2491	
14	BW	0082	BW0082	清爽保溼面膜	580	1321	

C3 欄位：BD0021

真是非常方便的一項功能, 節省不少打字時間

將 C 欄的標題輸入為「產品編號」

04 整合好產品的編號後，請選取 A 欄及 B 欄，在欄編號上按右鈕，執行『**刪除**』命令，將這兩欄刪除。

請刪除這兩欄

2-2 判斷庫存量是否低於安全庫存量

整理好資料後，接著我們要設定各項產品的安全庫存量，並判斷現有的庫存量是否低於安全庫存量，若低於安全庫存那就要準備進貨囉！

設定各類產品的安全庫存量

伊美斯彩妝公司的產品共有九大類，據往年的銷售情況，我們訂出各類產品的安全庫存量，請開啟範例檔案 Ch02-03，參考下表在 E 欄對應的儲存格範圍，輸入安全庫存量：

產品代碼	產品類別	安全庫存量	儲存格範圍
BD	身體護理系列	550	E2：E12
BW	基本保溼產品	600	E13：E22
CO	卸妝/洗臉產品	500	E23：E37
EY	眼部保養產品	350	E38：E48
HA	手部護理系列	300	E49：E56
HI	美髮與護髮系列	380	E57：E63
WA	防曬及曬後修護系列	450	E64：E70
WT	美白產品系列	700	E71：E82
WW	基本護理系列	400	E83：E90

想在某個儲存格範圍中輸入相同的資料，你不需一個一個慢慢打，只要選好儲存格範圍後，輸入資料，再按下 **Ctrl** + **Enter** 快速鍵，就會立刻填入相同的資料。我們以選取 E2：E12 做示範。

	A	B	C	D	E	F
1	產品編號	產品名稱	單價	庫存量	安全庫存量	是否進貨
2	BD0020	果酸美白身體乳 260ml	600	149	550	
3	BD0021	乳油木身體乳 260ml	600	1442		
4	BD0022	玫瑰精油身體乳 260ml	600	2026		
5	BD0023	牛奶蜂蜜身體乳 260ml	600	1438		
6	BD0024	胡蘿蔔素身體乳液 260ml	600	1283		
7	BD0025	香草身體乳 260ml	600	1386		
8	BD0026	牛奶沐浴乳 300ml	150	1746		
9	BD0030	嬰兒沐浴乳 300ml	150	2028		
10	BD0031	清爽沐浴乳 300ml	150	1345		
11	BD0035	森林清香沐浴乳 300ml	150	2236		
12	BD0036	植物精華沐浴乳 300ml	150	1011		

2 輸入 550

1 選取 E2：E12

3 按下 **Ctrl** + **Enter** 鍵

▲	A	B	C	D	E	F
1	產品編號	產品名稱	單價	庫存量	安全庫存量	是否進貨
2	BD0020	果酸美白身體乳 260ml	600	149	550	
3	BD0021	乳油木身體乳 260ml	600	1442	550	
4	BD0022	玫瑰精油身體乳 260ml	600	2026	550	
5	BD0023	牛奶蜂蜜身體乳 260ml	600	1438	550	
6	BD0024	胡蘿蔔素身體乳液 260ml	600	1283	550	
7	BD0025	香草身體乳 260ml	600	1386	550	
8	BD0026	牛奶沐浴乳 300ml	150	1746	550	
9	BD0030	嬰兒沐浴乳 300ml	150	2028	550	
10	BD0031	清爽沐浴乳 300ml	150	1345	550	
11	BD0035	森林清香沐浴乳 300ml	150	2236	550	
12	BD0036	植物精華沐浴乳 300ml	150	1011	550	

立即填入相同的數值

請用相同的方法, 替其他產品輸入安全庫存量。

判斷目前的庫存量是否需要進貨

設定好安全庫存量後, 接著要檢查各項產品是否低於安全庫存量, 低於這個量就需要準備進貨了。在此我們使用 IF 函數來做判斷。

 IF 函數的用法

IF 函數主要是依條件的成立與否, 來判斷要傳回的值。其語法為:

IF (Logical_test , Value_if_true , Value_if_false)

   判斷的依據   符合條件時   不符合條件時

了解 IF 函數的用法後, 請在 F2 儲存格中輸入以下公式:

=IF(D2<=E2," 庫存不足, 需進貨！","庫存足夠, 不需進貨")

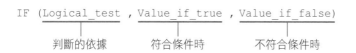

F2		▼	:	×	✓	fx	=IF(D2<=E2,"庫存不足，需進貨！","庫存足夠，不需進貨")

▲	A	B	C	D	E	F
1	產品編號	產品名稱	單價	庫存量	安全庫存量	是否進貨
2	BD0020	果酸美白身體乳 260ml	600	149	550	庫存不足，需進貨！
3	BD0021	乳油木身體乳 260ml	600	1442	550	
4	BD0022	玫瑰精油身體乳 260ml	600	2026	550	
5	BD0023	牛奶蜂蜜身體乳 260ml	600	1438	550	

此產品的庫存已不足囉！

接著拉曳 F2 儲存格的**填滿控點**到 F90 儲存格，就可看出所有產品是否需進貨的狀況。

	A	B	C	D	E	F
1	產品編號	產品名稱	單價	庫存量	安全庫存量	是否進貨
2	BD0020	果酸美白身體乳 260ml	600	149	550	庫存不足，需進貨！
3	BD0021	乳油木身體乳 260ml	600	1442	550	庫存足夠，不需進貨
4	BD0022	玫瑰精油身體乳 260ml	600	2026	550	庫存足夠，不需進貨
5	BD0023	牛奶蜂蜜身體乳 260ml	600	1438	550	庫存足夠，不需進貨
6	BD0024	胡蘿蔔素身體乳液 260ml	600	1283	550	庫存足夠，不需進貨
7	BD0025	香草身體乳 260ml	600	1386	550	庫存足夠，不需進貨
8	BD0026	牛奶沐浴乳 300ml	150	1746	550	庫存足夠，不需進貨
9	BD0030	嬰兒沐浴乳 300ml	150	2028	550	庫存足夠，不需進貨
10	BD0031	清爽沐浴乳 300ml	150	1345	550	庫存足夠，不需進貨
11	BD0035	森林清香沐浴乳 300ml	150	2236	550	庫存足夠，不需進貨
12	BD0036	植物精華沐浴乳 300ml	150	1011	550	庫存足夠，不需進貨
13	BW0081	超水感保溼精華 80ml	600	2491	600	庫存足夠，不需進貨
14	BW0082	清爽保溼面膜	580	1321	600	庫存足夠，不需進貨
15	BW0085	滋潤水感面膜	580	376	600	庫存不足，需進貨！
16	BW0086	櫻桃 C 保溼凝露 80ml	600	772	600	庫存足夠，不需進貨
17	BW0090	蘆薈保溼精華 80ml	600	909	600	庫存足夠，不需進貨
18	BW0091	蜂蜜保溼面膜	580	1842	600	庫存足夠，不需進貨

替庫存不足的產品填入醒目顏色

現在「需進貨」與「不需進貨」的產品全部顯示在一起，實在不易查看，我們可以用**設定格式化的條件**功能，將需進貨的產品用醒目的顏色做標示。

01 請選取 F2：F90 儲存格範圍，再按下**常用**頁次**樣式**區的**設定格式化的條件**鈕，選擇**新增規則**命令：

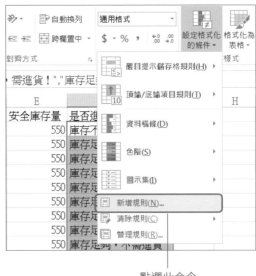

點選此命令

02 開啟**新增格式化規則**交談窗後，請點選**只格式化包含下列的儲存格**，並在底下設定格式化的條件。

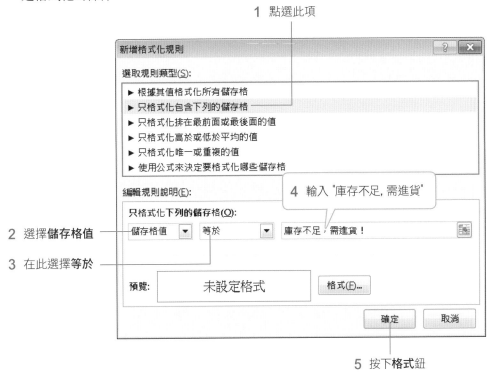

1 點選此項

4 輸入 "庫存不足,需進貨"

2 選擇**儲存格值**

3 在此選擇**等於**

5 按下**格式**鈕

1 請切換到**填滿**頁次

03 設定好格式化的條件後，按下**格式**鈕，就可以替符合條件的儲存格設定格式了。

2 在此選擇紅色, 我們要將需訂貨的儲存格填滿紅色

3 按下此鈕

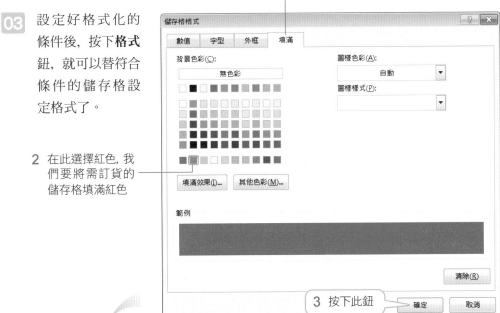

	A	B	C	D	E	F
1	產品編號	產品名稱	單價	庫存量	安全庫存量	是否進貨
2	BD0020	果酸美白身體乳 260ml	600	149	550	庫存不足，需進貨！
3	BD0021	乳油木身體乳 260ml	600	1442	550	庫存足夠，不需進貨
4	BD0022		600	2026	550	庫存足夠，不需進貨
5	BD0023	生奶蜂蜜身體乳 260ml	600		550	庫存足夠，不需進
13	BW0081	超水感保溼精華 80ml	600	2491	600	庫存足夠，不需進貨
14	BW0082	清爽保溼面膜	580	1321	600	庫存足夠，不需進貨
15	BW0085	滋潤水感面膜	580	376	600	庫存不足，需進貨！
16	BW0086	櫻桃 C 保溼凝露 80ml	600	772	600	庫存足夠，不需進貨
17	BW0090	蘆薈保溼精華 80ml	600	909	600	庫存足夠，不需進貨
18	BW0091	蜂蜜保溼面膜	580	1842	600	庫存足夠，不需進貨
19	BW0091	蜂蜜保溼面膜	580	2239	600	庫存足夠，不需進貨
20	BW0092	蘋果魔力保溼面膜	580	1473	600	庫存足夠，不需進貨
21	BW0098	玫瑰保溼露 120ml	650	223	600	庫存不足，需進貨！
22	BW0099	玻尿酸保溼精華液 80ml	800	1308	600	庫存足夠，不需進貨

需進貨的產品填上醒目的紅色了

你可以開啟範例檔案 Ch02-04 來瀏覽結果。

2-3 列出庫存不足的產品並美化表格

找出庫存不足的產品後, 接著要將這些產品品項列印出來, 以便向廠商訂購。

篩選出需進貨的產品

只想列出庫存不足的產品很簡單, 只要點選 F 欄中的任一個儲存格, 按下**資料**頁次**排序與篩選**區的**篩選**鈕, 再如下操作即可：

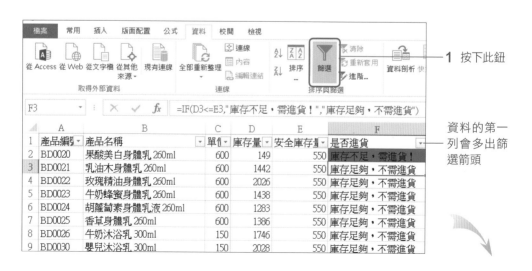

1 按下此鈕

資料的第一列會多出篩選箭頭

	A	B	C	D	E	F
1	產品編號	產品名稱	單價	庫存量	安全庫存量	是否進貨
2	BD0020	果酸美白身體乳 260ml	600	149	550	庫存不足，需進貨！
3	BD0021	乳油木身體乳 260ml	600	1442	550	庫存足夠，不需進貨
4	BD0022	玫瑰精油身體乳 260ml	600	2026	550	庫存足夠，不需進貨
5	BD0023	牛奶蜂蜜身體乳 260ml	600	1438	550	庫存足夠，不需進貨
6	BD0024	胡蘿蔔素身體乳液 260ml	600	1283	550	庫存足夠，不需進貨
7	BD0025	香草身體乳 260ml	600	1386	550	庫存足夠，不需進貨
8	BD0026	牛奶沐浴乳 300ml	150	1746	550	庫存足夠，不需進貨
9	BD0030	嬰兒沐浴乳 300ml	150	2028	550	庫存足夠，不需進貨

F3 欄位公式：`=IF(D3<=E3,"庫存不足，需進貨！","庫存足夠，不需進貨")`

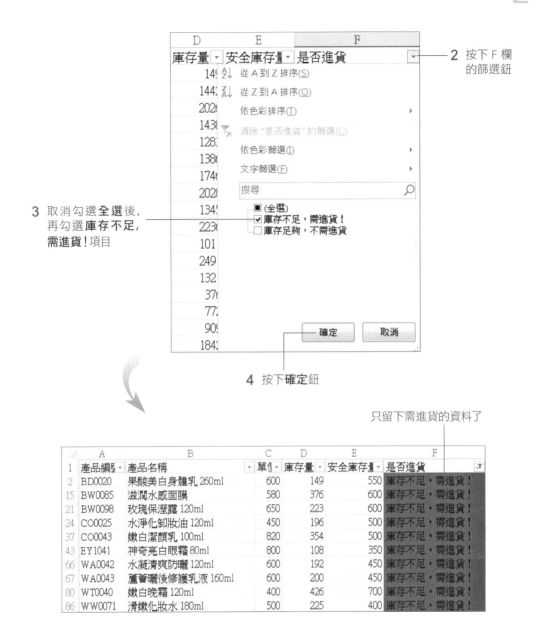

3 取消勾選 **全選** 後，再勾選 **庫存不足，需進貨！** 項目

2 按下 F 欄的篩選鈕

4 按下 **確定** 鈕

只留下需進貨的資料了

清除格式

現在只留下需進貨的產品，所以不再需要填入醒目的顏色做提醒，請選取 F2：F86 儲存格範圍，再按下**常用**頁次**樣式**區的**設定格式化的條件**鈕，選擇**清除規則/清除選取儲存格的規則**命令：

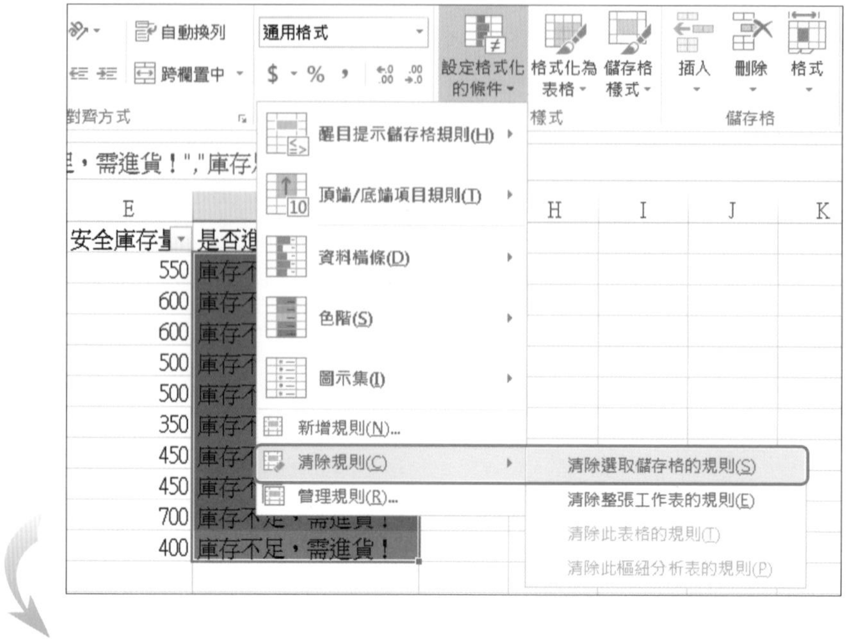

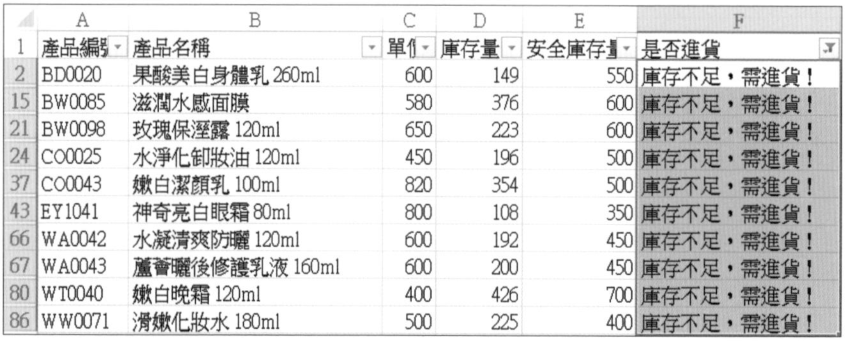

	A	B	C	D	E	F
1	產品編號	產品名稱	單價	庫存量	安全庫存量	是否進貨
2	BD0020	果酸美白身體乳 260ml	600	149	550	庫存不足，需進貨！
15	BW0085	滋潤水感面膜	580	376	600	庫存不足，需進貨！
21	BW0098	玫瑰保溼露 120ml	650	223	600	庫存不足，需進貨！
24	CO0025	水淨化卸妝油 120ml	450	196	500	庫存不足，需進貨！
37	CO0043	嫩白潔顏乳 100ml	820	354	500	庫存不足，需進貨！
43	EY1041	神奇亮白眼霜 80ml	800	108	350	庫存不足，需進貨！
66	WA0042	水凝清爽防曬 120ml	600	192	450	庫存不足，需進貨！
67	WA0043	蘆薈曬後修護乳液 160ml	600	200	450	庫存不足，需進貨！
80	WT0040	嫩白晚霜 120ml	400	426	700	庫存不足，需進貨！
86	WW0071	潤嫩化妝水 180ml	500	225	400	庫存不足，需進貨！

將需進貨的表格複製到新工作表

請選取 A1：F86 儲存格，按下 Ctrl + C 快速鍵，再按下工作表頁次標籤旁的 ⊕ 鈕，新增一個工作表，按下 Ctrl + V 鍵，將需進貨的資料複製一份到新的工作表。

	A	B	C	D	E	F	G
1	產品編號	產品名稱	單價	庫存量	安全庫存	是否進貨	
2	BD0020	果酸美白	600	149	550	庫存不足，需進貨！	
3	BW0085	滋潤水感	580	376	600	庫存不足，需進貨！	
4	BW0098	玫瑰保溼	650	223	600	庫存不足，需進貨！	
5	CO0025	水淨化卸	450	196	500	庫存不足，需進貨！	
6	CO0043	嫩白潔顏	820	354	500	庫存不足，需進貨！	
7	EY1041	神奇亮白	800	108	350	庫存不足，需進貨！	
8	WA0042	水凝清爽	600	192	450	庫存不足，需進貨！	
9	WA0043	蘆薈曬後	600	200	450	庫存不足，需進貨！	
10	WT0040	嫩白晚霜	400	426	700	庫存不足，需進貨！	
11	WW0071	滑嫩化妝	500	225	400	庫存不足，需進貨！	
12							
13							

庫存總表　需進貨　（＋）

請自行將原本的**工作表 1** 更名為**庫存總表**　——　將新的工作表更名為**需進貨**

將需進貨的資料複製一份到新工作表

快速鍵 Ctrl + ＊

想要快速選取所有資料，只要先選取資料範圍內的任一個儲存格，再按下 Ctrl ＋ ＊ (數字區) 鍵。

快速鍵 Shift + F11

想快速插入一個新的工作表，也可以按 Shift ＋ F11 鍵。

每隔一列插入空白

接著我們要美化需進貨的資料，為了讓列印後的資料能更清楚，我們希望每隔一列就插入一行空白，你不需要手動插入，利用以下的小技巧就能辦到囉！

01 請開啟範例檔案 Ch02-04，或接續剛才的範例，在 G 欄輸入兩次「1 2 3 4 5 6 7 8 9 10」：

	A	B	C	D	E	F	G
1	產品編號	產品名稱		單價	庫存量	安全庫存量	是否進貨	
2	BD0020	果酸美白身體乳 260ml		600	149	550	庫存不足，需進貨！	1
3	BW0085	滋潤水感面膜		580	376	600	庫存不足，需進貨！	2
4	BW0098	玫瑰保溼露 120ml		650	223	600	庫存不足，需進貨！	3
5	CO0025	水淨化卸妝油 120ml		450	196	500	庫存不足，需進貨！	4
6	CO0043	嫩白潔顏乳 100ml		820	354	500	庫存不足，需進貨！	5
7	EY1041	神奇亮白眼霜 80ml		800	108	350	庫存不足，需進貨！	6
8	WA0042	水凝清爽防曬 120ml		600	192	450	庫存不足，需進貨！	7
9	WA0043	蘆薈曬後修護乳液 160ml		600	200	450	庫存不足，需進貨！	8
10	WT0040	嫩白晚霜 120ml		400	426	700	庫存不足，需進貨！	9
11	WW0071	滑嫩化妝水 180ml		500	225	400	庫存不足，需進貨！	10
12								1
13								2
14								3
15								4
16								5
17								6
18								7
19								8
20								9
21								10

02 選取 G 欄中的任一個儲存格，按下**常用**頁次**編輯**區的**排序與篩選**鈕，點選**從最小到最大排序**：

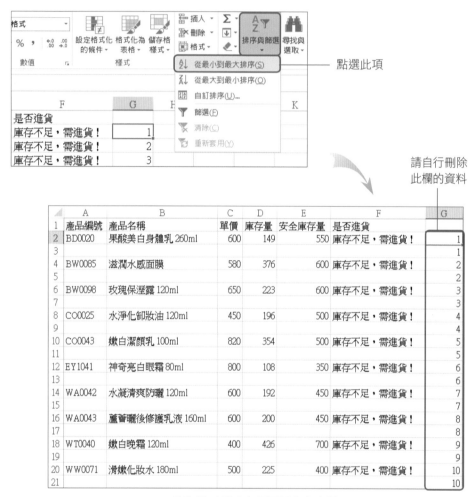

▲ 排序後，自動在每列下插入空白囉！

每隔一列填滿底色

在每筆資料下插入新的一列後，我們要替表格每隔一列填滿底色，請先替標題列填入藍底白字，接著選取 A2：F2，填入橙色。

接著選取 A2：F3，拉曳 F3 的填滿控點到 F21，即可完成每隔一列填滿底色。

最後，只要替整個表格加上框線，就可以列印出來囉！你可以開啟範例檔案 Ch02-06 來瀏覽完成結果。

3 製作網購產品目錄及訂購單

網路的普及讓現代人的購物管道更多元化，**伊美斯彩妝公司**也想在公司的網站中提供一個讓消費者訂購的管道，訂購的方式很簡單，消費者只要下載產品目錄的 Excel 檔案，填好個人資料及訂購的產品數量，並將此檔案 Mail 或傳真到**伊美斯**公司就算完成訂單，而製作這份產品目錄的重責大任，將交由業務部的助理來完成。本章我們將透過這個範例，教您製作一份簡易的客戶訂購單。

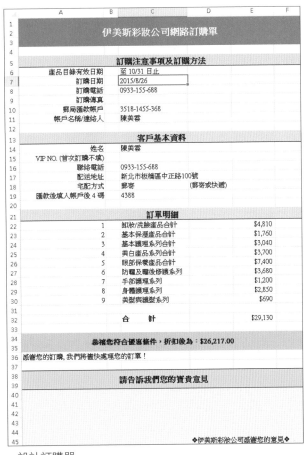

▲ 設計訂購單

▲ 彙整完成的訂購明細

3-1 建立產品目錄

接到此任務的業務助理－美晴, 馬上就開始進行作業, 首要任務是建立好各項產品資料, 接著再建立小計與合計的公式, 就可以完成目錄的製作。

建立產品資訊－匯入文字檔案

雖然建立產品資料的工作並不難, 但是公司的產品品項眾多, 單是輸入及對照這些產品資料就要耗時很久, 還好美晴想到曾經建立過一份公司的所有產品目錄, 雖然是純文字格式, 但可以匯入到 Excel 裡再做修改。

01 請建立一份新的 Excel 文件, 接著切換到**資料**頁次, 按下**取得外部資料**的**從文字檔**鈕, 匯入「伊美斯產品.txt」這份文件。

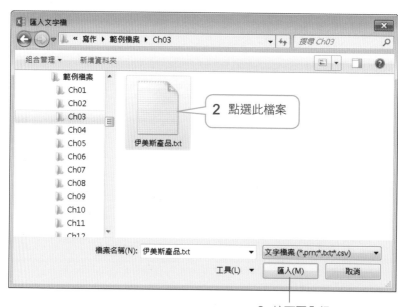

02 接著會開啟**匯入字串精靈**交談窗，幫您將要匯入的文字檔做欄位分割，由於我們的文字檔在輸入資料時，是按 `Tab` 鍵做區隔，所以只要點選**分隔符號**項目後，就可按**下一步**鈕繼續。

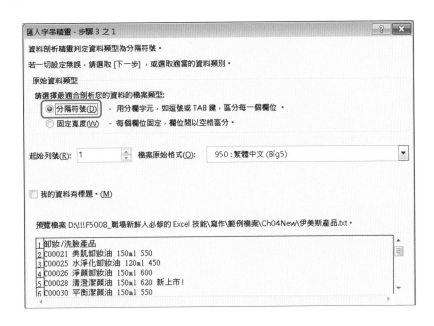

03 接著勾選 **Tab 鍵**項目，即可看到底下的預覽窗格顯示分割後的結果，按**下一步**鈕繼續。

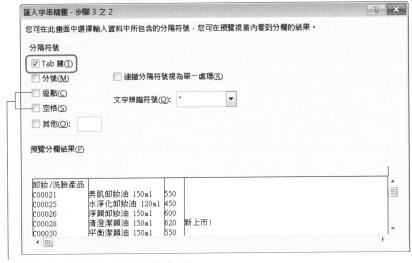

若在輸入文字資料時，是以逗點或空白
做分隔，請在此勾選對應的項目

04 此步驟會詢問你是否要替各欄位指定資料格式，在此可先不做設定維持預設值，待匯入 Excel 後再做調整，請直接按下**完成**鈕。

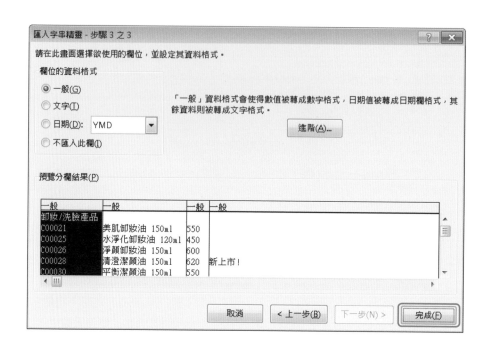

05 最後這個步驟，可讓你選擇要將匯入的資料放在哪裡，我們沿用預設值，將資料放在 A1 儲存格，並按下**確定**鈕。

	A	B	C	D	E
1	卸妝/洗臉產品				
2	CO0021	美肌卸妝油 150ml	550		
3	CO0025	水淨化卸妝油 120ml	450		
4	CO0026	淨顏卸妝油 150ml	600		
5	CO0028	清澄潔顏油 150ml	620	新上市!	
6	CO0030	平衡潔顏油 150ml	550		
7	CO0033	親水潔顏油 180 ml	1250		
8	CO0034	晶瑩卸妝油 200ml	1200		
9	CO0035	薰衣草卸妝油 50ml	850		
10	CO0036	玫瑰卸妝油 50ml		880 熱賣商品!	
11	CO0037	茶樹卸妝油 50ml	880		
12	CO0038	山茶花卸妝油 50ml	880		
13	CO0039	純橄欖油卸妝油 180ml	800		
14	CO0042	保溼洗面乳 100ml	750		
15	CO0043	嫩白潔顏乳 100ml	820	熱賣商品!	
16					
17	基本保溼產品				
18	BW0081	超水感保溼精華 80ml	600		
19	BW0082	清爽保溼面膜 (5片)	580	網路熱銷 TOP3	

若是文字檔裡有資料沒有定位好，就會發現欄位沒對準的現象，你可以自行調整資料的位置

匯入所有資料了

為目錄加上標題並美化表格

加入公司名稱及標題

首先，請在第 1 列資料前插入兩列空白列，接著在**單價**欄之後再插入 2 欄，在第 1 列中輸入「伊美斯彩妝公司網路訂購單」，在第 2 列中輸入標題，包括**產品編號、名稱、單價、數量、小計及備註**共 6 個欄位，接著在各類商品最後，新增一列**合計**，資料建立好後，請自行美化標題及各個欄位。若是還沒照上述的說明匯入資料，也可以開啟 Ch03-01 來進行後續的練習。

	A	B	C	D	E	F
1	伊美斯彩妝公司網路訂購單					
2	產品編號	名稱	單價	數量	小計	備註
3	卸妝/洗臉產品					
4	CO0021	美肌卸妝油 150ml	550			
5	CO0025	水淨化卸妝油 120ml	450			
6	CO0026	淨顏卸妝油 150ml	600			
7	CO0028	清澄潔顏油 150ml	620			新上市!
8	CO0030	平衡潔顏油 150ml	550			
9	CO0033	親水潔顏油 180 ml	1250			
10	CO0034	晶瑩卸妝油 200ml	1200			
11	CO0035	薰衣草卸妝油 50ml	850			
12	CO0036	玫瑰卸妝油 50ml	880			熱賣商品!
13	CO0037	茶樹卸妝油 50ml	880			
14	CO0038	山茶花卸妝油 50ml	880			
15	CO0039	純橄欖油卸妝油 180ml	800			
16	CO0042	保溼洗面乳 100ml	750			
17	CO0043	嫩白潔顏乳 100ml	820			熱賣商品!
18	合計					
19						
20	基本保溼產品					
21	BW0081	超水感保溼精華 80ml	600			
22	BW0082	清爽保溼面膜(5片)	580			網路熱銷 TOP3
23	BW0085	滋潤水感面膜(5片)	580			
24	BW0086	櫻桃 C 保溼凝露 80ml	600			特價回饋!
25	BW0090	蘆薈保溼精華 80ml	600			

加上框線

新增**合計**欄位

計算單品小計

建立好品項之後, 我們就要開始建立計算公式了。如果你還沒有依照上述的步驟建立目錄及品項, 你可以開啟範例檔案 Ch03-02 來練習。首先, 我們要建立**小計**欄的公式, **小計**的計算公式如下:

小計 = 單價 * 數量

01 請選定 E4 儲存格, 輸入公式 "=C4*D4", 然後按下 `Enter` 鍵:

E4		× ✓ fx	=C4*D4			
	A	B	C	D	E	F
1	伊美斯彩妝公司網路訂購單					
2	產品編號	名稱	單價	數量	小計	備註
3	卸妝/洗臉產品					
4	CO0021	美肌卸妝油 150ml	550		0	
5	CO0025	水淨化卸妝油 120ml	450			

02 拉曳 E4 儲存格的填滿控點至 E17, 將公式複製到 E5：E17, 完成**小計**的計算公式。你可以試著在**數量**欄填入數字, 測試計算結果是否正確。

E6		× ✓ fx	=C6*D6			
	A	B	C	D	E	F
1	伊美斯彩妝公司網路訂購單					
2	產品編號	名稱	單價	數量	小計	備註
3	卸妝/洗臉產品					
4	CO0021	美肌卸妝油 150ml	550		0	
5	CO0025	水淨化卸妝油 120ml	450		0	
6	CO0026	淨顏卸妝油 150ml	600	5	3000	
7	CO0028	清澄潔顏油 150ml	620		0	新上市!
8	CO0030	平衡潔顏油 150ml	550		0	
9	CO0033	親水潔顏油 180 ml	1250		0	
10	CO0034	晶瑩卸妝油 200ml	1200		0	
11	CO0035	薰衣草卸妝油 50ml	850		0	
12	CO0036	玫瑰卸妝油 50ml	880		0	熱賣商品!
13	CO0037	茶樹卸妝油 50ml	880		0	
14	CO0038	山茶花卸妝油 50ml	880		0	
15	CO0039	純橄欖油卸妝油 180ml	800		0	
16	CO0042	保溼洗面乳 100ml	750		0	
17	CO0043	嫩白潔顏乳 100ml	820		0	熱賣商品!
18	合計					

計算各類別合計

接著我們要計算各類產品的合計總額, 你可能會想到要利用**加總鈕**來算出結果, 這當然是正確的, 但是這裡我們要介紹一個好用的函數, 那就是利用 SUMPRODUCT 計算出總額。

 SUMPRODUCT 函數的用法

SUMPRODUCT 可計算多欄或多列儲存格的乘積總和。其函數格式如下:

SUMPRODUCT (array1 , array2 , array3 , . . .)

* **array1, array2,…**: 表示要計算的儲存格範圍。最少 2 個, 最多可至 255 個, 且每個範圍所包含的欄數或列數必須相同。

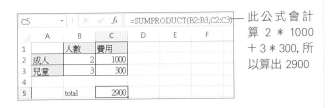

此公式會計算 2 * 1000 ＋ 3 * 300, 所以算出 2900

接著我們就利用 SUMPRODUCT 函數來計算合計總額。請選定 E18 儲存格, 輸入 "=SUMPRODUCT(", 然後選取 C4：C17 的儲存格範圍, 輸入 "," 再選取 D4：D17 的儲存格範圍, 最後輸入 ")" 並按下 Enter 鍵就完成了。快來測試看看吧！

輸入測試資料

計算出 600 x 5 ＋ 850 x 4 的總額了

為金額加上貨幣及千分位符號

接著, 我們要將儲存格 E18 加上貨幣符號。請選取儲存格 E18, 拉下**常用**頁次**數值**區中的列示窗, 選擇**貨幣符號**, 即可將合計金額加上 "$" 以及千分位符號 ",":

快速鍵 Ctrl + Shift + $

要將儲存格更改為「貨幣」格式, 你可以按 Ctrl + Shift + $, 數字就會以 $99,999.00 顯示。

快速鍵 Ctrl + Shift + !

若不要貨幣符號, 只要千分位符號, 則可按 Ctrl + Shift + ! , 則數字會以 99,999 顯示, 例如你可將單價資料, 以千分位顯示, 以利區分。

套用**貨幣符號**之後, 會自動顯示 2 位小數, 不過在此範例中不需要計算到小數位數, 所以請再次選取儲存格 E18, 然後連按 2 下**常用**頁次**數值**區的**減少小數位數**鈕, 即可改回顯示整數值:

相反地, 若要增加小數位數, 請按此鈕來增加

連按 2 下此鈕, 移除 2 個小數位數

	B	C	D	E
16	保溼洗面乳 100ml	750		0
17	嫩白潔顏乳 100ml	820		0
18	合計			$6,400

為了加深你的印象, 提升學習效果, 請利用一樣的方法, 分別替「基本保溼產品」、「基本護理系列」、「美白產品系列」、「眼部保養產品」、「防曬及曬後修護系列」、「手部護理系列」、「身體護理系列」及「美髮與護髮系列」, 輸入小計及合計的公式, 並將合計設為「貨幣格式」。

利用「凍結窗格」避免標題捲出畫面

以本例而言, 各欄位的名稱是輸入在 A2：F2 儲存格中, 當你捲動垂直捲軸瀏覽底下其他產品品項時, 欄位名稱就會被捲上去而看不到。此時, 我們可以讓標題保持在螢幕不動, 也就是將標題儲存格凍結起來。

由於 Excel 會從選取儲存格的上方及左方延伸出凍結線, 因此要凍結本例中的標題, 可如下操作：

2 切換至**檢視**頁次, 按下此鈕, 執行『**凍結窗格**』命令

若執行此命令, 可直接凍結工作表的第 1 列

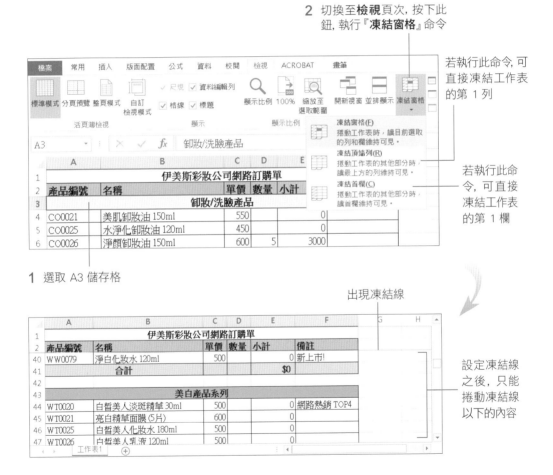

若執行此命令, 可直接凍結工作表的第 1 欄

1 選取 A3 儲存格

出現凍結線

設定凍結線之後, 只能捲動凍結線以下的內容

若要取消凍結窗格, 請按下**檢視**頁次視窗區的**凍結窗格**鈕, 並執行『**取消凍結窗格**』命令, 將凍結窗格的效力取消, 恢復成先前的檢視狀態。

製作訂購單

產品目錄完成後, 我們要接著製作客戶訂購單, 方便客戶填入個人資料、結算此次訂購金額等資訊。

修改工作表頁次標籤名稱及顏色

每個活頁簿檔案預設只有 1 張工作表, 名稱是**工作表 1(Sheet1)**, 我們可以按照工作表的內容重新命名, 甚至是幫頁次標籤換個醒目的顏色。

為頁次標籤重新命名

請開啟範例檔案 Ch03-03, 產品目錄目前都輸入在**工作表 1** 裡面, 為了明確表達此工作表的內容, 請雙按**工作表 1** 使其呈現選取狀態, 然後直接輸入 "產品目錄" 再按下 Enter 鍵, 便可將此工作表命名為 "產品目錄":

雙按後會呈現灰底 　　　　直接輸入新的名稱並按下 Enter 鍵完成更名

為頁次標籤設定明顯的顏色

除了更改工作表名稱, 我們繼續為頁次標籤換個醒目的顏色吧! 請在頁次標籤上按右鈕, 執行『**索引標籤色彩**』命令, 由開啟的色盤選取想要使用的顏色:

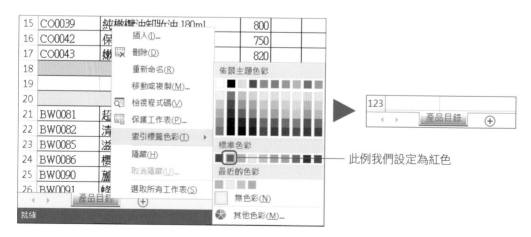

此例我們設定為紅色

新增、移動與刪除工作表

稍後我們還需要在另一個工作表建立訂購單, 因此請按下**常用**頁次**儲存格**區的**插入**鈕選擇**插入工作表**, 便會在**產品目錄**工作表之前新增一張空白的工作表:

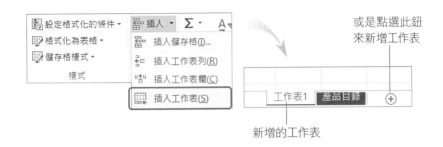

或是點選此鈕來新增工作表

新增的工作表

請比照剛才學會的技巧, 將新增的工作表改名為 "訂購單", 頁次標籤則改為藍色。我們希望**訂購單**工作表排放在**產品目錄**之後, 請將**訂購單**拉曳至**產品目錄**的右側, 調整好工作表的順序。

按住頁次標籤再拉曳, 即可移動其位置

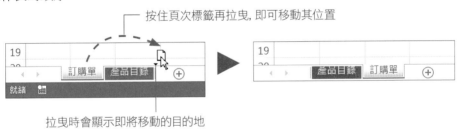

拉曳時會顯示即將移動的目的地

對於不需要用到的工作表, 則可在頁次標籤上按右鈕, 執行『**刪除**』命令將其刪除。

快速鍵 Ctrl + Page Down / Ctrl + Page up

想要快速切換到下一個工作表, 可直接按 Ctrl + Page Down 鍵, 要切換回前一個工作表, 可按 Ctrl + Page up 鍵。

計算訂購金額及總額

接下來我們要建立**訂購單**的內容, 請依下圖來輸入:

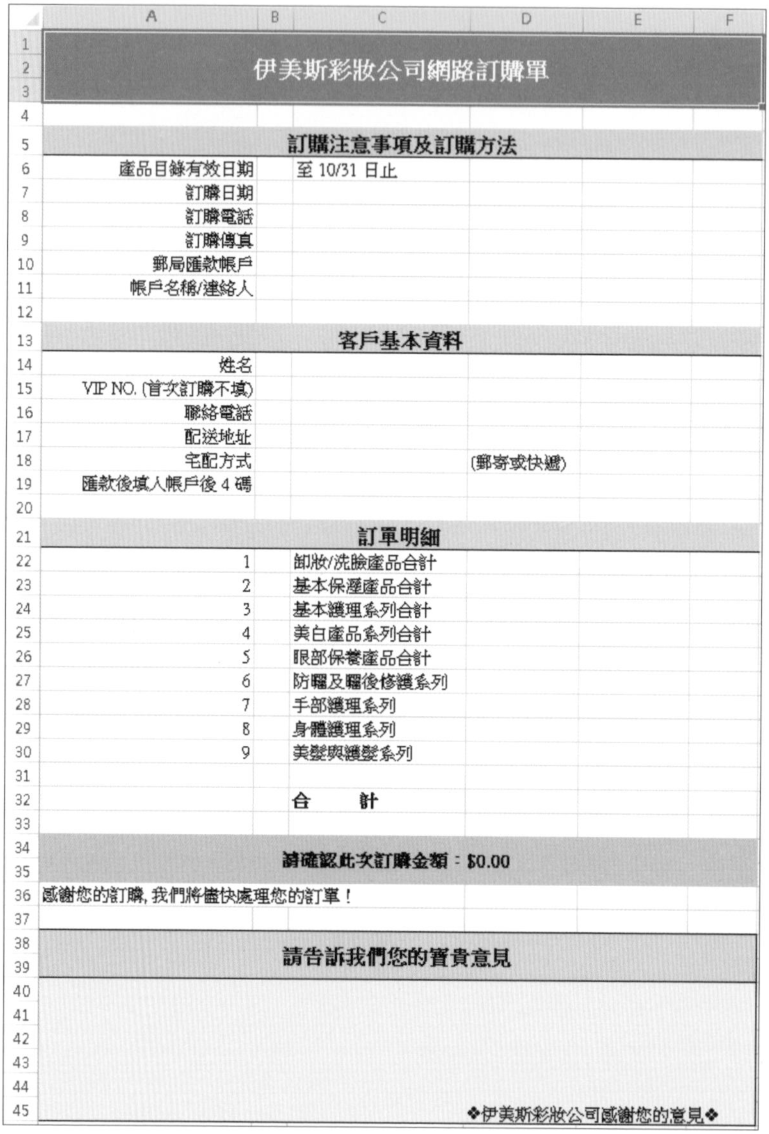

	A	B	C	D	E	F
1						
2			伊美斯彩妝公司網路訂購單			
3						
4						
5		訂購注意事項及訂購方法				
6	產品目錄有效日期	至 10/31 日止				
7	訂購日期					
8	訂購電話					
9	訂購傳真					
10	郵局匯款帳戶					
11	帳戶名稱/連絡人					
12						
13		客戶基本資料				
14	姓名					
15	VIP NO. (首次訂購不填)					
16	聯絡電話					
17	配送地址					
18	宅配方式		(郵寄或快遞)			
19	匯款後填入帳戶後 4 碼					
20						
21		訂單明細				
22	1	卸妝/洗臉產品合計				
23	2	基本保濕產品合計				
24	3	基本護理系列合計				
25	4	美白產品系列合計				
26	5	眼部保養產品合計				
27	6	防曬及曬後修護系列				
28	7	手部護理系列				
29	8	身體護理系列				
30	9	美髮與護髮系列				
31						
32		合　計				
33						
34		請確認此次訂購金額: $0.00				
35						
36	感謝您的訂購, 我們將儘快處理您的訂單!					
37						
38		請告訴我們您的寶貴意見				
39						
40						
41						
42						
43						
44						
45		❖伊美斯彩妝公司感謝您的意見❖				

輸入好訂單內容後, 再來要建立公式, 填入**訂單明細**中各類別的合計結果。請利用剛才輸入好的內容, 或開啟範例檔案 Ch03-04 來進行以下的操作。

01 選取**訂購單**工作表的儲存格 E22, 然後在**資料編輯列**中輸入 "=", 切換至**產品目錄**工作表, 再選取儲存格 E18 並按下 Enter 鍵, 回到**訂購單**工作表, 就會看到合計欄已完成計算了。

E22	▼ : × ✓ fx	=產品目錄!E18			
	A	B	C	D	E	F
21			訂單明細		
22		1	卸妝/洗臉產品合計		$6,400
23		2	基本保溼產品合計		

02 請分別練習將其下的 8 項類別合計, 設定至對應的工作表及儲存格, 並設定**貨幣格式**且不顯示小數位數。

E30	▼ : × ✓ fx	=產品目錄!E114		
	C	D	E	F
21	訂單明細		
22	卸妝/洗臉產品合計		$6,400	— 對應至 "產品目錄 E18"
23	基本保溼產品合計		$2,320	— 對應至 "產品目錄 E30"
24	基本護理系列合計		$2,020	— 對應至 "產品目錄 E41"
25	美白產品系列合計		$920	— 對應至 "產品目錄 E55"
26	眼部保養產品合計		$3,420	— 對應至 "產品目錄 E69"
27	防曬及曬後修護系列		$800	— 對應至 "產品目錄 E79"
28	手部護理系列		$1,900	— 對應至 "產品目錄 E90"
29	身體護理系列		$1,050	— 對應至 "產品目錄 E104"
30	美髮與護髮系列		$810	— 對應至 "產品目錄 E114"
31			

為方便您比對, 我們已在**產品目錄**工作表輸入了品項的數量

03 請選取儲存格 E32, 然後在**資料編輯列**輸入 "=", 再輸入 "SUM(E22:E30)", 就完成訂單明細的**合計**欄位了。

E32	▼ : × ✓ fx	=SUM(E22:E30)		
	C	D	E	F
21	訂單明細		
22	卸妝/洗臉產品合計		$6,400
23	基本保溼產品合計		$2,320
24	基本護理系列合計		$2,020
25	美白產品系列合計		$920
26	眼部保養產品合計		$3,420
27	防曬及曬後修護系列		$800
28	手部護理系列		$1,900
29	身體護理系列		$1,050
30	美髮與護髮系列		$810
31			
32	合　　計		$19,640
33			

判斷是否符合折扣條件

對於購買金額較高以及長期訂購的客戶來說, 優惠、折扣都將會是不小的吸引力, 也算是給客戶的一種回饋, 我們將優惠辦法定為 "當金額超過或等於 10,000 時, 總金額即可打 9 折", 在這裡利用 IF 函數來建立這個檢查的條件。

IF 函數可用來判斷是否符合設定的條件, 如果符合就執行指定的動作或傳回一個值;若不符合, 就執行另一個動作或傳回另一個值。請開啓範例檔案 Ch03-05 來進行建立公式的練習。

01 選定儲存格 A34, 然後切換至**公式**頁次, 按下**邏輯**鈕選取 IF 函數。

當指標移到函數上, 會顯示使用說明

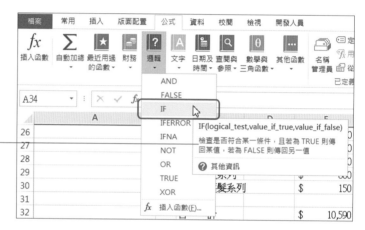

02 在判斷條件欄位 (Logical_test) 中輸入 "E32>=10000", 表示要判斷合計的 E32 儲存格是否大於或等於 10,000。接著設計符合條件與不符合條件時, 分別要執行的動作。請在 Value_if_true 欄位中輸入公式 "E32*90%", 表示符合條件時, 總金額要打 9 折;然後在 Value_if_false 欄位中輸入公式 "E32", 表示不符合條件時, 直接顯示總金額:

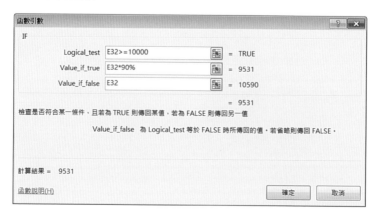

03 不過只是顯示金額好像還不夠, 我們再到金額前加上說明文字吧! 若要顯示文字字串, 前後必須加上 "" (引號), 與公式連接則可用 & 符號。請將 **Value_if_true** 欄位的公式改為 "恭禧您符合優惠條件, 折扣後為:"&(E32*90%);再將 **Value_if_false** 欄位改為 "請確認此次訂購金額:"&(E32)。

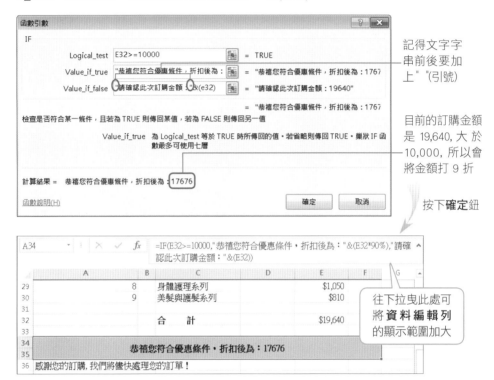

記得文字字串前後要加上 "" (引號)

目前的訂購金額是 19,640, 大於 10,000, 所以會將金額打 9 折

按下**確定**鈕

往下拉曳此處可將**資料編輯列**的顯示範圍加大

儲存格 A34 的公式設定好了, 我們希望金額的地方能加上 "$" 貨幣符號, 這時可利用 DOLLAR 函數來完成。請如下修改 A34 的公式:

= IF(E32 > = 10000,"恭禧您符合優惠條件, 折扣後為:" &DOLLAR(E32 * 90%),
"請確認此次訂購金額:" &DOLLAR(E32))

計算結果就會加上貨幣符號了:

3-3 保護工作表— 確保目錄及單價不被修改

目錄及訂購單都製作完成了, 接下來我們要教您如何將工作表保護起來, 讓客戶只能填寫數量及個人資料的部份, 其他儲存格的內容則不能修改, 甚至看不到儲存格中的公式, 以確保工作表不被竄改或盜用。來看看這麼重要的工作要怎麼進行吧!

保護工作表的結構

在前面的說明中, 我們曾經為工作表設定了凍結窗格, 為了避免客戶不小心更動了工作表的架構, 造成瀏覽上的不便, 我們可以將工作表的結構保護起來, 讓使用者無法任意的移動、新增、刪除工作表…等。

你可以接續上節的範例, 或是直接開啟範例檔案 Ch03-06 的**產品目錄**工作表來進行底下的練習, 並切換至**校閱**頁次:

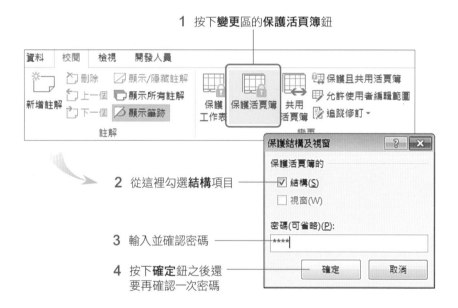

1 按下**變更**區的**保護活頁簿**鈕

2 從這裡勾選**結構**項目

3 輸入並確認密碼

4 按下**確定**鈕之後還要再確認一次密碼

保護活頁簿的**結構**, 表示無法移動、複製、刪除、隱藏 (或取消隱藏)、新增工作表及改變工作表名稱、頁次標籤顏色。

保護狀態下無法使用呈現灰色字體的這些功能

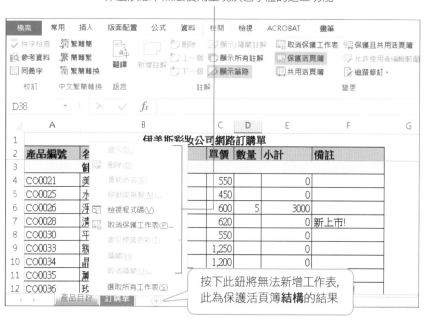

按下此鈕將無法新增工作表, 此為保護活頁簿**結構**的結果

當我們按下**保護活頁簿**鈕之後, 就進入活頁簿的保護功能了; 若要取消保護狀態, 只要再次按下此鈕, 並輸入正確的密碼, 即可取消保護狀態。

保護工作表的部份範圍

做好目錄就可以準備寄給客戶了, 不過如果將這份目錄原封不動的寄給客戶, 那麼表示客戶也可以自由的更改品項、單價, 所以我們要針對目錄中, 不允許修改的地方加以 "保護" 才行。請切換至**產品目錄**工作表, 我們要將目錄中 D 欄以外的內容全都鎖定, 不讓客戶自行修改:

	A	B	C	D	E	F
1		伊美斯彩妝公司網路訂購單				
2	產品編號	名稱	單價	數量	小計	備註
92		身體護理系列				
93	BD0020	果酸美白身體乳 260ml	600	1	600	
94	BD0021	乳油木身體乳 260ml	600		0	
95	BD0022	玫瑰精油身體乳 260ml	600		0	
96	BD0023	牛奶蜂蜜身體乳 260ml	600		0	網路熱銷 TOP1
97	BD0024	胡蘿蔔素身體乳液 260ml	600		0	
98	BD0025	香草身體乳 260ml	600		0	
99	BD0026	牛奶沐浴乳 300ml	150	1	150	
100	BD0030	嬰兒沐浴乳 300ml	150		0	
101	BD0031	清爽沐浴乳 300ml	150		0	
102	BD0035	森林清香沐浴乳 300ml	150	2	300	新上市!

只留 D 欄供客戶填寫數量

由於 Excel 預設會將工作表中所有的儲存格設為**鎖定**, 所以一旦啟動**保護工作表**功能, 就會將所有的儲存格鎖定 (不允許修改)。若要讓某個儲存格範圍在啟動保護後仍可編輯, 就要先把工作表中預設的鎖定狀態取消。

以本例來說, 我們只想保留**產品目錄**工作表中**數量**欄的編輯狀態, 其它儲存格則不允許修改。正因為 Excel 預設將所有儲存格都設為**鎖定**了, 所以我們只要取消工作表中**數量**欄 (即 D 欄) 的鎖定狀態就可以了。來試試看吧!

01 請選取**產品目錄**工作表中的 D4:D114, 在選取範圍內按右鈕執行『**儲存格格式**』命令, 開啟**儲存格格式**交談窗, 並切換至**保護**頁次, 取消**鎖定**選項再按下**確定**鈕。

取消勾選此項, 解除 D4:D114 的鎖定狀態

快速鍵 Ctrl + 1
想要快速開啟**儲存格格式**交談窗, 只要按下 Ctrl + 1 鍵即可。

02 切換至**校閱**頁次, 按下**變更**區的**保護工作表**鈕, 在**保護工作表**交談窗中勾選允許使用者進行的操作:

2 輸入密碼

1 此例設定**選取未鎖定的儲存格**項目, 並取消其它選項 (意即使用者只能在未鎖定的**數量**欄 (D4:D114)中輸入資料)

保護工作表

☑ 保護工作表與鎖定的儲存格內容(C)

要取消保護工作表的密碼(P):
****

允許此工作表的所有使用者能(O):
☐ 選取鎖定的儲存格
☑ 選取未鎖定的儲存格
☐ 設定儲存格格式
☐ 設定欄格式
☐ 設定列格式
☐ 插入欄
☐ 插入列
☐ 插入超連結
☐ 刪除欄
☐ 刪除列

3 按下**確定**鈕之後還要再確認一次密碼

確定   取消

回到工作表之後, 請您實際測試看看, 保護成功的話應該只有**數量欄**可以編輯, 這樣客戶就無法自行修改品名或價格囉!

日後要修改這份工作表時, 請切換至**校閱**頁次, 按下**變更**區的**取消保護工作表**鈕, 再輸入正確的密碼, 就可以解除保護狀態了。

 一定要設定保護密碼嗎?

在設定工作表的保護狀態時, 請您務必設定取消保護的密碼。若是不設定密碼, 表示其他使用者只要按下**取消保護工作表**鈕, 不需要任何的驗證動作即可自行解除保護狀態, 那豈不是太沒有保障了。另外, 建議您將密碼妥善保存, 避免日後忘記密碼, 造成無法進行編輯的窘境。

請切換至**訂購單**工作表, 並自行練習將此工作表設定為保護, 只留下**客戶基本資料**與**意見欄**供客戶修改。練習之後你可以開啟我們已設定完成的 Ch03-07, 來檢視結果是否相同, 保護密碼為 1234。

3-4 整合客戶訂購單

到此, 整個**訂購單**及**產品目錄**都建構完成了, 接下來就可以一一寄送給客戶, 讓客戶來進行訂購了。這一節我們要介紹客戶訂購之後, 該如何整合所有客戶訂單, 以利訂貨的程序。

將訂購單複製到工作表中

假設我們已收到 2 個客戶的訂單了, 由於產品項目太多, 要一筆一筆合計訂購的項目數量實在太沒效率, 這裡我們將利用「合併彙算」的功能來整合所有客戶的訂單。請開啟範例檔案 Ch03-08, 我們要以此工作表來整合其他的客戶訂單, 你可以利用**範例檔案\Ch03** 資料夾下的**訂單 1**、**訂單 2** 來練習。

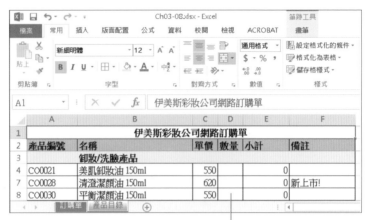

以 Ch03-08 做為訂貨彙整表, 目前**數量**皆為空白

訂單 1 活頁簿

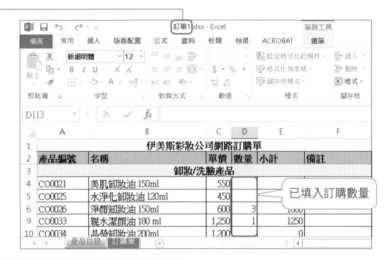

已填入訂購數量

訂單 2 活頁簿

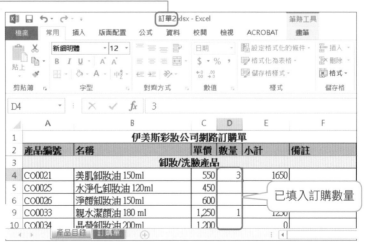

已填入訂購數量

01 首先我們要把客戶的訂單複製到 Ch03-08 中。請開啟範例檔案**訂單 1**, 然後在**產品目錄**工作表上按右鈕執行『**移動或複製**』命令:

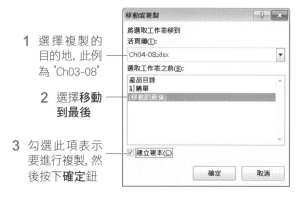

1 選擇複製的目的地, 此例為 "Ch03-08"

2 選擇**移動到最後**

3 勾選此項表示要進行複製, 然後按下**確定**鈕

02 接下來會在 Ch03-08 的工作表頁次標籤看到**產品目錄 (2)**, 即由**訂單 1** 複製過來的訂單。請利用同樣的方法, 將**訂單 2** 的**產品目錄**工作表, 也複製一份至 Ch03-08 中, 複製後會顯示為**產品目錄 (3)**。

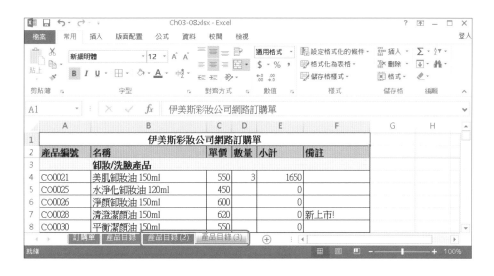

有多份訂單, 請先一併複製到同一份檔案中, 以便稍後進行彙整的工作。

計算各單品的訂購數量

要合計各張訂單所訂購的產品數量, 使用**合併彙算**功能可說是最輕鬆容易的方法了, 請接續上例進行以下合併彙算的操作。

01 先切換至**產品目錄**工作表, 然後選取儲存格範圍 D4:D114, 再切換至**資料**頁次如下操作:

1 按下**資料工具**區的**合併彙算**鈕

2 選取**加總**做為合併資料的運算方式

3 勾選此項, 當資料來源有變動時, 目標儲存格的合併彙算結果將會跟著變動

4 按下**折疊鈕**, 到其他工作表選取**參照位址**

02 由於我們要算出各個訂單的產品數量, 所以按下**折疊鈕**後請再如下操作:

2 選取範圍 D4:D114

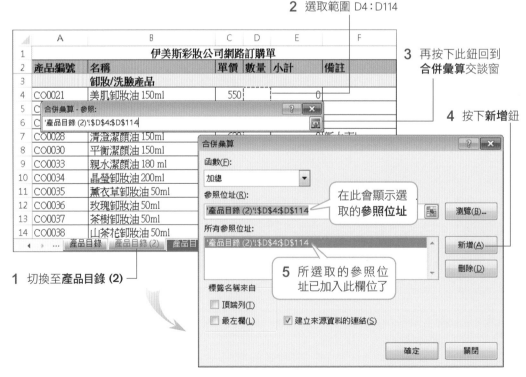

3 再按下此鈕回到**合併彙算**交談窗

4 按下**新增**鈕

在此會顯示選取的**參照位址**

5 所選取的參照位址已加入此欄位了

1 切換至**產品目錄 (2)**

03 設定還沒完成哦！請重覆步驟 2 的操作, 再加入**產品目錄 (3)** 的參照位址, 若有多個訂單工作表, 也請一併加入合併彙算的參照位址中：

目前加入 2 個
參照位址

04 最後請按下**確定鈕**, 就會在**產品目錄**工作表看到合計的結果了：

若按下此處,
可展開查看
每項產品數
量合計明細

	A	B	C	D	E	F
1		伊美斯彩妝公司網路訂購單				
2	產品編號	名稱	單價	數量	小計	備註
3		卸妝/洗臉產品				
5	CO0021	美肌卸妝油 150ml	550	3	1650	
6	CO0025	水淨化卸妝油 120ml	450		0	
8	CO0026	淨顏卸妝油 150ml	600	3	1800	
9	CO0028	清澄潔顏油 150ml	620		0	新上市！
10	CO0030	平衡潔顏油 150ml	550		0	
13	CO0033	親水潔顏油 180 ml	1,250	2	2500	
14	CO0034	晶瑩卸妝油 200ml	1,200		0	
15	CO0035	薰衣草卸妝油 50ml	850		0	
17	CO0036	玫瑰卸妝油 50ml	880	2	1760	熱賣商品！
19	CO0037	茶樹卸妝油 50ml	880	2	1760	

對照訂單 1、
2, 會發現此
欄幫我們算
出每張訂單
的訂購數量
合計

▲ 你可以開啟練習檔案 Ch03-09 瀏覽我們完成的結果檔

接下來就可以將這份訂貨總表列印出來, 開始準備出貨囉！

本章為您介紹了一連串的函數計算、資料彙整, 凍結窗格等操作, 你可以輕鬆將這些功能應用在日常生活中, 例如將每月的收支記錄在個別的工作表, 再以彙整的方式結算出整年度的收支, 做為理財的參考；或是在比較兩張採購報價單時, 利用凍結視窗的功能直接比對金額與規格的差異等, 都是非常實際的應用。

此外, 保護工作表更是不能不知道的功能, 日後只要將重要的工作表或是不允許修改的儲存格範圍保護起來, 就不必擔心工作表的內容被有心人士竄改, 造成不可彌補的損失了。

4 計算員工升等考核成績

你會學到的 Excel 功能

- 計算每個人的筆試成績－「**自動加總**」鈕
- 免輸入公式, 快速得知總分、平均、最高、最低分－「**自動計算**」功能
- 用圖形來顯示成績的高低－「**設定格式化的條件**」
- 判斷筆試成績是否合格－ **IF 函數**
- 計算筆試合格與不合格的人數－ **COUNTIF 函數**
- 只要篩選出筆試合格的人－「**自動篩選**」功能
- 排列名次－「**排序**」和「數據填滿」功能
- 美化成績表－套用「**表格樣式**」
- 查詢個人考核成績－活用 **VLOOKUP 函數**

升遷制度健全的公司, 通常會有一套考核辦法, 提供員工良好的升遷管道。本章我們要以公司的考核成績為例, 帶你用最快的方法計算成績, 並建立便利的查詢系統。

富達公司固定會在每年的 4 月舉辦一次員工考核, 召集各部門主管推薦的人選, 進行一連串的主管培訓課程, 課程結束後, 會舉行每個課程的測驗, 如果測驗成績合乎標準, 將可接受口試。假如口試也過關, 表示通過升等考核。所有通過升等考核的人皆獲得基層主管資格, 日後若有主管職的職缺, 這些通過升等考核者將是優先考慮的人選。而對於考核中表現優異的人, 也會提升職等以茲獎勵。

雖說有升遷機會對個員來說是件好事, 但是計算考核的各科成績、製作報表, 可苦了主辦單位, 其實只要善用 Excel 函數、計算公式, 這些都將是容易解決的問題哦!以下是本章完成的範例:

富達公司年度考核成績計算								
員工編號	部門	姓名	人事規章	產品行銷	工作規劃	會議管理	筆試成績	口試資格
F0056	財務部	簡志奇	△ 75	△ 65	△ 73	△ 76	289	不合格
P0038	產品部	陳 仁	● 85	● 80	● 88	● 88	341	合格
P0041	產品部	張誠芳	△ 70	△ 70	△ 75	△ 80	295	不合格
P0042	產品部	李佳怡	△ 70	△ 72	△ 70	△ 78	290	不合格
P0044	產品部	陳書翊	△ 70	● 80	△ 75	△ 72	297	不合格
P0045	產品部	徐文進	△ 65	△ 65	◆ 0	△ 65	195	不合格
P0047	產品部	李仁俠	△ 70	◆ 0	△ 70	◆ 0	140	不合格
P0050	產品部	周士雄	△ 70	△ 70	△ 75	● 80	295	不合格
考核人員各科平均			75.09	72.55				

人數統計表	
筆試合格人數	10

▲ **成績計算**工作表用以
統計受考核者的成績

富達公司考核查詢系統			
請輸入要查詢員工編號	F0032		
員工姓名	陳欲文		
人事規章	70	筆試成績	322
產品行銷	88	口試資格	合格
工作規劃	82	口試成績	72
會議管理	82	考核成績	77.1
名次		5	
備註		此次考核可升 2 個職等	

成績計算　總成績　查詢系統　⊕

▲ **查詢系統**工作表, 只要輸入員工編號
可立即查詢個人的考核結果

4-1 求算個人筆試總分及各科平均成績

當主辦單位收到各部門提供的筆試成績後, 接著要進行成績的加總並計算每個人的平均分數, 找出符合口試資格的人, 為提高工作效率, 我們將教您省時的計算方法。

計算受考核者的筆試總分

這裡我們要算出每位受考核者的測驗總分。課程共分成**人事規章**、**產品行銷**、**工作規劃**及**會議管理** 4 個科目, 每個人各科目的筆試測驗分數我們已分別填入範例檔案 Ch04-01 中 D、E、F、G 欄。

請開啟範例檔案 Ch04-01, 如下操作將 4 個課程的筆試測驗總分合計到 H 欄的**筆試成績欄**中:

2 按下**常用**頁次**編輯**區的**自動加總**鈕

	A	B	C	D	E	F	G	H	I
2	員工編號	部門	姓名	人事規章	產品行銷	工作規劃	會議管理	筆試成績	口試資格
3	M0012	管理部	陳淑貞	80	75	72	70		
4	M0013	管理部	王心如	85	78	70	80		
5	M0014	管理部	劉怡珍	85	85	75	80		
6	M0015	管理部	陳進文	70	75	65	0		
7			李佳琪	80		85	75		
	A0005	開發部	吳文欽	85	75	80			
9	A0008	開發部	陳芳瑜	75	72	74	85		
21	P0044	產品部	陳書翊	70	80	75	72		
22	P0045	產品部	徐文進	65	65	0	65		
23	P0047	產品部	李仁俠	70	0	70	0		
24	P0050	產品部	周士雄	70	70	75	80		
25		考核人員各科平均							

1 選取 D3:H24 儲存格範圍

H3 =SUM(D3:G3)

	A	B	C	D	E	F	G	H	I
2	員工編號	部門	姓名	人事規章	產品行銷	工作規劃	會議管理	筆試成績	口試資格
3	M0012	管理部	陳淑貞	80	75	72	70	297	
4	M0013	管理部	王心如	85	78	70	80	313	
5	M0014	管理部	劉怡珍	85	85	75	80		
6	M0015	管理部	陳進文	70	75	65			
7	M0017	管理部	李佳琪	80	80	85			
8	A0005	開發部	吳文欽	85	75	80	88	328	

3 立即自動算好筆試成績

「自動加總」鈕的另一種操作方法

剛才的做法是讓 Excel 自動判斷加總範圍, 如果要加總的資料範圍不是相鄰的儲存格, 或是只想加總其中的某幾個欄位, 例如只想加總**人事規章**、**工作規劃**及**會議管理**這三項成績, 那麼你可以如下操作:

2 按下**常用**頁次**編輯**區的**自動加總**鈕

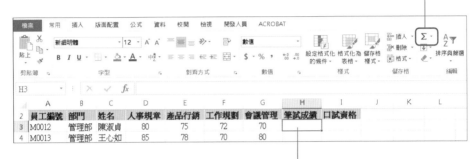

1 選取儲存格 H3

3 接著會自動偵測出要計算的範圍 (=SUM(D3:G3), 但我們不想加總**產品行銷**這項分數, 請將公式修改成 "=SUM(D3+F3+G3)", 再按下 Enter 鍵

4 接著拉曳儲存格 H3 的填滿控點到 H24 儲存格, 即可算出所有人這 3 個科目的總分

 快速鍵 Alt + =

若要快速輸入 SUM 函數, 可在作用中儲存格按下 Alt + = 快速鍵。

計算各課程的平均分數

再來計算每個課程的平均分數, 以了解課程的成效。請如下操作:

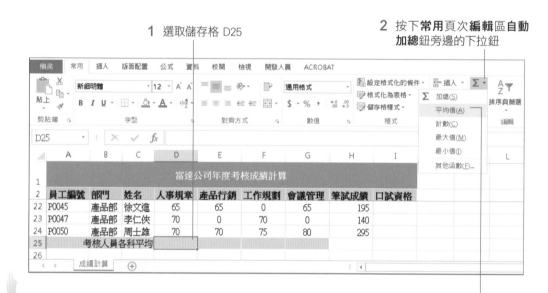

1 選取儲存格 D25

2 按下**常用**頁次**編輯**區**自動加總**鈕旁邊的下拉鈕

計算平均分數的公式

3 選擇『**平均值**』命令

自動偵測出要計算的範圍, 確認範圍無誤後, 請按下 `Enter` 鍵拉曳 D25 儲存格的填滿控點至 G25，將所有課程的平均分數都算出來。

	員工編號	部門	姓名	人事規章	產品行銷	工作規劃	會議管理	筆試成績	口試資格
1				富達公司年度考核成績計算					
2	員工編號	部門	姓名	人事規章	產品行銷	工作規劃	會議管理	筆試成績	口試資格
22	P0045	產品部	徐文進	65	65	0	65	195	
23	P0047	產品部	李仁俠	70	0	70	0	140	
24	P0050	產品部	周士雄	70	70	75	80	295	
25	考核人員各科平均			75.0909091	72.5454545	68.0454545	66.8636364		
26									

設定小數位數

目前平均分數的小數位數太多了，共有 7 位數，我們希望只顯示到小數第 2 位就好。請選取儲存格 D25：G25 範圍，然後如下操作：

1 按下**常用**頁次**數值**區的右下角，開啟**儲存格格式**交談窗

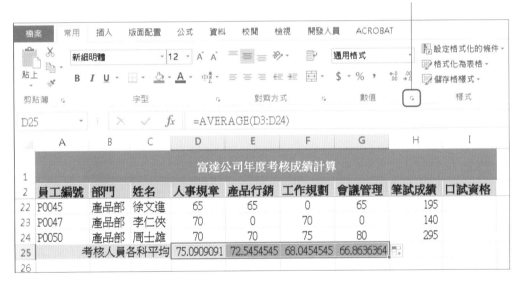

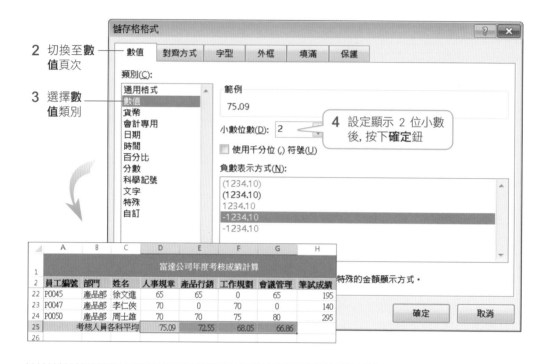

2 切換至**數值**頁次

3 選擇**數值**類別

4 設定顯示 2 位小數後, 按下**確定**鈕

特殊的金額顯示方式。

你也可以在選取儲存格之後, 按下**常用**頁次**數值**區中的**減少小數位數**鈕, 每按一次就會減少一位小數。

善用「自動計算」功能快速得知某部門的成績

除了以**自動加總**鈕來計算加總、平均外, Excel 還提供**自動計算**功能, 讓您只要選取欲計算的範圍, 就能快速得到運算的結果, 其操作如下圖:

1 假設只想要知道「產品部」的平均筆試成績, 可選擇 H18:H24

2 由**狀態列**即可看到計算的結果

平均是 265 分

產品部共有 7 人參加此次的考核

Next

若想了解「產品部」在此次的測驗中誰是最高分或最低分, 亦可在**狀態列**上按右鈕, 從中選取要計算的項目:

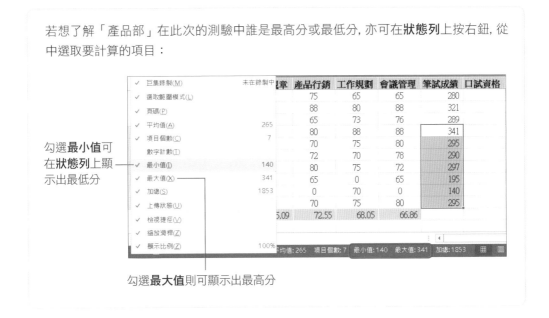

勾選**最小值**可在**狀態列**上顯示出最低分

勾選**最大值**則可顯示出最高分

加上易於辨識成績高低的圖示

計算出各科的平均及筆試總分了, 但是一堆的數字很難看出各員的成績表現。此時可以利用 Excel 提供的**格式化條件**功能, 依照條件在儲存格中加上圖示或色彩, 便於快速看出成績好壞。

首先請選取儲存格範圍 D3: G24, 然後切換至**常用**頁次, 按下**樣式**區的**設定格式化的條件**鈕:

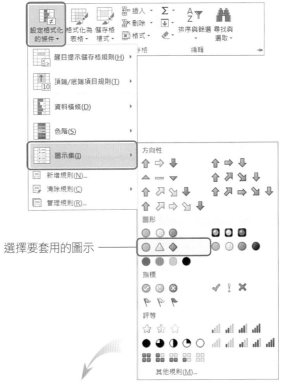

選擇要套用的圖示

員工編號	部門	姓名	人事規章	產品行銷	工作規劃	會議管理	筆試成績	口試資格
M0012	管理部	陳淑貞	80	75	72	70	297	
M0013	管理部	王心如	85	78	70	80	313	
M0014	管理部	劉怡珍	85	85	75	80	325	
M0015	管理部	陳進文	70	75	65	0	210	
M0017	管理部	李佳琪	80	80	85	75	320	
A0005	開發部	吳文欽	85	75	80	88	328	
A0008	開發部	陳芳瑜	75	72	74	85	306	
A0009	開發部	陳 敏	88	78	65	70	301	
A0012	開發部	高玉珍	74	80	0	0	154	
F0023	財務部	錢尚仁	80	75	78	74	307	

所有人的成績前都會顯示一個圖示

在這裡我們套用 ◯ △ ◆ 格式化的條件, 會將高於 67% 的成績標示綠色圓圈; 33%~67% 標示黃色三角形; <33% 則標示紅色菱形, 所以你一看圖示的形狀和顏色, 就可以知道成績是落在前段、中段或者後段, 一目了然!

查看與修改格式化規則

上面我們是直接套用預設的規則, 如果想要修改分段的區間, 先選取套用規則的範圍 (D3:G24), 然後按下**常用**頁次**樣式**區的**設定格式化的條件**鈕, 再執行『**管理規則**』命令, 開啟**設定格式化的條件規則管理員**交談窗後, 按下**編輯規則**鈕:

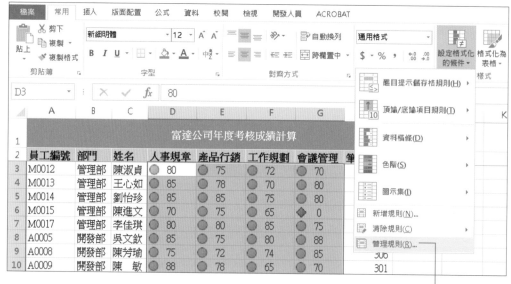

1 點選此項

2 按此鈕

這裡可以查看原本的規則

◀ 我們將規則修改
為：成績 80 分
以上標示綠色圓
圈；60~80 分標
示黃色三角形；
低於 60 分則標
示紅色菱形

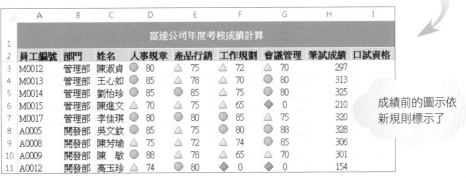

成績前的圖示依
新規則標示了

4-2 找出符合口試資格的人

由於此次的考核規則是筆試合格, 才能參加口試, 且筆試成績若有一科為缺考 (零分), 或者是筆試總分未達 300 分, 都不能參加口試。因此接下來我們要篩選出具參加口試資格的人。

判斷筆試成績是否合格

了解參加口試的資格後, 這裡我們要用 IF 和 OR 函數來判斷受考核者是否符合口試資格。

 IF 函數的用法

IF 函數主要是依條件的成立與否, 來判斷要傳回的值。其語法為 :

IF (<u>Logical_test</u> , <u>Value_if_true</u> , <u>Value_if_false</u>)

判斷的依據　　　符合條件時　　　不符合條件時

 OR 函數的用法

OR 函數是只要有任何一個引數為 TRUE (真), 便傳回 TRUE ; 若是所有引數都為 FALSE (假) 時, 才會傳回 FALSE 值。其語法如下 :

OR (<u>Logical 1</u> , <u>Logical 2</u> , ⋯)

引數 1　　　引數 2

OR 函數最多可接受 30 個引數, Logical1, Logical2, ⋯便是您想要測試其為 TRUE 或 FALSE 的條件。

了解 IF 及 OR 函數後, 請接續前例或開啟範例檔案 Ch04-02, 然後在儲存格 I3 輸入以下的公式:

= IF (OR (OR (D3 = 0 , E3 = 0 , F3 = 0 ,G3 = 0) , H3 < 300) , "不合格" , "合格")

有任何一科為零分　　　　　　　　或者是筆試成績　　符合前述　　不符合前
　　　　　　　　　　　　　　　　低於 300 分者　　條件時　　述條件時

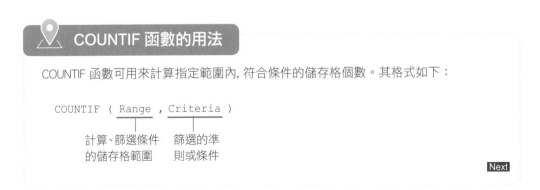

該名受考核者總分未達 300, 無法參考口試

接著, 拉曳儲存格 I3 的填滿控點到儲存格 I24, 即可判斷出所有人是否符合口試資格。

統計可參加口試的人數

由於筆試合格者才能參加接下來的口試, 所以在這個階段我們要計算出筆試成績合格的人數, 以利主辦單位估算施行口試所需要的時間。我們將使用 COUNTIF 函數來計算。

📍 COUNTIF 函數的用法

COUNTIF 函數可用來計算指定範圍內, 符合條件的儲存格個數。其格式如下:

COUNTIF (Range , Criteria)

計算、篩選條件　　篩選的準
的儲存格範圍　　　則或條件

Next

在此先舉一個簡單的例子來為您說明函數的用法。這是一份資訊展支援名單，我們要找出此名單中，" 產品部 " 共有幾人支援，就可以如右圖設定：

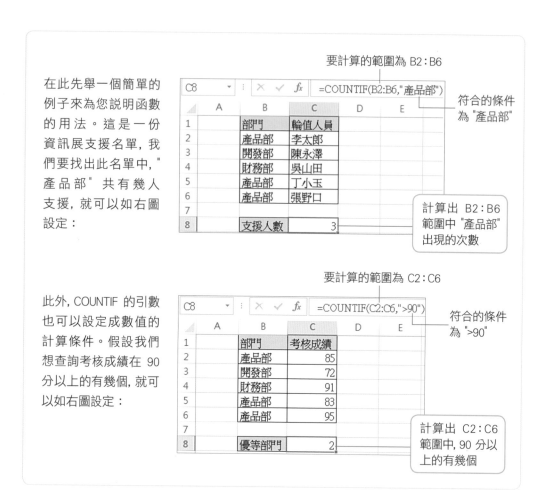

要計算的範圍為 B2:B6

符合的條件為 "產品部"

計算出 B2:B6 範圍中 "產品部" 出現的次數

此外, COUNTIF 的引數也可以設定成數值的計算條件。假設我們想查詢考核成績在 90 分以上的有幾個, 就可以如右圖設定：

要計算的範圍為 C2:C6

符合的條件為 ">90"

計算出 C2:C6 範圍中, 90 分以上的有幾個

了解 COUNTIF 函數的用法後, 請如下操作：

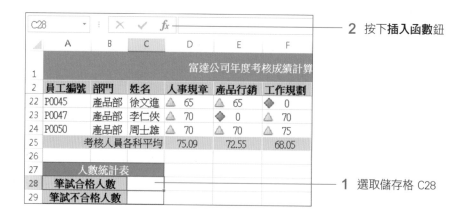

2 按下**插入函數**鈕

1 選取儲存格 C28

3 請在此輸入要尋找的函數　　　　　　　　　　4 按下此鈕

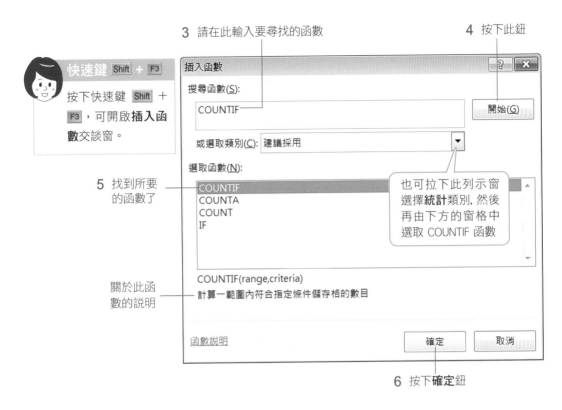

快速鍵 Shift + F3

按下快速鍵 Shift + F3，可開啟**插入函數**交談窗。

5 找到所要的函數了

也可拉下此列示窗選擇**統計**類別, 然後再由下方的窗格中選取 COUNTIF 函數

關於此函數的說明

6 按下**確定**鈕

接下來會開啟**函數引數**交談窗, 請如下繼續操作：

1 在此輸入要統計的範圍 I3:I24　　　2 輸入篩選條件 "合格"　　　亦可按下**摺疊**鈕, 直接從工作表中選取範圍

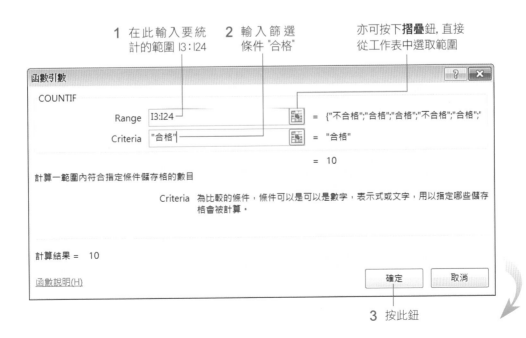

3 按此鈕

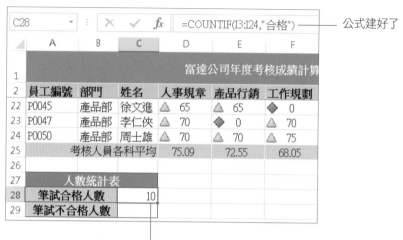

公式建好了

馬上幫我們算出合格的人數

算出合格的人數之後, 不合格的人數則可以用總人數減去合格人數來求得, 也可以再次使用 COUNTIF 函數來幫我們求出結果。請選定 C29 儲存格, 然後輸入公式 "=COUNTIF(I3:I24,"不合格")", 即可求算出不合格的人數。

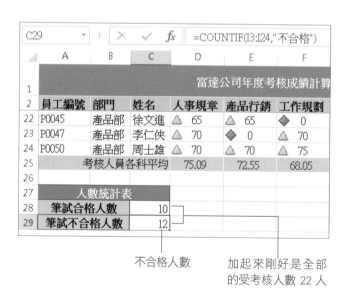

不合格人數

加起來剛好是全部的受考核人數 22 人

4-3 篩選合格名單並計算考核總成績

筆試成績計算完了,我們要做一份筆試合格名單貼至公佈欄,讓參加考核的人得知自己是否需要準備口試。最後再把筆試、口試的成績相加,就是各員的考核結果。

篩選筆試合格的人

篩選是呈現記錄的一種方式,透過篩選功能,可以將不符合尋找準則的記錄暫時隱藏起來,只留下您要的記錄。在此我們就要利用篩選功能,將筆試合格的人篩選出來,隱藏不合格的人,以進行後續的計算工作。

開啟範例檔案 Ch04-03,選取資料中的任一儲存格,切換至**資料**頁次按下**排序與篩選**區的**篩選**鈕,則每一欄上方會出現一個**自動篩選**鈕:

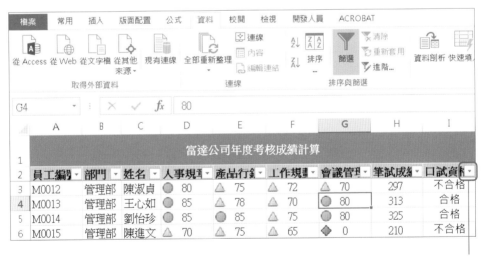

自動篩選鈕

按下**自動篩選**鈕會出現一個列示窗,顯示該欄所有資料經過歸類整理的結果,我們可從這些列示窗來設定自動篩選條件。例如我們要找出「合格」的記錄,請按下**口試資格**欄的**自動篩選**鈕,再如下操作:

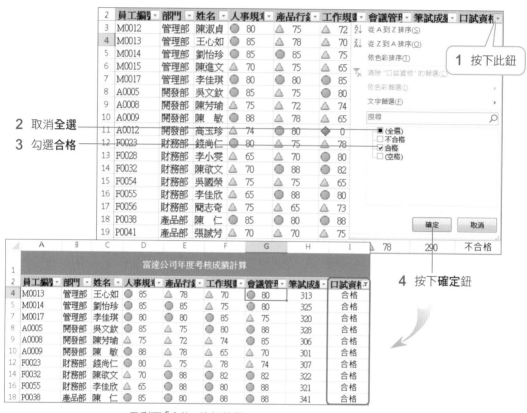

2 取消**全選**

3 勾選**合格**

1 按下此鈕

4 按下**確定**鈕

▲ 只剩下「合格」的記錄了

符合條件的記錄其列標題會改用藍色字體顯示, 而用來設定篩選條件的欄位 (如 "口試資格" 欄), 其**自動篩選**鈕會顯示 🔽 圖示。之後, 我們還可以在目前的篩選結果上繼續設定其他欄位的篩選條件。

複製篩選後的記錄

篩選出「合格」的記錄後, 我們要將**成績計算**工作表中顯示的資料複製一份到新的工作表中。請選取 A1：I18 儲存格範圍：

選好要複製的範圍後, 請按下 `Ctrl` + `C` (複製的快速鍵), 然後按下**成績計算**工作表旁的 ⊕ 鈕, 建立一個名為**總成績**的工作表, 切換到**總成績**工作表, 選定 A1 儲存格, 再按下 `Ctrl` + `V` (貼上的快速鍵), 即可將資料複製過來。

快速鍵 `Shift` + `F11`

想要快速建立新工作表, 可按 `Shift` + `F11` 快速鍵。

將資料複製過來之後, 請自行調整欄寬, 並切換至**常用**頁次, 按下**樣式**區的**設定格式化的條件**鈕, 執行『**清除規則 / 清除整張工作表的規則**』命令, 即可移除格式化規則。

按此鈕, 新增工作表

移除篩選結果

篩選出需要的資料筆數後, 我們要移除**成績計算**工作表中的篩選結果, 讓工作表中不符合篩選條件而被暫時隱藏的記錄重新顯示出來。你可以利用以下的方法來移除某欄或全部欄位的自動篩選功能。

● **移除一欄的篩選**：若要移除某欄所設定的篩選條件, 只要在該欄的**自動篩選**鈕列示窗中勾選**全選**項目, 則被隱藏的記錄就會重新顯示出來。

● **移除所有欄位的篩選**：如果清單中有多個欄位都設有篩選條件, 可切換至**資料**頁次, 按下**排序與篩選**區的**清除**鈕, 一次移除掉所有欄位的篩選條件。

關閉自動篩選功能

若不需要再用到自動篩選功能, 請再次按下**資料**頁次**排序與篩選**區的**篩選**鈕 (使其呈未啟動的狀態), 則 Excel 會移除所有欄位的篩選條件, 恢復原來的樣子, 並且同時取消欄位名稱旁的**自動篩選**鈕。

計算考核成績

經過一番激烈的競爭, 口試成績已經出爐了, 請開啟範例檔案 Ch04-04, 我們已經將口試成績填入**總成績**工作表 J 欄, 接著我們要透過公式, 在**考核成績**欄算出每個人的考核總分, 請如下操作。

考核成績的計算方式如下:

考核成績 = (筆試成績的平均 * 60%) + (口試成績* 40%)

01 請在儲存格 K3 輸入公式 "= (H3/4)*60%+J3*40%", 算出王心如的考核成績之後, 拉曳 K3 的填滿控點至 K12, 將所有人的考核成績都算出來。

K3		▼	:	×	✓	fx	=(H3/4)*60%+J3*40%				
	A	B	C	D	E	F	G	H	I	J	K	L
1						富達公司年度考核成績計算						
2	員工編號	部門	姓名	人事規章	產品行銷	工作規劃	會議管理	筆試成績	口試資格	口試成績	考核成績	名次
3	M0013	管理部	王心如	85	78	70	80	313	合格	84	80.55	
4	M0014	管理部	劉怡珍	85	85	75	80	325	合格	70	76.75	
5	M0017	管理部	李佳琪	80	80	85	75	320	合格	78	79.2	
6	A0005	開發部	吳文欽	85	75	80	88	328	合格	66	75.6	
7	A0008	開發部	陳芳瑜	75	72	74	85	306	合格	76	76.3	
8	A0009	開發部	陳 敏	85	85	65	70	301	合格	70	73.15	
9	F0023	財務部	錢尚仁	80	75	78	74	307	合格	60	70.05	
10	F0032	財務部	陳欽文	70	88	82	82	322	合格	72	77.1	
11	F0055	財務部	李佳欣	65	88	80	88	321	合格	74	77.75	
12	P0038	產品部	陳 仁	85	80	88		341	合格	85	85.15	
13												

02 切換到**常用**頁次, 再按 2 次**數值**區中的**減少小數位數**鈕 `.00→.0`, 讓考核成績四捨五入到整數。

筆試成績	口試資格	口試成績	考核成績	名次
313	合格	84	81	
325	合格	70	77	
320	合格	78	79	
328	合格	66	76	
306	合格	76	76	

4-4 按成績高低排名次

算出每個人的考核成績之後, 接著要依照成績的高低來排名次, 再根據名次給予不同程度的獎勵。此次的獎勵辦法是前 3 名可提升 3 個職等；4~6 名提升 2 個職等, 其餘則不調整。本節我們先來學習排名次的方法, 職等調整的通知單則留待製作查詢系統 (4-5 節) 時再說明怎麼製作。

依成績做排序

在排序資料時, 一定要有所依據 (例如本例中以**總成績**工作表中的**考核成績**欄為依據), 這個依據就稱為「鍵值」, 一般我們都會從每個「記錄」中選取一種資料來當作「鍵值」, 或稱為「主要鍵」。若資料中「主要鍵」的值都相等, 有時還需要有「次要鍵」或是「第三鍵」才能分出高下。

請開啟範例檔案 Ch04-05 來練習。選取**總成績**工作表中的任一儲存格, 然後切換至**資料**頁次, 按下**排序與篩選**區的**排序**鈕：

1 在此選擇**考核成績**當做「主要鍵」　　2 選擇由最大到最小　　3 按下**確定**鈕

	A	B	C	D	E	F	G	H	I	J	K	L
1					富達公司年度考核成績計算							
2	員工編號	部門	姓名	人事規章	產品行銷	工作規劃	會議管理	筆試成績	口試資格	口試成績	考核成績	名次
3	P0038	產品部	陳 仁	85	80	88	88	341	合格	85	85	
4	M0013	管理部	王心如	85	78	70	80	313	合格	84	81	
5	M0017	管理部	李佳琪	80	80	85	75	320	合格	78	79	
6	F0055	財務部	李佳欣	65	80	80	88	321	合格	74	78	
7	F0032	財務部	陳欣文	70	80	82	82	322	合格	72	77	
8	M0014	管理部	劉怡珍	80	85	75	90	325	合格	70	77	
9	A0008	開發部	陳芳瑜	75	72	74	85	306	合格	76	76	
10	A0005	開發部	吳文欽	85	75	80	88	328	合格	66	76	
11	A0009	開發部	陳 敏	88	78	65	70	301	合格	70	73	
12	F0023	財務部	錢尚仁	80	75	78	74	307	合格	60	70	

將**考核成績**由高排到低

填入名次與美化成績表

將成績排序好之後, 我們要在 L 欄填入名次, 並把成績表再美化得更具專業感。

01 請在儲存格 L3 中填入 "1", 然後拉曳填滿控點到 L12:

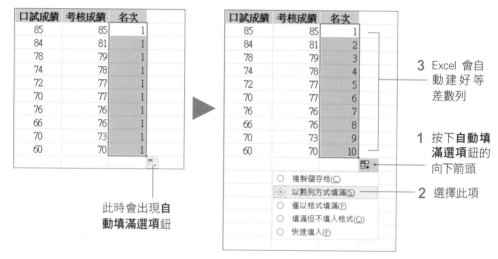

此時會出現**自動填滿選項**鈕

3 Excel 會自動建好等差數列

1 按下**自動填滿選項**鈕的向下箭頭

2 選擇此項

○ 複製儲存格(C)
◉ 以數列方式填滿(S)
○ 僅以格式填滿(F)
○ 填滿但不填入格式(O)
○ 快速填入(F)

▲ 這次考核的名次就完成囉!

02 選取儲存格範圍 A2:L12, 再切換至**常用**頁次, 按下**樣式**區的**格式化為表格**鈕, 從中選擇一個喜歡的表格樣式:

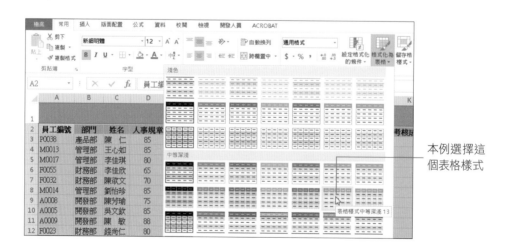

本例選擇這個表格樣式

03 確認要套用成表格的範圍, 若沒有問題, 請按下**確定**鈕:

由於我們已設定標題, 所以請勾選此項

按此鈕

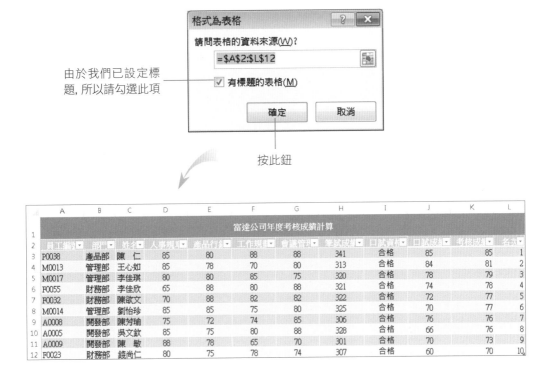

04 此例不需要用到**自動篩選**功能, 因此可選取表格內的任一儲存格, 再切換至**資料**頁次按一下**篩選**鈕, 使其呈未啟用的狀態, 即可將篩選功能關閉。若覺得套用配色後, 文字色彩不鮮明, 也可以自行再做修改。

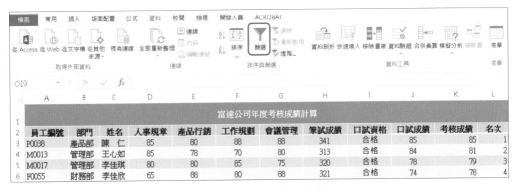

▲ 關閉了自動篩選功能

4-5 查詢個員考核成績

成績、名次都計算出來之後，為了方便各級主管以及考核者查詢，我們來建立一個小小的成績查詢系統，只要輸入員工編號，就可以馬上查出該員的成績、名次，以及調升的職等。

VLOOKUP 函數的用法

VLOOKUP 函數的功用，就是在搜尋範圍的第一欄尋找特定值，找到就會傳回該列中某個欄位的值。其格式如下：

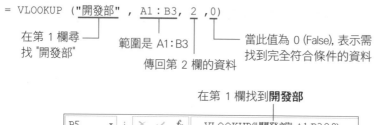

底下我們以一個簡單的範例來說明 VLOOKUP 的使用方法。例如在儲存格 B5 輸入如下的公式：

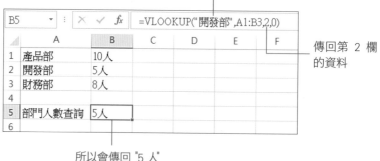

建立個人成績查詢系統

了解 VLOOKUP 函數的用法後，我們就可以開始來建立查詢系統了。請開啟範例檔案 Ch04-06 的**查詢系統**工作表，我們已經建立好如右的查詢表格：

01　選定 B3 儲存格，然後按下**資料編輯列**上的**插入函數**鈕 *fx*，我們要利用 VLOOKUP 函數來查詢員工編號：

2　點選 **VLOOKUP**
　　函數

02　按下**確定**鈕，即可開始輸入引數：

1　輸入 "B2"，表示要尋找我們所輸入的員工編號　　2　按下此鈕選取尋找的範圍

3　切換至**成績
　計算**工作表

可拉曳此處來移動交談窗, 以免擋住您要選取的範圍

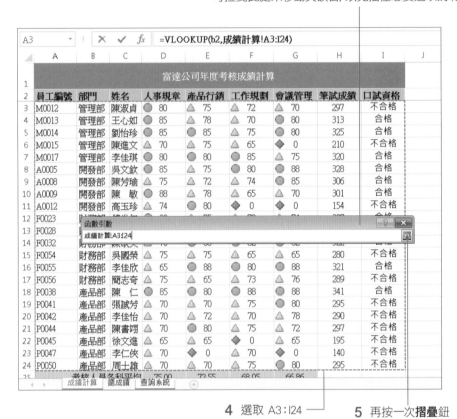

4 選取 A3:I24

5 再按一次**摺疊**鈕

1 員工姓名在第 3 欄, 所以輸入 "3"

03 接著再如右圖輸入最後兩個引數:

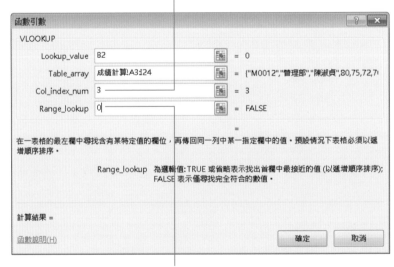

2 輸入 "0", 表示要找完全相符的資料

04 按下**確定**鈕回到工作表畫面, 會看到如下的結果:

B3		× ✓ ƒx	=VLOOKUP(B2,成績計算!A3:I24,3,0)	

由於我們尚未輸入要查詢的員工編號, 所以會出現錯誤

	A	B	D	E
1	富達公司考核查詢系統			
2	請輸入要查詢員工編號			
3	員工姓名	#N/A		
4				
5	人事規章		筆試成績	
6	產品行銷		口試資格	
7	工作規劃		口試成績	
8	會議管理		考核成績	
9				
10	名次			
11	備註			

05 若要試試看這個查詢系統是否可運作, 請在 B2 儲存格中輸入一個員工編號, 例如 "A0008":

	A	B	C
1	富達公司考核查詢系統		
2	請輸入要查詢員工編號	A0008	
3	員工姓名	陳芳瑜	

1 輸入 "A0008"
2 自動帶出員工的姓名了

06 接下來的各個欄位, 都請依照同樣的方法建立公式;要改變的是 **Col_index_num** 欄的值 (例如:**人事規章**為第 4 欄、**產品行銷**為第 5 欄、…)。請依此類推, 即可查出每個課程的成績、筆試成績及口試資格。

B5		× ✓ ƒx	=VLOOKUP(B2,成績計算!A3:I24,4,0)	

人事規章
在第 4 欄

	A	B	C	D	E
1	富達公司考核查詢系統				
2	請輸入要查詢員工編號	A0008			
3	員工姓名	陳芳瑜			
4					
5	人事規章	75	筆試成績	306	
6	產品行銷	72	口試資格	合格	
7	工作規劃	74	口試成績		
8	會議管理	85	考核成績		
9					
10	名次				
11	備註				

07 由於此次考核得先通過筆試才能進行口試, 所以查詢口試成績時, 必須運用 IF 函數來判斷筆試是否合格, 若合格的話才有口試成績、考核成績及名次的值。

請在 D7 儲存格輸入此公式

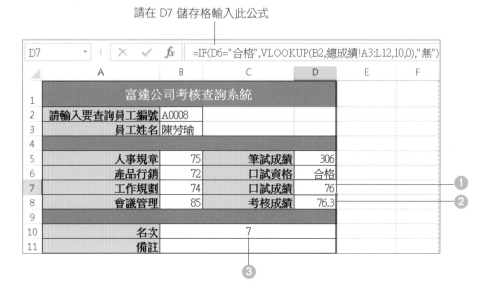

① D7 儲存格的公式可判斷 D6 的值若為 "合格", 則利用 VLOOKUP 函數到**總成績**工作表中找出**口試成績**, 若筆試不合格, 則顯示 "無"。陳芳瑜因為筆試合格, 所以會找到口試成績

② D8 儲存格建立查詢**總成績**的公式 :
= IF (D6 = "合格", VLOOKUP (B2, 總成績! A3 : L12, 11, 0), "無")

③ B10 儲存格建立查詢**名次**的公式 :
= IF (D6 = "合格", VLOOKUP (B2, 總成績! A3 : L12, 12, 0), "無")

顯示升等訊息

進行到此, 查詢系統已經完成了。不過, 為了在查詢時能夠得知個員此次是否符合升等的資格, 我們可以在**備註**欄中加以說明。

此次的升級辦法是前 3 名可升 3 個職等, 要在**備註**欄中顯示 "此次考核可升 3 個職等"; 名次為第 4 ~ 6 名則顯示 "此次考核可升 2 個職等", 其餘則只顯示 "職等不調整"。請選定儲存格 B11, 然後輸入以下的公式 :

名次在前 3 名者可升 3 個職等

= IF (B10 < = 3 , "此次考核可升 3 個職等" , IF (AND (B10 > 3 , B10 < = 6) , "此次考核可升 2 個職等" , "職等不調整"))

其餘不調整, 只顯示此字串   名次在 4 ~ 6 名者可升 2 個職等實際來測試看看，假設我們要查詢員工編號為 "F0032" 的成績，請在 B2 儲存格輸入 "F0032"：

查到所有成績以及考核結果了

B11   fx =IF(B10<=3,"此次考核可升 3 個職等",IF(AND(B10>3,B10<=6),"此次考核可升 2 個職等","職等不調整"))

	A	B	C	D	E	F	G
1		富達公司考核查詢系統					
2	請輸入要查詢員工編號	F0032					
3	員工姓名	陳欲文					
4							
5	人事規章	70	筆試成績	322			
6	產品行銷	88	口試資格	合格			
7	工作規劃	82	口試成績	72			
8	會議管理	82	考核成績	77.1			
9							
10	名次		5				
11	備註		此次考核可升 2 個職等				
12							

▲ 您可以開啟範例檔案 Ch04-07 來查看結果

透過本章的內容，你已經學會許多與計算相關的功能，包括：加總、平均、排名次、製作成績查詢系統，並套上美觀的表格、儲存格樣式來美化報表。而當資料的筆數愈多，你就愈能感受到善用函數所能節省的人工計算時間，所以一定要好好練習函數的運用喔！

5

結算每月員工出缺勤時數

你會學到的 Excel 功能

- 輸入員工編號後自動顯示員工姓名－
  使用 LOOKUP 函數查表

- 建立「假別」下拉式清單, 節省輸入資料的時間－
  使用**資料驗證**功能

- 建立請假扣分公式－ 在 IF 函數中搭配 OR 函數做判斷

- 只篩選出六月份的請假資料－**自訂篩選**功能

- 列出所有員工六月份的出缺勤資料－建立**樞紐分析表**

一家制度化的公司, 對於員工的出勤狀況應該要有詳實的記錄, 並擬定明確的請假流程與辦法讓員工遵循。如果您身為一個行政人員, 負責處理公司員工的請假單, 並且必須每個月製作出缺勤報表, 將員工的請假時數、假別等資訊統計出來, 怎麼做會最有效率呢?

如果員工少, 或許還可以採用紙上作業, 不過要是員工人數一多, 算錯的機率就會大幅提高, 而且顯得沒什麼效率。因此, 這一章我們要來教您運用 Excel 計算員工的出缺勤時數, 並使用**樞紐分析表**功能, 快速完成報表的製作。

六月份出缺勤統計表									
加總 - 天數	欄標籤								
列標籤	公假	事假	特休假	病假	婚假	陪產假	喪假	曠職	總計
F2130	0	0	1	0	0	0	0	0	1
F2131	0	0	0	0	0	0	0	0	0
F2132	0	0	0	3	0	0	0	0	3
F2133	0	0	0	0	0	0	0	0	0
F2134			0	0	0	0	0		
F2135	0	0	0	4	0		0		
F2179	0	0	0	0	0	0	0	0	0
F2180	0	0	0	0	0	0	0	0	0
F2195	0	0	0	0	0	0	0	0	0
F2196	0	0	1	0	0	0	0	0	1
總計	1	1.5	7	6	12	2	5	2	36.5

▲ 單月的員工出缺勤統計表

四月～六月份出缺勤考核表									
加總 - 扣分		假別							
員工編號	姓名	公假	事假	特休假	病假	婚假	陪產假	喪假	曠職	總計
⊟F2130	林愛嘉	0	0	0	0	0	0	0	0	0
⊟F2131	郝立贏	0	0	0	0	0	0	0	0	0
⊟F2132	陳東和	0	0	0	3	0	0	0	0	3
⊟F2133	王永聰	0	0	0	0	0	0	0	0	0
	林成木	0	0		0	0	0	0	0	0
⊟F2135	周金姍	0	0.5	0	0					0.5
⊟F2136	王妮彩	0	1	0	0	0	0	0	4.5	5.5
⊟F2191	賴洲書	0	0	0	0	0	0	0	0	0
⊟F2192	石賓佳	0	0	0	0	0	0	0	0	0
⊟F2193	黃青霈	0	0	0	0	0	0	0	0	0
⊟F2194	史宜均	0	0	0	0	0	0	0	0	0
⊟F2195	賴國志	0	0	0	0	0	0	0	0	0
⊟F2196	陳進濬	0	0	0	0	0	0	0	0	0
總計		0	5.5	0	25	0	0	0	9	39.5

▲ 員工出缺勤考核表

5-1 設計請假單公式

首先, 我們要幫行政專員設計一個用來輸入所有員工請假記錄的工作表, 為節省輸入資料及手動計算扣分的時間, 我們將利用**下拉式清單**及公式來減化輸入的工作。

在本範例開始之前, 我們先來了解一下公司的請假規定, 以便待會兒設計公式:

● **假別**:假別包括事假、病假、婚假、喪假、公假、產假、陪產假、特休假、颱風假。若工作日未出席, 事後也未按時辦理請假手續, 則以「曠職」論。

● **請假時數**:請假的最小單位為 "半日", 因此請假天數可為 0.5、1、1.5、2…天。

● **出勤考核**:員工出勤表現列入個人考核。曠職一日扣 3 分;病假或事假一日扣 1 分, 其餘假別不扣分。

● **請假手續**:請假須填寫請假單, 填妥請假日期、員工編號、姓名、假別、天數這幾項資訊之後, 交由行政專員進行登錄。

請開啟範例檔案 Ch05-01, 這是為了幫助行政專員正確、快速地處理假單資料所設計的一份活頁簿, 其中共有 4 張工作表, 請先切換至**請假記錄**工作表:

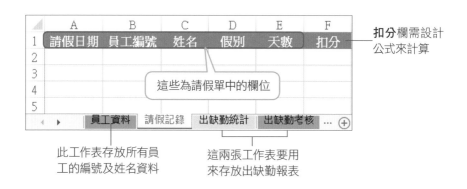

扣分欄需設計公式來計算

這些為請假單中的欄位

此工作表存放所有員工的編號及姓名資料

這兩張工作表要用來存放出缺勤報表

自動填入員工姓名

請假記錄工作表就是要讓行政專員登錄請假單的地方。為了加速資料的登錄速度, 我們可以為**姓名**欄設計公式, 讓行政專員只要在**員工編號**欄中輸入資料, 就自動將**姓名**欄填好。請選取 C2 儲存格, 然後運用 LOOKUP 函數建立如下的公式:

```
= LOOKUP( B2, 員工資料! A$2:A$68, 員工資料! B$2:B$68)
```

在**員工資料**工作表的 A$2：A$68 中尋找 B2 所
輸入的員工編號, 找到後填入對應的員工姓名

我們希望不管 C2
公式複製到哪,
公式參照永遠都
來自 A2：A68, 因
此使用絕對參照
A$2：A$68

由於尚未輸入員工編號, 因此出現錯誤訊息

公式建好之後, 可以來測試一下。例如在**請假記錄**工作表的 B2 輸入 "F2132"：

輸入 "F2132", 果
然在 C2 自動
填入員工姓名

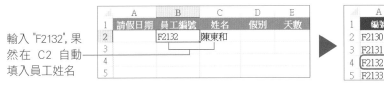

▲ **請假記錄**工作表　　　　　　　▲ **員工資料**工作表

利用「資料驗證」建立假別清單

　　請假記錄工作表的 "假別" 欄, 則可以運用**資料驗證**功能建立假別清單, 這樣以後就可以直接從下拉式選單中選擇假別了。請選取 D2 儲存格, 然後如下操作：

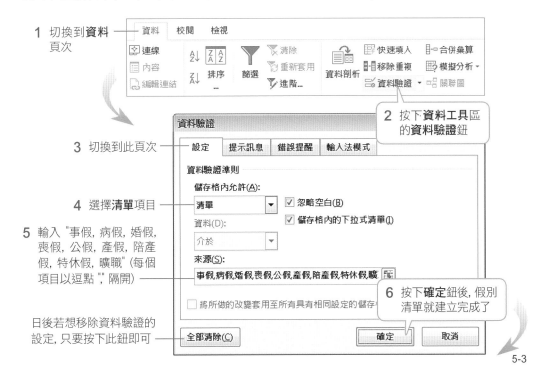

拉下列示窗即
可選取假別

建立扣分公式

　　F 欄的扣分方式是根據假別及請假天數來設計公式。按照公司的請假規定，曠職
1 日扣 3 分、病假或事假 1 日扣 1 分，其餘不扣分，因此我們可將 F2 儲存格的公
式設計為：

= IF(OR (D2 = "病假", D2 = "事假"), E2, IF (D2 = "曠職", E2 * 3, 0))

若請病假或事假, 則 "扣分" 欄
會等於 "天數" 欄 (因為請病假
或事假是 1 天扣 1 分)

如果不是病假或事假, 再判
斷是否為曠職, 如果是就要
將天數再乘以 3 表示扣 3 分

假若都不是病假、
事假、曠職, 便填
入 0, 不予扣分

OR 函數的用法

OR 為一邏輯函數, 假如有任何一個引數的邏輯值為 TRUE, 便傳回 TRUE, 只有當所有引
數的邏輯值皆為 FALSE 時, 才會傳回 FALSE。OR 函數的格式如下：

OR(Logical1, Logical2, . . .)

OR 函數最多可接受 30 個引數, Logical1, Logical2, … 則是您想要測試其為 TRUE
或 FALSE 的條件。

　　公式建好之後, 可輸入假別及天數來測試看看：

F2		fx	=IF(OR(D2="病假",D2="事假"),E2,IF(D2="曠職",E2*3,0))					
	A	B	C	D	E	F	G	H	I
1	請假日期	員工編號	姓名	假別	天數	扣分			
2		F2132	陳東和	事假	2	2			
3									

事假 2 天就扣 2 分

　　進行到此, **請假記錄**工作表需要設計的公式就都完成了。

5-2 建立請假記錄

行政專員的例行公事之一就是要將員工交過來的假單輸入到工作表當中。在開始建立請假記錄清單之前,還得先完成下面幾項預備動作。

複製公式

請接續上例或開啟範例檔案 Ch05-02,並切換到**請假記錄**工作表。在上一節中,我們已經為 C2、F2 設計好公式,而 D2 儲存格也建立好假別的選項了,現在我們要將公式及假別選項複製給同欄的儲存格使用,以簡化日後輸入假單作業。

複製公式的技巧相信您已經駕輕就熟了。不過由於我們也不確定未來會有幾筆假單要輸入,所以您可以先複製個 20 列,等到不夠用的時候,再繼續往下複製:

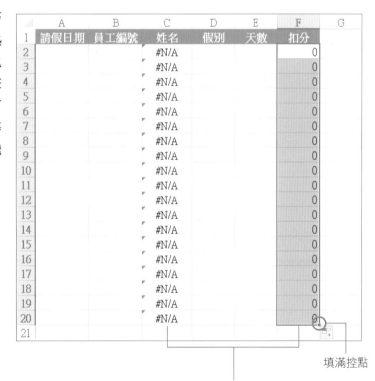

填滿控點

請分別往下拉曳 C2、D2、F2 的填滿控點,將公式複製給同欄的其他儲存格

輸入假單資料

現在要開始輸入假單資料了。假設行政專員收到 2 張請假單, 資料如下:

請假單

填寫日期: 2015年 06 月 03 日

姓名	陳東和	員工編號	F2132	部門	業務	職位	
假別	病假	請假事由	腸胃不適				
請假起迄日期	2015 年 06 月 1 日起, 至 2015 年 06 月 2 日止, 共計 2 日						
職務代理人簽章	單位/部門主管簽章	管理部簽章		經理簽章		總經理簽章	

請假單

填寫日期: 2015年 06 月 08 日

姓名	林愛嘉	員工編號	F2130	部門	生產	職位	
假別	特休假	請假事由					
請假起迄日期	2015 年 06 月 10 日起, 至 2015 年 06 月 10 日止, 共計 1 日						
職務代理人簽章	單位/部門主管簽章	管理部簽章		經理簽章		總經理簽章	

現在我們就依據請假單將資料輸入到**請假記錄**工作表中:

2 輸入員工編號, 隔壁的 "姓名" 欄就會自動填好　　**3** 直接從下拉選單中選取假別　　**4** 輸入請假天數

1 輸入請假日期

扣分欄會自動計算出來

比照這個辦法, 當行政專員收到同仁繳交過來的假單時, 就可將假單資料輸入到這個工作表當中。

5-3　製作請假天數統計報表

由於**請假記錄**工作表, 是記錄整年度所有員工的請假資料, 當行政專員要結算當月的請假記錄時, 得單獨篩選出該月份的資料做統計, 為節省處理時間, 我們就用**樞紐分析表**來做統計。

假單記錄一筆一筆累積起來了, 每個月月底行政專員要製作出缺勤報表, 將每個人請了多少假都統計出來。請開啟範例檔案 Ch05-03：

	A	B	C	D	E	F
1	請假日期	員工編號	姓名	假別	天數	扣分
2	2015/04/01	F2133	王永聰	特休假	3	0
3	2015/04/06	F2137	蔡依茹	病假	7	7
4	2015/04/06	F2168	陳文欽	病假	1	1
5	2015/04/11	F2171	陳裕龍	特休假	2	0
6	2015/04/12	F2178	陳艾齡	特休假	3	0
7	2015/04/12	F2165	孫欣枚	病假	0.5	0.5

員工資料　　**請假記錄**　　出缺勤統計　　出缺勤考核　　⊕

切換至**請假記錄**工作表

篩選要統計的月份資料

目前工作表中含有 4 月、5 月、6 月份的記錄, 假設行政專員要製作的是 6 月份的出缺勤報表, 就必須先將 6 月份的資料篩選出來。

1 拉下 "請假日期" 欄旁邊的**自動篩選鈕**

請選取資料範圍中的任一儲存格, 再按下**常用**頁次**編輯**區的**排序與篩選**鈕, 然後勾選『**篩選**』命令讓**自動篩選鈕**顯示出來, 並如下操作：

	A	B	C	D	E	F
1	請假日	員工編	姓名	假別	天數	扣分

A↓ 從最舊到最新排序(S) — 休假　3　0
Z↓ 從最新到最舊排序(O) — 假　7　7
　依色彩排序(T) ▶ — 假　1　1
　清除 "請假日期" 的篩選(C) — 休假　2　0
　依色彩篩選(I) ▶ — 休假　3　0
　日期篩選(F) ▶ — 假　0.5　0.5
　搜尋 (全部) 🔍▼ — 假　1.5　1.5
　■ (全選) — 假　1　1
　■ 2015年 — 假　2　2
　　□ 四月 — 休假　3　0
　　□ 五月 — 職　1　3
2 取消**四月**、**五月**項目, 僅勾選**六月**項目 ── ☑ 六月 — 假　2　2
　— 假　1　1
　— 假　4　0
　— 假　0.5　0
3 按下**確定**鈕 ── 確定　取消 — 休假　0.5　0
　— 假　2　2

| 19 | 2015/05/26 | F2186 | 鄭嘉慶 | 病假 | 3 | 3 |

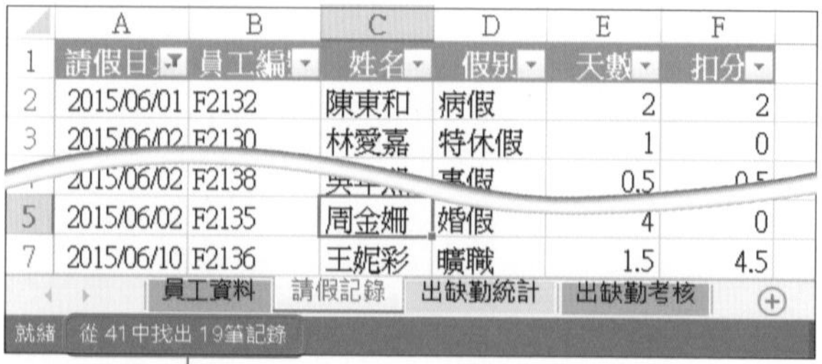

◀ 只顯示出 6 月份的假單記錄

狀態列還會顯示共找出幾筆符合的資料

若想再將全部的資料顯示出來,請按下**自動篩選**鈕並勾選**全選**項目即可;若想移除自動篩選,只要按下**常用**頁次**編輯**區的**排序與篩選**鈕,然後取消『**篩選**』命令即可。

篩選出六月份的請假資料後,請建立一個名為 "六月份出勤" 工作表,將篩選後的資料複製過去。

將剛才篩選後的資料複製過來

建立一個**六月份出勤**工作表

利用樞紐分析製作出缺勤統計表

將資料篩選出來之後,接著請選取**六月份出勤**工作表中,資料範圍裡的任一儲存格,然後切換到**插入**頁次,按下**表格**區中的**樞紐分析表**鈕,我們要利用樞紐分析功能,為**請假記錄**工作表中篩選出來的 6 月份記錄建立出缺勤統計表。

設定資料來源與樞紐分析表的位置

首先會開啟**建立樞紐分析表**交談窗, 讓我們設定資料來源, 好讓 Excel 知道要根據什麼資料建立樞紐分析表:

2 設定樞紐分析表要放置在**已經存在的工作表**

1 預設會自動選取整個清單範圍

3 按此鈕選取**出缺勤統計**工作表的 A3 儲存格, 按下**確定**鈕

樞紐分析表版面配置

此時**出缺勤統計**工作表會出現空白的樞紐分析表, 右側則會開啟**樞紐分析表欄位**工作窗格, 我們可在此窗格中指定要以哪些欄位做為**篩選、欄標籤、列標籤**與 **Σ 值**欄位:

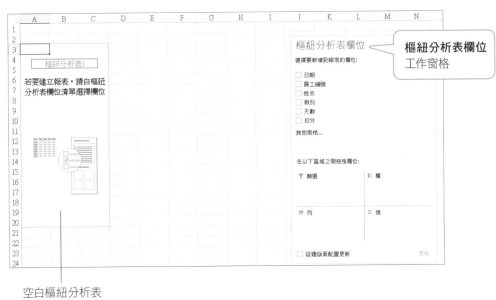

樞紐分析表欄位工作窗格

空白樞紐分析表

指定樞紐分析表欄位清單

工作窗格中會列出所有欄位名稱，只要拉曳欄位名稱到對應的位置即可建立樞紐分析表。在此我們將**姓名**欄指定到**列**標籤區、**假別**指定到**欄**標籤區、**天數**指定到 Σ **值**區：

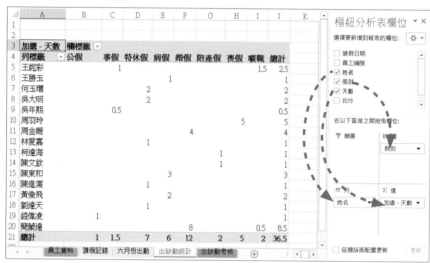

▲ 統計結果出爐了，請了多少假都算得清清楚楚喔！

列出全員的出缺勤統計資料

利用樞紐分析表，雖然可以快速加總出請假的天數，但是出來的報表卻只有那些有請假的人，至於當月份沒請假的人就不會出現了。而且姓名出現的順序會自動依照筆畫做排列，如果我們希望能夠看到全員的資料，並按照員工編號的順序來顯示，這時候我們可能要運用一點小技巧來辦到。請接續上例，或開啟範例檔案 Ch05-04：

01 切換到**員工資料**工作表，然後複製 A2：B68 的資料到**六月份出勤**工作表的 B21：C87，如此就可讓工作表中包含全部員工的資料：

上半部是 6 月份的請假記錄

下半部是所有員工的編號及姓名

▲ 這個技巧可讓每個員工的資料至少出現過一次

02 請在 D21：D87 範圍中任意填入假別，例如全部填入 "病假"，後面的 E、F 欄則保持空白即可：

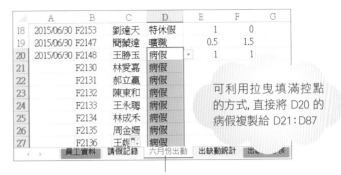

可利用拉曳填滿控點的方式, 直接將 D20 的病假複製給 D21:D87

在 D21:D87 填入資料, 是為了避免待會兒指定 "假別" 為樞紐分析表的**欄標籤**時, 多出一欄空白欄

03 切換到**出缺勤統計**工作表的樞紐分析表, 如下變更樞紐分析表的資料來源：

1 切換到**樞紐分析表工具/分析**頁次

2 按下**資料**區中的**變更資料來源**鈕的下半部

3 執行此命令

4 設定資料來源為**六月份出勤**工作表的 A1：F87

5 按下**確定**鈕

列標籤	公假	事假	特休假	病假	婚假	陪產假	喪假	曠職	總計
王妮彩		1						1.5	2.5
王勝玉				1					1
何玉環			2						2
吳大明			2						2
吳年熙		0.5							0.5
周羽玲							5		5
周金姍					4				4
林愛嘉			1						1
柯達海						1			1
陳文欽						1			1
陳東和				3					3
陳進濡			1						1
黃倫飛				2					2
劉達天			1						1
錢偉凌	1								1
簡蒙達					8			0.5	8.5
郝立贏									

（加總 - 天數，欄標籤）

▲ 即使沒有請假的員工也被列出來了 (因為沒有請假所以資料欄位會是空白)

04 最後要將**列**標籤改成以**員工編號**依序排列，請按下**樞紐分析表工具/分析**頁次**顯示**區中的**欄位清單**鈕，開啟**樞紐分析表欄位**工作窗格，進行如下設定：

3 按照員工編號依序排列了　　　　　　　1 取消勾選**姓名**項目

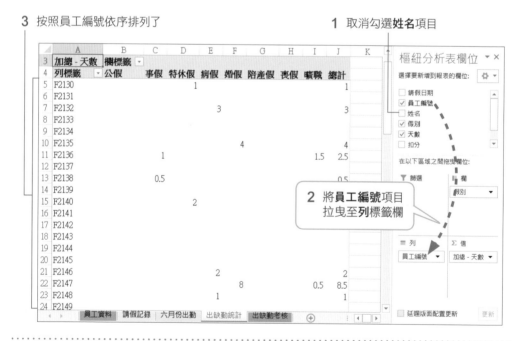

若覺得報表不易閱讀，也可選取報表後切換到**常用**頁次，利用**框線**鈕 囲▾ 來加上格線。

5-4 製作出缺勤考核表

現在行政專員要製作一份**出缺勤考核表**, 結算每位員工在 4~6 月之間, 一共因為請假而扣了多少考核分數。我們同樣可運用**樞紐分析表**快速產生這份報表, 不過為了要讓報表列出所有員工的記錄, 同樣得動一些手腳才行。

出缺勤考核樞紐分析

首先開啟範例檔案 Ch05-05, 然後如下操作:

01 將**員工資料**工作表的 A2:B68 複製到**請假記錄**工作表的 B43:C109, 然後同樣地在 D43:D109 任意填入假別 (如 "特休假"), 以避免樞紐分析表出現空白欄:

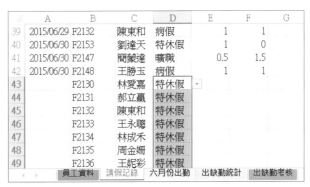

▲ 將所有的員工資料複製一份過來並填入假別

02 切換到**插入**頁次, 按下**表格**區中的**樞紐分析表**鈕, 再次開啟**建立樞紐分析表**交談窗。首先要設定資料來源:

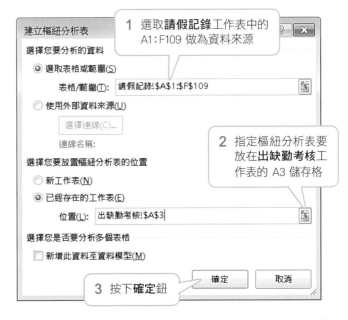

1 選取**請假記錄**工作表中的 A1:F109 做為資料來源

2 指定樞紐分析表要放在**出缺勤考核**工作表的 A3 儲存格

3 按下**確定**鈕

03 **出缺勤考核**工作表會出現空白的樞紐分析表, 右側則會開啟**樞紐分析表欄位**工作窗格, 請依下圖指定**欄標籤**、**列標籤**與 **Σ 值**欄位:

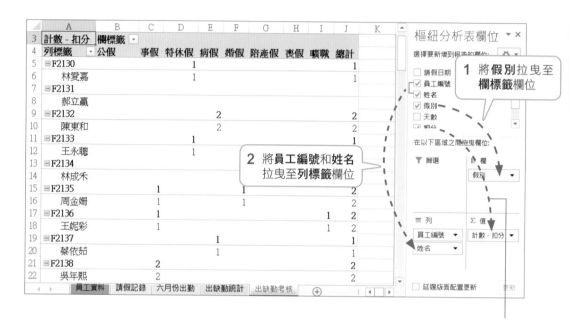

3 將**扣分**拉曳至 **Σ 值**欄位,
目前採用**計數**的計算方式

04 由於目前的扣分是採用**計數**的計算方式, 所以會變成是統計被扣了幾次分數, 而非統計總共被扣了幾分。因此我們可在**樞紐分析表欄位清單**工作窗格中如圖進行摘要方式的變更:

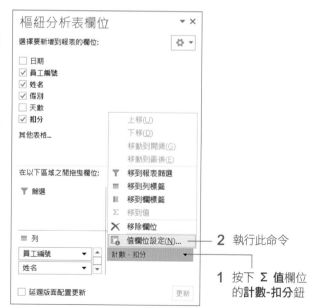

2 執行此命令

1 按下 **Σ 值**欄位的**計數-扣分**鈕

3 選擇**加總**項目

4 按下**確定**鈕

▲ 改變成加總方式了

2 按下此鈕

05 由於有 2 個**列標籤**欄位，因此小計也會變成有 2 列，重複的數字看起來有點多餘，因此我們現在要將 "員工編號" 列的小計取消，只留下 "姓名" 列的小計即可：

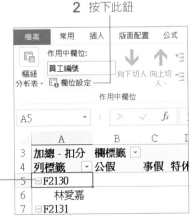

1 點選任一員工編號的儲存格

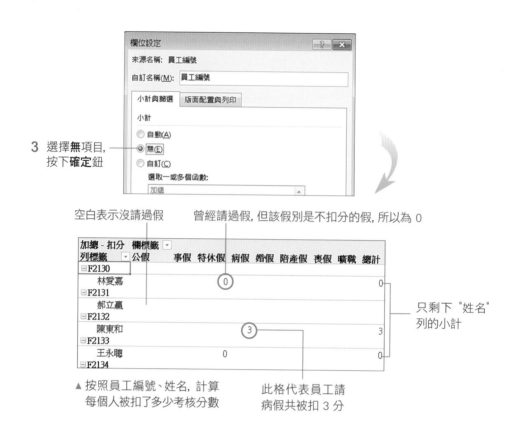

3 選擇**無**項目,
按下**確定**鈕

空白表示沒請過假   曾經請過假, 但該假別是不扣分的假, 所以為 0

加總 - 扣分	欄標籤								
列標籤	公假	事假	特休假	病假	婚假	陪產假	喪假	曠職	總計
⊟F2130									
林愛嘉			⓪						0
⊟F2131									
郝立嬴									
⊟F2132									
陳東和			③						3
⊟F2133									
王永聰		0							0
⊟F2134									

只剩下 "姓名"
列的小計

▲ 按照員工編號、姓名, 計算
　每個人被扣了多少考核分數

此格代表員工請
病假共被扣 3 分

以列表方式呈現樞紐分析表

我們還可以將員工編號與姓名放置在同一列, 並加上格線, 讓表格看起來更美觀:

2 按此鈕

1 切換到**樞紐分析表工具/設計**頁次

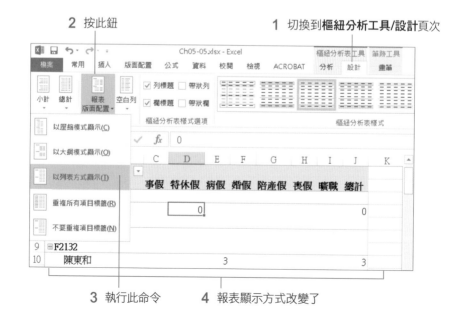

3 執行此命令

4 報表顯示方式改變了

設定空值儲存格的內容

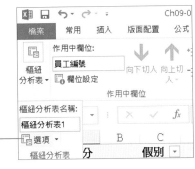

為了統一樞紐分析表的格式，我們可以自行設定要在空白的儲存格中填入的內容(例如補 0 或者填入 "無" 等等…)。請選取樞紐分析表的任一儲存格，然後切換到**樞紐分析表工具/分析**頁次如下操作：

1 按此鈕

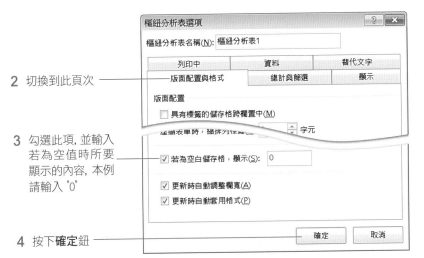

2 切換到此頁次

3 勾選此項，並輸入若為空值時所要顯示的內容，本例請輸入 "0"

4 按下**確定**鈕

▶ 原來為空值的儲存格都統一補上 "0" 了

加總 - 扣分	假別								
員工編號	姓名	公假	事假	特休假	病假	婚假	陪產假	喪假	曠職	總計
F2130	林愛嘉	0	0	0	0	0	0	0	0	0
F2131	郝立贏	0	0	0	0	0	0	0	0	0
F2132	陳東和	0	0	0	3	0	0	0	0	3
F2133	王永聰	0	0	0	0	0	0	0	0	0
F2134	林成禾	0	0	0	0	0	0	0	0	0
F2135	周金姍	0	0.5	0	0	0	0	0	0	0.5
F2136	王妮彩	0	1	0	0	0	0	0	4.5	5.5
F2137	蔡依茹	0	0	0	7	0	0	0	0	7
F2138	吳年熙	0	1.5	0	0	0	0	0	0	1.5
F2139	陳屹強	0	0	0	0	0	0	0	0	0
F2140	何玉環	0	0	0	0	0	0	0	0	0

最後，再搭配格式化工作表的技巧，就可完成一份清晰美觀的報表了。您可開啟範例檔案 Ch05-06 來觀看本章範例製作的成果。

一位行政專員所要負責的事務相當繁瑣，若能善用軟體工具來處理例行性事務，必能提高不少工作效率。本章所舉例的處理員工假單只是其中之一而已，另外像是處理文具用品申請單、零用金申請單…等等行政類單據，也都可以仿照本章的做法，將重複性高的計算工作交給 Excel 幫您處理。

6 員工季考績及年度考績計算

你會學到的 Excel 功能

- 跨活頁簿複製出缺勤資料
- 計算出勤得分－使用 IF 函數設定條件判斷式
- 使用 LOOKUP 函數進行查表
- 使用 RANK.EQ 函數排列名次
- 使用**合併彙算**功能計算四季平均考績

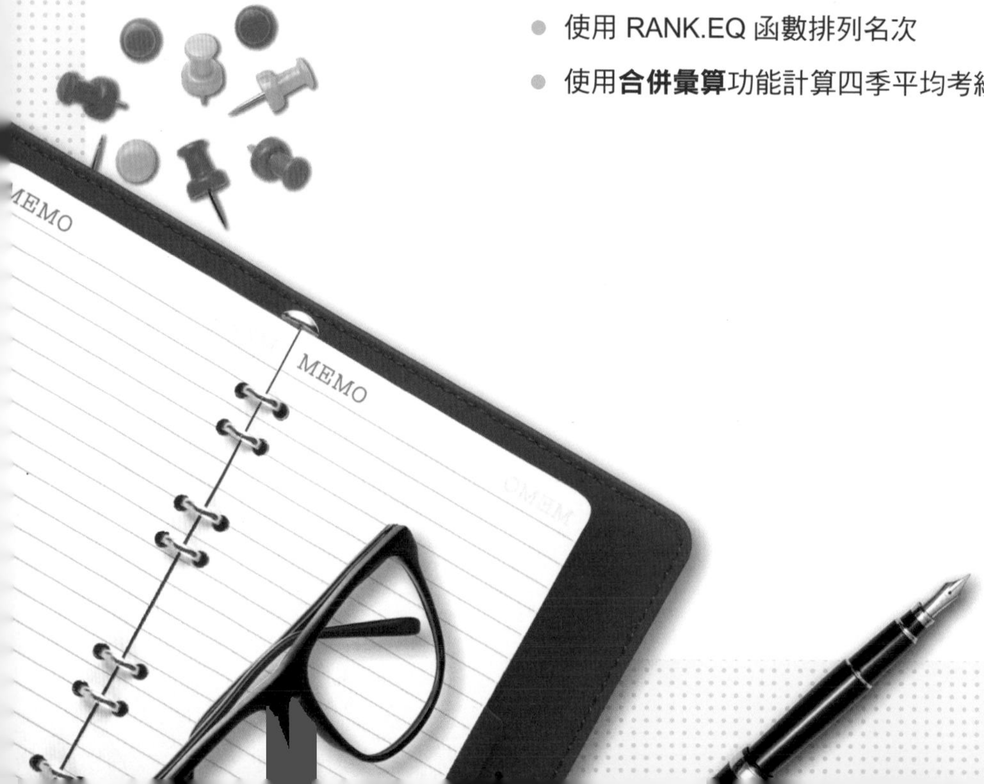

計算員工的考績就像一回冗長的數學遊戲, 要在加減乘除的式子中求正確的結果。假如您服務於公司的管理部門, 負責員工考績的登錄與計算工作, 萬一不小心將考績算錯了, 那麼可能對上、對下都難以交代吧!

當然啦! 每家公司的考績計算規則與評分週期都不盡相同, 有的完全依照員工業績來評分, 有的則同時重視員工的工作表現及出缺勤情況; 有的公司到了年底才打一次年度考績, 有的則是每個月打考績, 到了年底再算出平均成績…。在本章的範例中, 我們以**旗旗公司**為例, 該公司每季都要對員工做一次考核, 到了年底再來做總結算, 並依成績高低給予年度考績等級, 決定員工可以領多少年終獎金。

員工編號	姓名	工作表現	出勤扣分	出勤得分	本季考績
A5001	張清儀	82	0	20	85.6
A5002	李玫陵	75	2	18	78
A5003	林飛隆	71	0	20	76.8
A5004	吳佩清	89	0	20	91.2
A5005	周雪華	90	0	20	92
A5006	陳佳怡	77	0	20	81.6
A5007	楊海明	69	0	20	75.2
A5008	林波特	71	0	20	76.8
A5009	魏妙麗	89	3	17	88.2
A5010	張榮恩	90	0	20	92
A5011	魏斯理	82	0	20	85.6
A5012	翁海格	81	0	20	84.8
A5013	石內埔	74	0	20	79.2

第一季考績　第二季考績　第三季考績　第四季考

▲ 計算各季考績

員工編號	姓名	年度考績	等級與獎金
A5001	張清儀	87	
A5002	李玫陵	76	
A5003	林飛隆	69	
A5004	吳佩清	85	
A5005	周雪華	93	
A5006	陳佳怡	85	
A5007	楊海明	81	
A5008	林波特	77	
A5009	魏妙麗	84	
A5010	張榮恩	88	
A5011	魏斯理	87	
A5012	翁海格	80	
A5013	石內埔	78	

… 第三季考績　第四季考績　年度考績

▲ 結算年度考績

6-1 計算員工季考績

本範例的員工考績是以 80% 比重的「工作表現」加上 20% 比重的「出勤得分」做為「當季考績」分數。而出缺勤的資料已事先計算好，並儲存在不同活頁簿裡，現在我們要運用「參照連結」的方式取得「出勤扣分」的資料，以計算出當季考績分數。

　　請開啟範例檔案 Ch06-01，假設第一季已經結束了，主管要開始評估部屬第一季的工作表現，填好考核表單之後，再送交管理部。這時，管理部就必須將考核表中記載的成績登錄到**第一季考績**工作表的 C 欄：

	A	B	C	D	E	F
1						
2		員工第一季考績一覽表				
3	員工編號	姓名	工作表現	出勤扣分	出勤得分	本季考績
4	A5001	張清儀	82			
5	A5002	李玫陵	75			
6	A5003	林飛隆	71			
7	A5004	吳佩清	89			
8	A5005	周雪華	90			

我們已將**工作表現**成績輸入到這欄當中　　　這欄待會兒要存放各個員工的出勤扣分，因此請別關閉這份活頁簿喔！

複製出勤扣分資料

　　接著，還有出勤扣分資料要登錄。由於員工出缺勤資料存放在另一份活頁簿當中，因此我們要開啟存放出缺勤報表的活頁簿來取得出勤扣分資料。請開啟範例檔案 Ch06-02，這份活頁簿含有員工的假單資料與統計報表：

	A	B	C	D	E	F
1			第一季			
2	日期	員工編號	假別	天數	扣分	
3	1月5日	A5015	病假	2	2	
4	1月6日	A5002	病假	2	2	
5	1月8日	A5020	事假	0.5	0.5	
6	1月8日	A5016	婚假	4	0	
7	1月18日	A5011	特休假	1	0	
8	2月7日	A5019	曠職	1.5	4.5	
9	2月9日	A5017	陪產假	1	0	

　請假記錄　第一季　第二季　第三季　第四季

	A	B	C	D
1	加總 的扣分			
2	員工編號	合計		
3	A5001	0		
4	A5002	2		
5	A5003	0		
6	A5004	0		
7	A5005	0		
8	A5006	0		
9	A5007	0		
10	A5008			

　請假記錄　第一季　第二季

此工作表存放員工第一季-第四季的假單記錄　　　這 4 張工作表分別統計出每名員工各季的出勤扣分（有關員工出缺勤時數的統計，可參考第 5 章的範例）

以 Ch06-01 **第一季考績**工作表中的**出勤扣分**欄為例, 我們可以複製 Ch06-02 **第一季**工作表的 B3:B22 範圍再貼到 Ch06-01 **第一季考績**工作表中。但還有另一個方法, 便是直接讓 Ch06-01 的儲存格參照 Ch06-02 儲存格的內容。這樣的好處是, 若之前 Ch06-02 的假單內容有誤, 則只要先修改原來 Ch06-02 **請假記錄**工作表的內容, 再切換到**第一季**工作表, 按下**樞紐分析表工具/選項**頁次**資料**區的**重新整理**鈕, 則 Ch06-01 的參照也會跟著修正, 不需要一個個手動修改, 而且還可避免改了假單內容卻忘了更新考績而造成的錯誤。

> 如果有修改**請假記錄**工作表的內容, 樞紐分析表的部份一定要記得按下**資料**區的**重新整理**鈕才能真正更新資料, 而其他有參照**請假記錄**工作表的檔案也會自動同步更新資料內容。

01 請切換到 Ch06-01 **第一季考績**工作表的 D4 儲存格, 然後輸入 "=", 接著到 Ch06-02 **第一季**工作表點選 B3 儲存格後, 再回到 Ch06-01 按下 `Enter` 鍵, 如此一來, 便完成參照其他活頁簿內容的設定:

D4				fx	=GETPIVOTDATA("扣分",'[Ch06-02.xlsx]第一季'!$A$1,"員工編號","A5001")					
	A	B	C	D	E	F	G	H	I	J	K
1											
2		員工第一季考績一覽表									
3	員工編號	姓名	工作表現	出勤扣分	出勤得分	本季考績					
4	A5001	張清儀	82	0							
5	A5002	李玫陵	75								

02 當我們使用點選的方式來指定參照儲存格時, Excel 會自動以 "絕對參照" 的方式來指定, 因此我們必須修正一下這個公式, 才能使用填滿控點來複製公式。請將該公式最後的 "A5001" 改成 "A4", 表示要以此欄位的內容去查詢:

將此處的參照改成相對參照的方式

D4				fx	=GETPIVOTDATA("扣分",'[Ch06-02.xlsx]第一季'!$A$1,"員工編號",A4)					
	A	B	C	D	E	F	G	H	I	J	K
1											
2		員工第一季考績一覽表									
3	員工編號	姓名	工作表現	出勤扣分	出勤得分	本季考績					
4	A5001	張清儀	82	0							
5	A5002	李玫陵	75								

最後再拉曳 D4 儲存格
的填滿控點，將公式複製
到 D5：D23 即可。

	A	B	C	D	E	F
1			員工第一季考績一覽表			
2						
3	員工編號	姓名	工作表現	出勤扣分	出勤得分	本季考績
4	A5001	張清懺	82	0		
5	A5002	李玫陵	75	2		
6	A5003	林飛隆	71	0		
7	A5004	吳佩清	89	0		
8	A5005	周雪華	90	0		
9	A5006	陳佳怡	77	0		
10	A5007	楊海明	69	0		
11	A5008	林波特	71	0		
12	A5009	魏妙麗	89	3		
13	A5010	張榮恩	90	0		

利用 GETPIVOTDATA 函數來取得樞紐分析表中的資料

透過 GETPIVOTDATA 函數可以取得樞紐分析表中的資料，不過您倒不用特別記住
這個函數，只要在需要參照時用 "=" 為開頭，再點選樞紐分析表中的參照欄位即可。
GETPIVOTDATA 函數的格式為：

```
GETPIVODATA (Data_field, Pivot_table, Field1, item1, field2, item2, . . .)
```

- **Data_field**：此名稱是指要取回符合哪個欄位資料的名稱。
- **Pivot_table**：表示要參照樞紐分析表中的哪一個儲存格或儲存格範圍。
- **Field1, item1…**：要查詢符合條件的內容或儲存格。

計算出勤得分

員工的工作表現與出勤扣分資料都建立完成了，接著就可以來結算第一季的考績
囉！請開啟範例檔案 Ch06-03 來練習，假設公司計算季考績的方式為：工作表現佔
80%，出勤狀況佔 20%，"出勤得分" 等於滿分 20 分減去 "出勤扣分" 欄的數值，直
到扣完為止。根據這個規則，我們就可以設計公式將每個人的季考績算出來了。

由於 Ch06-03 的資料內容是參照 Ch06-02 而來，所以 Ch06-02 請同樣維持開啟的狀態。

01 以 E4 儲存格而言, 我們可以輸入公式 "=IF(D4>20, 0, 20-D4)" 來計算出勤得分:

當請假扣分大於等於 20 分, 那麼出勤得分就是 0 分

若出勤扣分小於 20 分, 那麼可得到 20 減掉出勤扣分之後的分數

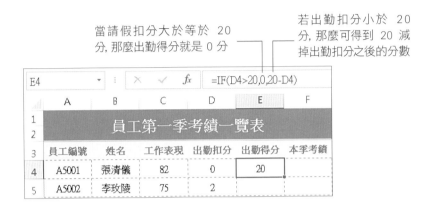

02 拉曳 E4 儲存格的填滿控點, 將 E4 的公式拉曳複製到 E23, 即可求出所有人的出勤得分成績。

03 計算考績所需要的數字都有了, 接著就來設計 F 欄的計算公式吧!請選取 F4, 然後輸入公式 "=C4*0.8+E4":

計算季考績的公式 (工作表現佔 8 成, 出勤佔 2 成)

04 最後再將 F4 的公式拉曳複製到 F23, 便完成第一季考績的計算工作了。而剩下的第二季、第三季、第四季考績只要比照辦理, 就可以完成四季考核。

變更檔案的連結

由於 Ch06-03 **第一季考績**工作表需參照 Ch06-02 的出勤分數, 如果開啟 Ch06-03 時沒有一併開啟 Ch06-02 則會出現如右圖的訊息, 告訴你將停止參照來源檔案資料。

▲ 按下**啟用內容**鈕可開啟活頁簿檔案, 但有參照到 Ch06-02 的部份會顯示錯誤訊息, 這時只要開啟 Ch06-02, 活頁簿內容就會正常顯示了

若是 Ch06-02 檔案存放的位置變更了, 那麼你可以在開啟 Ch06-03 之後, 按下**資料**頁次**連線**區的**編輯連結**鈕, 重新選取 ch06-02 的位置。

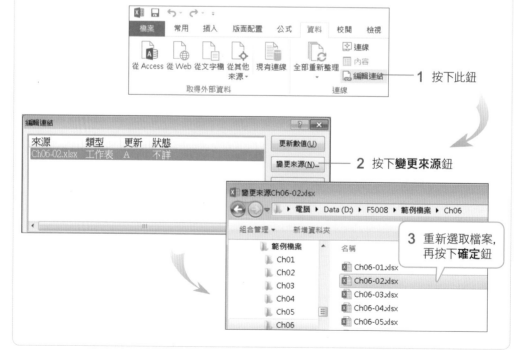

6-2 計算員工年度考績

辛苦了一整年, 終於到了年底的時候, 這時管理部又要開始傷腦筋囉！因為員工第一到第四季的考績必須要做總結算, 而且年度考績關係到每個人可以領多少的年終獎金, 可是馬虎不得的事情。我們來看看要怎麼做最有效率！

利用合併彙算計算四季平均考績

我們先來計算每個人的四季平均考績, 也就是年度考績。請開啟範例檔案 Ch06-04：

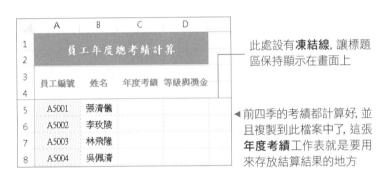

此處設有**凍結線**, 讓標題區保持顯示在畫面上

◀前四季的考績都計算好, 並且複製到此檔案中了, 這張**年度考績**工作表就是要用來存放結算結果的地方

由於 Ch06-04 各季的出勤扣分需參照到範例檔案 Ch06-02, 因此請同時開啟 Ch06-02, 以免公式參照不到 Ch06-02 的內容而出現錯誤。

要計算每個人一到四季的平均考績分數, 可運用**合併彙算**功能, 請跟著底下的步驟操作：

01 選取 C5：C24 儲存格, 然後切換到**資料**頁次, 按下**資料工具**區的**合併彙算**鈕, 開啟**合併彙算**交談窗：

選取**平均值**做為合併資料的運算方式

02 由於我們要計算四季考績的平均, 因此合併彙算的**參照位址**欄應該設為**第一季考績**工作表的 F4：F23、**第二季考績**工作表的 F4：F23、…到**第四季考績**工作表的 F4：F23, 請如下操作：

1 在此欄輸入參照位址, 或按下**摺疊**鈕, 然後切換到 **第 一 季 考 績** 工作表中, 選取 F4：F23 做為參照位址

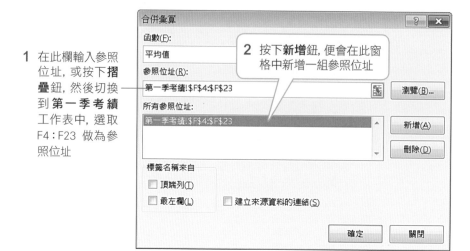

接著請重複步驟 2 的操作, 陸續將**第二季考績**、**第三季考績**、**第四季考績**工作表的參照位址新增進來：

總共有 4 組參照位址   若按此鈕, 可刪除選定的參照位址

務必勾選此項, 如此一來, 當第一季考績~第四季考績的資料有變動時, **年度考績**欄的分數才會自動更新

04 最後, 再按下**合併彙算**交談窗中的**確定鈕**, 則每個人四季平均的考績分數就全都算
出來了:

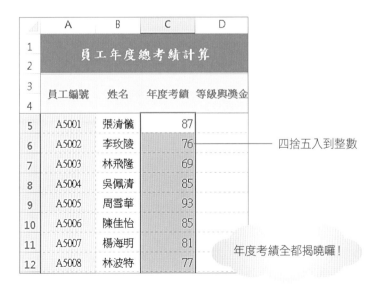

四季平均分數
即為**年度考績**

05 若希望**年度考績**計算到整數, 可選取 C 欄再連續按下**常用**頁次**數值**區中的**減少小
數位數鈕** `.00→.0` , 直到數值顯示至整數位為止:

	A	B	C	D
1		員工年度總考績計算		
2				
3	員工編號	姓名	年度考績	等級與獎金
4				
5	A5001	張清儀	87	
6	A5002	李玫陵	76	
7	A5003	林飛隆	69	
8	A5004	吳佩清	85	
9	A5005	周雪華	93	
10	A5006	陳佳怡	85	
11	A5007	楊海明	81	
12	A5008	林波特	77	

四捨五入到整數

年度考績全都揭曉囉!

使用 LOOKUP 函數填入考績等級

成績計算完畢了, 但真正令人緊張的一刻才剛到來！公司結算當年的獲利盈餘之後, 訂出了年終獎金的發放標準, 根據這個標準, 我們可將每個人考績所對應的等級與年終填入**年度考績**工作表的 D 欄當中。請開啟範例檔案 Ch06-05：

此為發放年終
獎金的標準

有了年終獎金的發放標準資料後, 我們可運用 LOOKUP 函數來查出每個人考績的等級與可領到的年終獎金月數。您還記得 LOOKUP 函數的用途嗎？LOOKUP 函數可在單一欄 (或單一列) 的範圍中尋找指定的搜尋值, 然後傳回另一個單一欄 (或單一列) 範圍中同一個位置的值。我們先來複習一下 LOOKUP 函數的語法：

LOOKUP (Lookup_value , Lookup_vector , Result_vector)

所要尋找的值　　　單列或單欄的範圍　　　單列或單欄的範圍, 大小
　　　　　　　　　　　　　　　　　　　　要與 Lookup_vector 相同

以編號 "A5001" 的員工為例，請在 D9 儲存格輸入公式：

`=LOOKUP(C9,A108:A112,C108:C112)`

在 A108：A112 範圍中尋找 C9 的值

找到時傳回對應於 C108：C112 範圍中的儲存格內容

> 上述公式中真正要尋找的範圍是 A108：A112，而工作表中的 B108：B112 只是為了讓報表更好閱讀才輸入的。

查詢到 "A5001" 的考績等級與獎金

最後，再將公式中的 A108：A112、C108：C112 改為絕對參照位址，再拉曳 D9 儲存格的填滿控點將公式複製到 E104 就大功告成了。

▶ 考績好的人，自然可以多領一些年終獎金囉！您可開啟範例檔案 Ch06-06 查看實作結果

員工年度總考績計算			
員工編號	姓名	年度考績	等級與獎金
A5001	張清儀	87	優=4個月
A5002	李玫陵	76	乙=1.5個月
A5003	林飛隆	69	丁=無
A5004	吳佩清	85	優=4個月
A5005	周雪華	93	優=4個月
A5006	陳佳怡	85	甲=3個月
A5016	金萊克	84	甲=3個月
A5017	周思潔	80	甲=3個月
A5018	候湘儀	86	優=4個月
A5019	張欣屏	79	乙=1.5個月
A5020	謝佳貞	81	甲=3個月

> 假如 D 欄出現 #N/A 錯誤訊息，是因為年度考績小於 LOOKUP 搜尋範圍中的最小值 (60)，你可另行處理，例如填入 "個別約談" 或 "革職" 等。

用函數排列名次

最後我們再為你補充排列名次的技巧。假如要在考績表增加**名次**欄來填入名次, 可以利用 RANK.EQ 這個函數來完成。

 RANK.EQ 與 RANK.AVG 函數的差異

用來算排名的函數有 RANK.EQ 和 RANK.AVG 兩個, 而在 Excel 2007 (或之前) 版本則只有 RANK 函數。這 3 個函數都可用來排序, RANK.AVG 和 RANK.EQ 的差異是在遇到相同數值時的處理方法不同, RANK.AVG 會傳回等級的平均值, RANK.EQ 則會傳回最高等級。兩個函數的引數相同, 我們以 RANK.EQ 為例, 其語法如下:

RANK.EQ (<u>Number</u>, <u>Ref</u>, <u>Order</u>)

要知道順序　　　填入非 0 的數值就會以由小到大做為排序等級;
等級的數字　　　填入 0 或不填時, 則會由大到小做為排序等級

數值清單或數值參照位址

> RANK 則是 Excel 2007 之前的舊版排序函數, 在 Excel 2010/2013 仍可使用, 其計算結果與 RANK.EQ 相同。

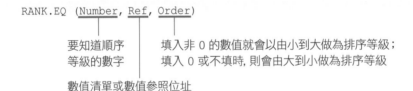

使用 RANK.EQ, 有兩個同為第 2 名, 就不會有第 3 名而跳到第 4 名

使用 RANK.AVG, 會變成計算 (2+3)/2=2.5 名, 一樣不會有第 3 名而跳到第 4 名

請開啟範例檔案 Ch06-07, 選取儲存格 D5, 然後輸入公式 "=RANK.EQ (C5,$C$5:$C$24)", 再拉曳填滿控點複製公式到 D24, 名次便排列完成了:

D5			fx =RANK.EQ(C5,$C$5:$C$24)

員工年度總考績計算

	員工編號	姓名	年度考績	名次
5	A5001	張清儀	87	3
6	A5002	李玫陵	76	19
7	A5003	林飛隆	69	20
8	A5004	吳佩清	85	7
9	A5005	周雪華	93	1
10	A5006	陳佳怡	85	7
11	A5007	楊海明	81	12
12	A5008	林波特	77	18
13	A5009	魏妙麗	84	9
14	A5010	張榮恩	88	2
15	A5011	魏斯理	87	3
16	A5012	翁海格	80	14
17	A5013	石內埔	78	17
18	A5014	李路平	82	11
19	A5015	高爾昇	87	3
20	A5016	金萊克	84	9
21	A5017	周思潔	80	14
22	A5018	候湘儀	86	6
23	A5019	張欣屏	79	16
24	A5020	謝佳貞	81	12

馬上就完成排名次作業囉!

▲ 結果可參考範例檔案 Ch06-08

一般來說, 關係到成績或金錢的資料是最敏感的了, 不容有些許差錯! 因此在處理這類資料的時候, 應該要格外小心謹慎。Excel 在計算方面的功能相當完備, 重點就在於您所輸入的數值與建立的公式要正確。建議您可先以少量的資料做測試, 確定公式設計正確, 能夠得到想要的結果, 再推演到大量資料的處理、計算, 這樣方可確保運算結果的正確性。

7

產品銷售分析

你會學到的 Excel 功能

- 建立「銷售地區」清單，避免打錯資料－**利用「資料驗證」功能**

- 設定輸入「產品名稱」後自動帶出「產品型號」－**多重清單技巧**

- 依產品型號自動查出單價－VLOOKUP 函數

- 建立 Excel **表格**資料並新增、刪除記錄

- 只篩選出 2 月份的訂單記錄－**自動篩選**功能

- 算出每位業務員的銷售總額－**排序及小計**功能

- 製作銷售統計的**樞紐分析表**與樞紐分析圖

- 依銷售量高低以圖示標示等級－運用**「設定格式化的條件」強化樞紐分析表**

一家制度完善的公司, 除了設有業務部門負責推廣公司的各項產品, 還會制訂業務人員努力的目標與賞罰標準, 促使公司的業績蒸蒸日上。不過, 要達到業績目標, 除了要有精明幹練的業務人員之外, 正確的決策分析也是不可或缺的。

本章將利用 Excel 建立產品銷售資料, 教您製作業務人員的業績排行榜, 讓業務主管能夠評估業務人員的表現, 據此做出適當的獎賞或輔導。同時我們也要告訴您如何分析、統計這些銷售資料, 建立相關的報表及圖表, 讓公司主管可根據這些分析統計的結果, 瞭解產品的銷售情況, 進而研擬與修正公司的行銷策略。

加總 - 數量	銷售地區				
產品名稱	中區	北區	東區	南區	總計
⊟ 印表機	41	42	36	12	131
PBW300	8	28	14	12	62
PCR500	18	12	9		39
PCR700	15	2	13		30
⊟ 掃描器	26	36	21	7	90
SCAN100	7	22	10		39
SCAN300	19	14	11	7	51
⊟ 傳真機	17	19	59	16	111
FX100	12	15	34	4	65
FX300	5	4	25	12	46
⊟ 燒錄機	16	30	32	36	114
DRW16	7	24	15	16	62
DRW32	9	6	17	20	52
總計	100	127	148	71	446

▲ 建立各產品銷售量的樞紐分析表

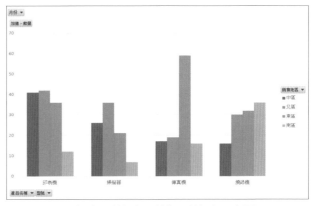

▲ 各地區所有產品銷售量的樞紐分析圖

7-1 建立簡化訂單輸入的公式

當業務員成交一筆生意後即會帶回一張訂單, 這張訂單包含了許多資料, 例如: 產品名稱、數量、單價、總價…等, 這些都是將來進行銷售分析的依據。所以我們第一步要做的, 就是將這一筆一筆的訂單資料蒐集並輸入到電腦裡。

請開啟範例檔案 Ch07-01, 這是我們為**隆發公司**設計的**訂單記錄**工作表, 預備用來登錄每一筆訂單的訂購資料:

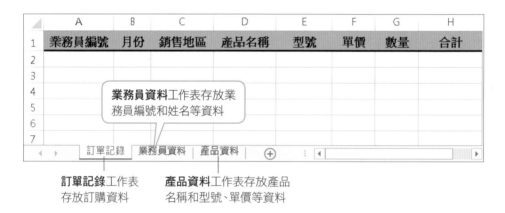

業務員資料工作表存放業務員編號和姓名等資料

訂單記錄工作表
存放訂購資料

產品資料工作表存放產品
名稱和型號、單價等資料

這一節我們要先替**訂單記錄**工作表設計一些公式, 簡化以後輸入資料的負擔, 同時也減少輸入錯誤的機會。

建立「業務員編號」與「銷售地區」清單

首先, 我們利用**資料驗證**功能替**業務員編號**和**銷售地區**這兩個欄位建立清單, 這樣以後只要拉下清單就可以直接選擇要輸入的項目而不用打字了。

為了建立**業務員編號**清單, 我們已事先在**業務員資料**工作表中建好業務員名單, 並且將 A2: A5 範圍命名為 "業務員編號":

現在請各位切換到**訂單記錄**工作表, 選取 A2 儲存格, 然後到**資料**頁次的**資料工具**區按下**資料驗證**鈕做如下的設定:

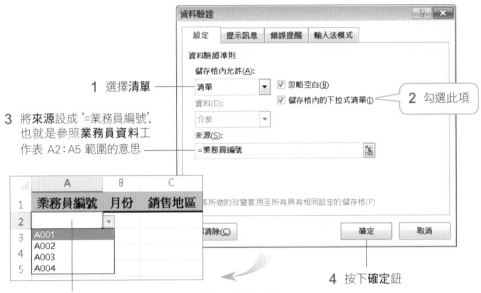

1 選擇**清單**

2 勾選此項

3 將**來源**設成 "=業務員編號", 也就是參照**業務員資料**工作表 A2:A5 範圍的意思

4 按下**確定**鈕

按一下 A2 儲存格右側的箭頭, 即出現**業務員編號**清單

至於**銷售地區**清單, 因為項目不多 (僅 "北區"、"中區"、"南區"、"東區" 而已), 所以我們打算直接在**資料驗證**交談窗中設定。請選取 C2 儲存格, 然後到**資料**頁次**資料工具**區按下**資料驗證**鈕, 再將清單中的項目一一輸入到**來源**欄位:

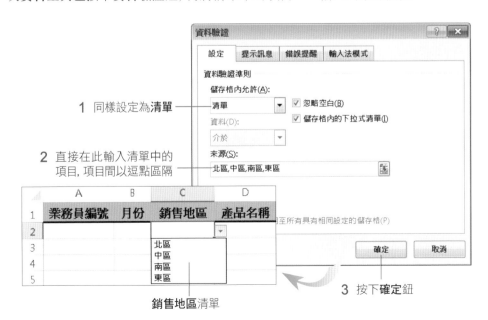

1 同樣設定為**清單**

2 直接在此輸入清單中的項目, 項目間以逗點區隔

3 按下**確定**鈕

銷售地區清單

建立「產品名稱」與「型號」清單：多重清單技巧

再來設定**產品名稱**和**型號**欄位的清單, 為了建立這兩個清單, 我們事先在**產品資料**工作表中輸入產品相關資訊, 並且定義好幾個範圍名稱：

	A	B	C	D	E	F	G	
1	**產品名稱**	**類別編號**			**產品名稱**	**型號**	**單價**	
2	印表機	100001			印表機	PBW300	3,500	F2:F4 命名為 "印表機"
3	傳真機	100002			印表機	PCR500	6,500	
4	燒錄機	100003			印表機	PCR700	12,000	
5	掃描器	100004			傳真機	FX100	3,900	F5:F6 命名為 "傳真機"
6					傳真機	FX300	5,980	
7					燒錄機	DRW16	1,399	F7:F8 命名為 "燒錄機"
	A2:A5 命名為 "產品名稱"				燒錄機	DRW32	2,400	
					掃描器	SCAN100	3,990	F9:F10 命名為 "掃描器"
10					掃描器	SCAN300	9,990	

▲ **產品資料**工作表

快速鍵 Ctrl + F3

此範例我們已經事先定義好各範圍的名稱, 若想編輯名稱範圍, 或是建立新名稱範圍, 可按下 Ctrl + F3 快速鍵, 開啟**名稱管理員**來進行操作。

確認定義名稱的範圍之後, 請切換至**訂單記錄**工作表準備建立**產品名稱**清單與**型號**清單。**產品名稱**清單的設定和之前建立**業務員編號**清單類似, 選取 D2 儲存格後, 到**資料驗證**交談窗中將**來源**設成 "=產品名稱" 即可：

"產品名稱" 即是指**產品資料**工作表的 A2:A5 範圍

型號清單的設定就比較特殊了, 由於我們希望根據**產品名稱**來決定**型號**清單的內容, 例如**產品名稱**是 "印表機", 那麼**型號**清單便只列出印表機的 3 個型號；**產品名稱**是 "燒錄機", 那麼**型號**清單便只列出燒錄機的 2 個型號, 這種清單我們把它稱為「多重清單」。

　　要建立多重清單, 除了**資料驗證**功能外, 還要搭配 **INDIRECT** 函數, 底下我們先來了解 INDIRECT 函數的用法。

INDIRECT 函數的用法

INDIRECT 函數可傳回一個文字字串所指定的參照位址, 其格式如下：

```
INDIRECT ( ref_text, a1 )
```

- **ref_text**：為一個儲存格的參照位址, 而這個儲存格中含有 A1 或 R1C1 格式的參照位址, 或含有一個定義的名稱, 或含有可定義為參照位址的字串。

- **a1**：為邏輯值, 用來區別 ref_text 指定儲存格參照位址的表示法, 若 a1 為 TRUE 或省略, 則 ref_text 會被解釋為 A1 表示法；若 a1 為 FALSE, 則 ref_text 會被解釋為 R1C1 表示法。

我們舉幾個 INDIRECT 函數的例子, 你比較容易明白：

儲存格 A1 指定的參照位址是 C3, 所以傳回 C3 儲存格的值 40

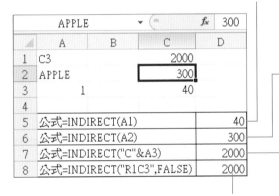

儲存格 A2 指定的參照位址是 APPLE (名稱), APPLE 定義的參照範圍是 C2, 所以傳回 300 (稍後**型號**清單即採取這種用法)

儲存格 A3 中的值為 1, 所以 "C"&A3 字串指定的參照位址為 C1, 因此傳回 2000

若以列、欄位置來表示, 如 R1C3 表示第 1 列第 3 欄, 會傳回 C1 儲存格的值 2000

　　現在, 我們就結合 INDIRECT 函數和**資料驗證**功能來建立**型號**欄位的多重清單。請選取**訂單記錄**工作表的 E2 儲存格, 然後按下**資料**頁次**資料工具**區的**資料驗證**鈕開啟**資料驗證**交談窗：

1 同樣選擇**清單**

2 將**來源**設成
"=INDIRECT(D2)"

"=INDIRECT(D2)" 的意思就是根據 D2 儲存格 (產品名稱) 所指定的參照位址去找出清單的內容, 例如 D2 儲存格的值是 "印表機", 那麼 INDIRECT 函數就會去找出 "印表機" 名稱所定義的參照範圍: **產品資料**工作表的 F2:F4。

設好後按下**確定**鈕會出現一個錯誤訊息, 這是因為 D2 儲存格尚未輸入資料所致, 按下**是**鈕略過即可:

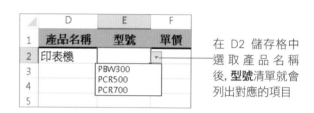

在 D2 儲存格中選取產品名稱後, **型號**清單就會列出對應的項目

依產品型號自動查出單價

單價欄位我們可利用**型號**到**產品資料**工作表中查詢, 由公式自動填入, 既省事又可避免打錯。請選取 F2 儲存格, 然後運用 VLOOKUP 函數建立如下的公式:

=VLOOKUP (E2, 產品資料!$F$2:$G$10,2, FALSE)

在**產品資料**工作表 $F$2:$G$10 範圍的第 1 欄 (F 欄) 中找出 E2
儲存格所輸入的**型號**, 然後傳回該列第 2 欄的值, 也就是**單價**

由於尚未輸入型號, 所以出現錯誤訊息

上圖中的錯誤訊息只要填入型號後就會自動消失, 可是對於一筆空的記錄就出現錯誤訊息, 實在很不好看, 所以我們運用 IF 函數和 VALUE 函數替公式修飾一下。

IF 函數與 VALUE 函數的用法

● IF 函數可用來判斷測試條件是否成立, 如果傳回的值為 TRUE 時, 就執行條件成立時的作業, 反之則執行條件不成立時的作業。IF 函數的格式為:

IF (Logical_test, Value_if_true, Value_if_false)

　　判斷式　　　　條件成立時的作業　　條件不成立時的作業

● VALUE 函數可將文字資料轉換成數字資料。VALUE 函數的格式為:

VALUE (Text)

　　要轉換成數字的文字

請再次選取 F2 儲存格, 將公式修改為 "=IF(E2="",VALUE(0),VLOOKUP (E2, 產品資料!$F$2:$G$10,2,FALSE))":

如果型號 (E2) 尚未輸入, 單價先填 0;輸入型號後再查詢該型號的單價

建立銷售額合計公式

合計欄位要將**單價**乘上**數量**, 我們可利用公式來計算。請在 H2 儲存格中輸入公式 "=F2*G2" 即可。

現在, **訂單記錄**工作表已設計完畢, 請各位試著輸入一筆記錄, 驗證一下公式是否都正確無誤能夠運作:

業務員編號	月份	銷售地區	產品名稱	型號	單價	數量	合計
A001	1	北區	印表機	PCR700		2	

H2 ▾ : × ✓ fx =F2*G2

	A	B	C	D	E	F	G	H
1	業務員編號	月份	銷售地區	產品名稱	型號	單價	數量	合計
2	A001	1	北區	印表機	PCR700	12000	2	24000

7-2 建立訂單記錄表格

上一節我們已經設計好**訂單記錄**工作表的公式, 接下來工作人員就可以開始將訂單資料一筆一筆輸入進去了。不過, 在輸入之前我們得先將在第一列設定的驗證規則與公式複製到以下各列當中, 問題是要複製幾列呢? 由於訂單記錄每天都會增加, 實在很難估算! 一勞永逸的辦法就是讓 Excel 自動複製, 怎麼做呢? 將資料範圍轉換成 Excel 的**表格**就可以辦到了。

　　Excel 的**表格**是一種類似資料庫管理的功能, 它對於管理與分析大量資料別具效率, 稍後我們會陸續為各位介紹。

表格資料的形式

要建立 Excel 的表格, 工作表上的資料範圍必須符合下列的形式:

● 由工作表儲存格所形成的矩形範圍, 範圍內不可有空白欄或空白列。

● 資料範圍的第一列為各欄位的名稱, 例如: 產品名稱、單價、數量; 其餘為資料列, 每一列代表一筆記錄。

● 同一欄的資料須具有相同性質, 例如**產品名稱**欄位的每一項資料都代表一項產品。

將範圍轉換成表格

　　請開啟範例檔案 Ch07-02 並切換到**訂單記錄**工作表, 現在我們就將現有的訂單資料範圍轉換成表格, 以藉由表格功能來管理訂單資料:

2 切換到**插入**頁次, 按下**表格**區的**表格**鈕　　**1** 請任意選取資料範圍 (A1:H2) 中的一個儲存格

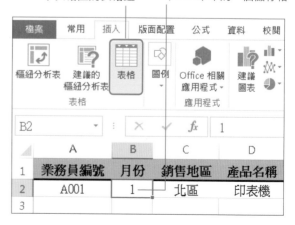

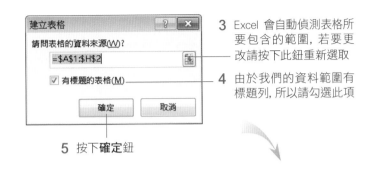

3 Excel 會自動偵測表格所要包含的範圍, 若要更改請按下此鈕重新選取

4 由於我們的資料範圍有標題列, 所以請勾選此項

5 按下**確定**鈕

當選取表格中的資料時, 會自動切換到**資料表工具**頁次, 方便你進行相關設定

可改套用其他更多表格樣式

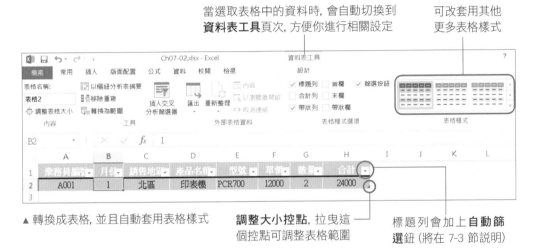

▲ 轉換成表格, 並且自動套用表格樣式　　**調整大小控點**, 拉曳這個控點可調整表格範圍　　標題列會加上**自動篩選鈕** (將在 7-3 節說明)

在表格中新增記錄

建立表格後, 接著我們來看如何在表格中新增記錄。假設 A002 業務員又成交一筆生意, 其訂購資料如下:

業務員編號	月份	銷售地區	產品名稱	型號	單價	數量	合計
A002	1	北區	印表機	PBW300	3500	3	10500
A002	1	北區	掃描器	SCAN100	3990	2	7980

首先, 請選取表格最右下角的儲存格 (若表格的資料很多, 你可以利用 Ctrl 鍵配合 ↑、↓、←、→ 方向鍵 (需關閉 Scroll Lock 鍵), 快速移到表格範圍的 4 個角落)。按下 Tab 鍵, 則 Excel 會自動將表格範圍及格式延伸到下一列, 然後你就可以繼續輸入新的訂單資料了:

選取此儲存格後，按下 Tab 鍵，可延伸表格資料範圍，以建立新資料

也可以直接拉曳表格右下角的**調整大小控點**來延伸或縮減表格的範圍。

插入表格記錄

　　若要將一筆記錄 "插入" 到現有的表格記錄當中, 請先選取欲插入位置的任一個儲存格, 譬如欲插入到第 2 筆記錄之前, 便選取第 2 筆記錄中的任一個儲存格; 然後到**常用**頁次**儲存格**區按下**插入**鈕右側箭頭執行『**插入上方表格列**』命令, Excel 便會在該位置上方插入一列空白表格列。

1 按下此鈕

3 插入記錄

2 選此項

刪除表格記錄

　　刪除表格中的某一筆記錄時, 請選取該筆記錄中的任一個儲存格, 然後在**常用**頁次**儲存格**區按下**刪除**鈕右側箭頭執行『**刪除表格列**』命令即可。

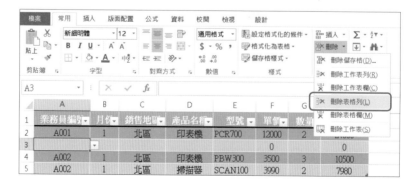

7-3 製作業務員業績排行榜

一位優秀的主管, 必須了解其下業務員的工作情形, 如此才能根據不同的狀況給予適時的獎勵與輔導, 每個月的「業績排行榜」正好可以幫助管理者掌握每位業務員的銷售情況。這一節我們將告訴您如何將一筆一筆的訂單記錄, 彙整成一份具有分析意義的「業績排行榜」!

篩選訂單記錄

請開啟範例檔案 Ch07-03 並切換到**訂單記錄**工作表。目前表格中已經建立了 1、2、3 月份接到的訂單資料, 假設我們要製作 2 月份的業績排行榜, 怎麼辦呢?首先當然是將 2 月份的資料挑選出來:

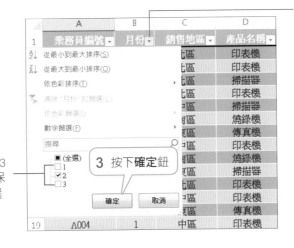

1 請按下**月份**欄位旁邊的**自動篩選**鈕

2 取消 1 月和 3 月的勾選, 僅保留 2 月的勾選

3 按下**確定**鈕

設定篩選條件的欄位, 其**自動篩選**鈕會變成 圖示

業務員編號	月份	銷售地區	產品名稱	型號	單價	數量	合計
A003	2	南區	燒錄機	DRW16	1399	6	8394
A001	2	南區	燒錄機	DRW16	1399	5	6995
A004	2	東區	燒錄機	DRW32	2400	1	2400
A004	2	東區	掃描器	SCAN100	3990	8	31920
A001	2	南區	燒錄機	DRW32	2400	3	7200
A001	2	北區	印表機	PBW300	3500	5	17500
A001	2	東區	燒錄機	DRW32	2400	3	7200
A001	2	中區	印表機	PBW300	3500	3	10500
A003	2	北區	印表機	PBW300	3500	2	7000
A001	2	北區	掃描器	SCAN100	3990	1	3990

篩選出 2 月份的訂單記錄了

假若表格的標題列並未顯示**自動篩選**鈕, 你可選取表格中的任一個儲存格, 然後到**資料**頁次按下**排序與篩選**區的『**篩選**』鈕, 手動顯示**自動篩選**鈕。再執行一次『**篩選**』鈕則會關閉**自動篩選**鈕。

複製篩選出來的資料

　　將 2 月份的資料篩選出來後, 接下來就可進行統計的工作。不過為了避免統計時不慎破壞到表格中的原始資料, 同時也因為某些功能限制, 例如**小計**功能無法套用到表格上, 所以我們要先將 2 月份的篩選結果複製到另一張工作表, 然後再做處理。

01 請先選取欄位名稱列中的任一個儲存格 (即 A1：H1 的任一格), 然後按 Ctrl + A 鍵選取整個篩選結果:

	A	B	C	D	E	F	G	H
1	業務員編號	月份	銷售地區	產品名稱	型號	單價	數量	合計
7	A003	2	南區	燒錄機	DRW16	1399	6	8394
10	A001	2	南區	燒錄機	DRW16	1399	5	6995
13	A004	2	東區	燒錄機	DRW32	2400	1	2400
16	A004	2	東區	掃描器	SCAN100	3990	8	31920
20	A001	2	南區	燒錄機	DRW32	2400	3	7200
23	A001	2	北區	印表機	PBW300	3500	5	17500
27	A001	2	東區	燒錄機	DRW32	2400	3	7200
31	A001	2	中區	印表機	PBW300	3500	3	10500
32	A003	2	北區	印表機	PBW300	3500	2	7000
35	A001	2	北區	掃描器	SCAN100	3990	1	3990
38	A004	2	北區	燒錄機	DRW16	1399	6	8394
42	A002	2	北區	印表機	PCR500	6500	5	32500
45	A004	2	東區	傳真機	FX300	5980	3	17940
48	A002	2	東區	印表機	PBW300	3500	6	21000
54	A004	2	東區	傳真機	FX100	3900	2	7800

▲ 選取整個篩選結果, 包括標題列

先選取標題列中的儲存格, 是為了將表格的標題列也包含在選取範圍中。若只要選取記錄, 不包含標題列, 則請先選取標題列以外的儲存格, 再按 Ctrl + A 鍵來選取全部的記錄。

02 接著按下**常用**頁次**剪貼簿**區的**複製**鈕, 然後切換到 **2 月份銷售資料**工作表, 選取儲存格 A1 後再按下**常用**頁次**剪貼簿**區的**貼上**鈕, 將 2 月份的訂單記錄複製過來。

	A	B	C	D	E	F	G	H
1	業務員編號	月份	銷售地區	產品名稱	型號	單價	數量	合計
2	A003	2	南區	燒錄機	DRW16	1399	6	8394
3	A001	2	南區	燒錄機	DRW16	1399	5	6995
4	A004	2	東區	燒錄機	DRW32	2400	1	2400
5	A004	2	東區	掃描器	SCAN100	3990	8	31920
6	A001	2	南區	燒錄機	DRW32	2400	3	7200
7	A001	2	北區	印表機	PBW300	3500	5	17500
8	A001	2	東區	燒錄機	DRW32	2400	3	7200
9	A001	2	中區	印表機	PBW300	3500	3	10500
10	A003	2	北區	印表機	PBW300	3500	2	7000
11	A001	2	北區	掃描器	SCAN100	3990	1	3990
12	A004	2	北區	燒錄機	DRW16	1399	6	8394

業務員資料　產品資料　2月份銷售資料

▲ 注意, 複製貼上的資料會自動轉換成一般的儲存格範圍, 不再是表格了

03 為了讓畫面較為清爽，我們將儲存格的外觀格式稍做調整。請選取 A2：H37：

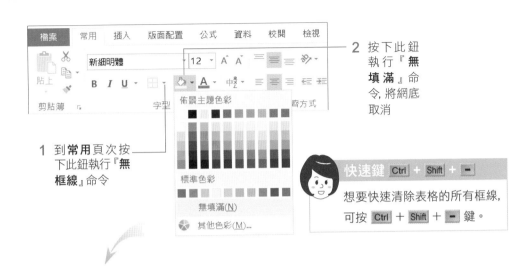

1 到**常用**頁次按下此鈕執行『**無框線**』命令

2 按下此鈕執行『**無填滿**』命令，將網底取消

快速鍵 Ctrl + Shift + ▬
想要快速清除表格的所有框線，可按 Ctrl + Shift + ▬ 鍵。

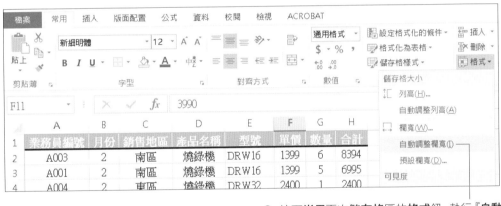

3 按下**常用**頁次**儲存格**區的**格式**鈕，執行『**自動調整欄寬**』命令，讓欄位名稱完整顯示出來

依業務員編號做排序

在統計各業務員的銷售總額之前，我們要先將 **2 月份銷售資料**工作表中的記錄依照**業務員編號**欄做排序，也就是將記錄按 "業務員編號" 分組，這樣才方便合計每個人的銷售總額。

請選取**業務員編號**欄位中的任一個儲存格, 然後到**常用**頁次**編輯**區按下**排序與篩選**鈕, 執行『**從 A 到 Z 排序**』命令, 則工作表中的記錄就會根據業務員編號遞增排序:

選此項可做遞增順序

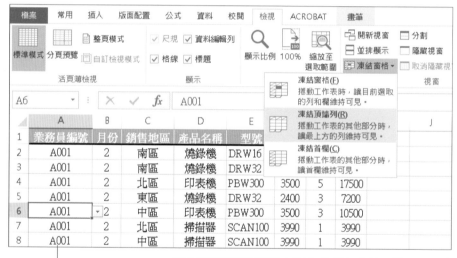

同一業務員編號的記錄都排在一起了

▲ 現在這份資料已不是表格了, 建議各位按下**檢視**頁次的
凍結窗格/凍結頂端列, 讓欄位名稱固定顯示在第一列

用「小計」算出業務員銷售總額

　　排序之後, 工作表中的記錄依業務員編號被分成了 4 組, 只要將每組的合計金額分別加起來, 就是每位業務員的銷售總額囉! 我們可利用 Excel 的**小計**功能迅速完成這項工作:

01 請選取資料範圍內的任一儲存格, 然後到**資料**頁次**大綱**區按下**小計**鈕開啟**小計**交談窗:

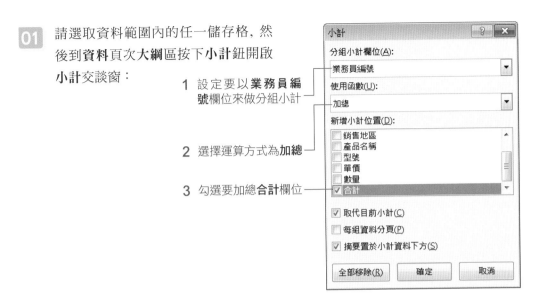

1 設定要以**業務員編號**欄位來做分組小計

2 選擇運算方式為**加總**

3 勾選要加總**合計**欄位

02 設好後按下**確定**鈕, Excel 便會在每組記錄的最下方加上合計, 並為資料範圍建立大綱結構:

這些是大綱符號, 表示資料被分成 3 個層級

	A	B	C	D	E	F	G	H
1	業務員編號	月份	銷售地區	產品名稱	型號	單價	數量	合計
11	A001	2	東區	燒錄機	DRW16	1399	6	8394
12	A001	2	東區	燒錄機	DRW32	2400	1	2400
13	A001	2	南區	傳真機	FX300	5980	2	11960
14	**A001 合計**							141779
15	A002	2	北區	印表機	PCR500	6500	5	32500
16	A002	2	東區	印表機	PBW300	3500	6	21000
17	A002	2	東區	傳真機	FX100	3900	4	15600
18	A002	2	中區	燒錄機	DRW32	2400	1	2400
19	A002	2	東區	印表機	PCR700	12000	7	84000
20	A002	2	南區	傳真機	FX300	5980	7	41860
21	**A002 合計**							197360
22	A003	2	南區	燒錄機	DRW16	1399	6	8394
23	A003	2	北區	印表機	PBW300	3500	2	7000
24	A003	2	北區	印表機	PCR500	6500	1	6500
25	A003	2	中區	傳真機	FX100	3900	2	7800
26	A003	2	北區	掃描器	SCAN300	9990	3	29970
27	A003	2	北區	傳真機	FX100	3900	5	19500
28	**A003 合計**							79164
29	A004	2	東區	燒錄機	DRW32	2400	1	2400
30	A004	2	東區	掃描器	SCAN100	3990	8	31920
31	A004	2	北區	燒錄機	DRW16	1399	6	8394

在每組記錄的下方加上**合計**欄位的加總結果

03 我們可利用大綱符號來決定顯示的層級。請在 2 上面按一下, 表示只顯示到第 2 層, 此時每位業務員的銷售明細會被隱藏起來, 只顯示每位業務員的銷售總額:

		A	B	C	D	E	F	G	H
	1	業務員編號	月份	銷售地區	產品名稱	型號	單價	數量	合計
+	14	A001 合計							141779
+	21	A002 合計							197360
+	28	A003 合計							79164
+	41	A004 合計							186670
−	42	總計							604973

> 若要移除大綱及小計結果, 讓資料範圍恢復原狀, 只要再次開啟**小計**交談窗, 然後按左下角的**全部移除**鈕即可。

製作銷售業績排行榜

將每個業務員的銷售總額統計出來後, 接著就開始製作排行榜吧。請新增一個**業績排行榜**工作表, 並設計成如下的排行榜:

	A	B	C	D	E
1					
2			2月份業務銷售業績排行榜		
3		名次	業務員編號	銷售總額	
4			A001		
5			A002		
6			A003		
7			A004		
8					

▲ **業績排行榜**工作表

現在我們只要在**業績排行榜**工作表中填入每個業務員的銷售總額, 排序之後就可以得知名次了。由於我們已在 **2 月份銷售資料**工作表中求出每位業務員的銷售總額, 所以這裡我們運用 "參照" 的方式來填入每位業務員的銷售總額:

01 請選取**業績排行榜**工作表的 D4 儲存格, 輸入 "=", 接著切換到 **2 月份銷售資料**工作表, 並選取 H14 儲存格 (A001 業務員的業績小計)。

H14			✕	✓	fx	='2月份銷售資料'!H14			
1 2 3		A	B	C	D	E	F	G	H
	1	業務員編號	月份	銷售地區	產品名稱	型號	單價	數量	合計
+	14	A001 合計							141779
+	21	A002 合計							197360
+	28	A003 合計							79164
+	41	A004 合計							186670
−	42	總計							604973

02 按下 Enter 鍵便會切回**業績排行榜**工作表, 並在 D4 儲存格中填入 A001 業務員的銷售總額。

D4			✕	✓	fx	='2月份銷售資料'!H14	
	A	B	C	D	E		
1							
2		2月份業務銷售業績排行榜					
3		名次	業務員編號	銷售總額			
4			A001	141779			
5			A002				
6			A003				
7			A004				
8							

03 另外三位業務員的銷售總額, 請你重複上述的步驟來完成:

2月份業務銷售業績排行榜		
名次	業務員編號	銷售總額
	A001	141779
	A002	197360
	A003	79164
	A004	186670

參照 **2 月份銷售資料**工作表的 H21 儲存格

參照 **2 月份銷售資料**工作表的 H28 儲存格

參照 **2 月份銷售資料**工作表的 H41 儲存格

04 接著就可以按照**銷售總額**做排序, 並得知名次了。請選取**銷售總額**欄位下的任一個儲存格, 如 D5, 然後到**常用**頁次**編輯**區按下**排序與篩選**鈕執行『**從最大到最小排序**』命令:

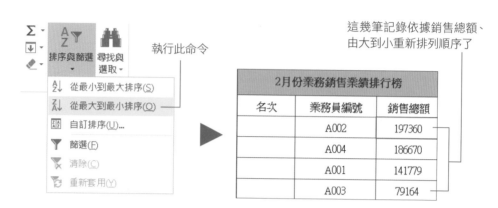

執行此命令

這幾筆記錄依據銷售總額、由大到小重新排列順序了

2月份業務銷售業績排行榜		
名次	業務員編號	銷售總額
	A002	197360
	A004	186670
	A001	141779
	A003	79164

05 再來, 請在**名次**欄的 B4 儲存格填入 "1" 後, 按住 Ctrl 鍵, 再拉曳填滿控點到 B7, 我們的業績排行榜便完成了。

	A	B	C	D	E
1					
2		2月份業務銷售業績排行榜			
3		名次	業務員編號	銷售總額	
4		1	A002	197360	
5			A004	186670	
6			A001	141779	
7			A003	79164	
8					

	A	B	C	D	E
1					
2		2月份業務銷售業績排行榜			
3		名次	業務員編號	銷售總額	
4		1	A002	197360	
5		2	A004	186670	
6		3	A001	141779	
7		4	A003	79164	
8					

只要繼續進行其它的編輯動作, 這個**自動填滿選項**鈕便會自動消失

▲ 完成結果可開啟 Ch07-04 來查看

7-4 製作銷售統計樞紐分析表

除了業務員的銷售業績, 主管對於產品在每個地區的銷售情況也相當關心。這一節我們要來製作一份每項產品在各銷售地區的銷售統計表, 方便管理者了解各區的銷售情形, 以研擬出適當的行銷方案。

建立樞紐分析表

請開啟範例檔案 Ch07-05 並切換到**訂單記錄**工作表, 選取表格中的任一儲存格, 然後到**插入**頁次**表格**區中按下**樞紐分析表**鈕。

設定樞紐分析表的資料來源與放置位置

建立樞紐分析表首先要設定資料來源, 好讓 Excel 知道要根據哪些資料來產生樞紐分析表。本例我們已事先選取表格中的一個儲存格, 所以 Excel 會自動選取整個表格做為來源資料範圍; 接著到交談窗下方設定樞紐分析表要放置的位置:

若選此項, 會在目前的工作表前插入一張新工作表

表格 1 是當初建立表格時, Excel 自動給予的名稱

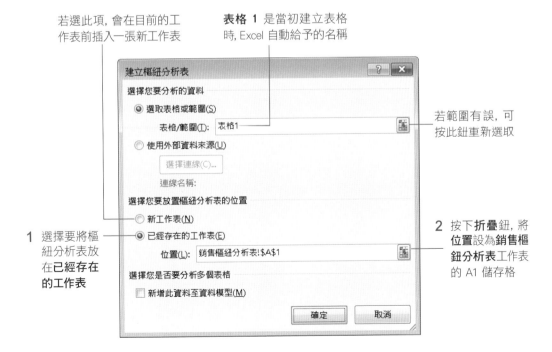

若範圍有誤, 可按此鈕重新選取

1 選擇要將樞紐分析表放在**已經存在的工作表**

2 按下**折疊**鈕, 將**位置**設為**銷售樞紐分析表**工作表的 A1 儲存格

版面配置

設好資料來源和放置位置並按下交談窗的**確定**鈕後, 接著即會切換到**銷售樞紐分析表**工作表中, 讓我們設定樞紐分析表的欄位。

此工作窗格會列出表格中的所有欄位名稱

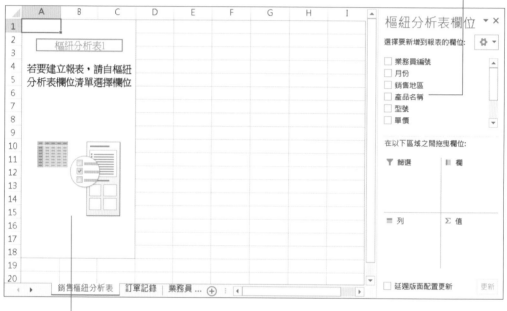

空白的樞紐分析表

我們只需將要統計的欄位名稱拉曳到對應的區域, 即可建立樞紐分析表。本例我們要產生一份「產品 – 地區」的銷售統計表, 所以請各位在**樞紐分析表欄位**工作窗格中, 分別將**銷售地區**欄位拉曳到**欄**標籤區域、**產品名稱**欄位拉曳到**列**標籤區域、**合計**欄位拉曳到 **Σ 值**區域:

▲ 銷售統計表輕輕鬆鬆就完成了!

若你覺得預設的**欄標籤**、**列標籤**不容易讓人了解意思, 也可以直接修改成比較有意義的欄位名稱, 例如將上圖中的 B1 儲存格改成 "銷售地區"、A2 儲存格改成 "產品名稱":

加總 - 合計	銷售地區				
產品名稱	中區	北區	東區	南區	總計
印表機	325000	200000	263500	42000	830500
掃描器	217740	227640	149790	69930	665100
傳真機	76700	82420	282100	87360	528580
燒錄機	31393	47976	61785	70384	211538
總計	650833	558036	757175	269674	2235718

改變樞紐分析表的運算方式

我們拉曳到 **Σ 值**區域中的欄位預設會做加總運算, 而假設主管想知道的是每項產品在各地區的銷售百分比為何, 怎麼辦? 很簡單, 我們只要將樞紐分析表中的銷售額換成是計算百分比就可以了。請如下操作:

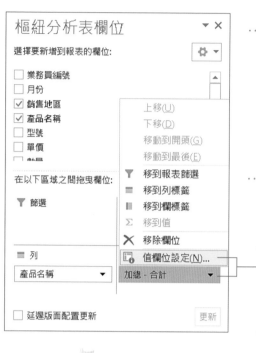

若沒看見**樞紐分析表欄位**窗格，可能是因為目前選取到樞紐分析表以外的儲存格，只要在樞紐分析表的範圍內任選一個儲存格，此窗格就會出現了。假如還是沒有，請按下**樞紐分析表工具/分析**頁次中的**欄位清單鈕**。

1 在 **Σ 值**區域中按下**加總- 合計**欄位右側的箭頭執行『**值欄位設定**』命令

2 切換到**值的顯示方式**頁次

3 在此選擇**總計百分比**

4 按下**確定鈕**

	A	B	C	D	E	F
1	加總 - 合計	銷售地區				
2	產品名稱	中區	北區	東區	南區	總計
3	印表機	14.54%	8.95%	11.79%	1.88%	37.15%
4	掃描器	9.74%	10.18%	6.70%	3.13%	29.75%
5	傳真機	3.43%	3.69%	12.62%	3.91%	23.64%
6	燒錄機	1.40%	2.15%	2.76%	3.15%	9.46%
7	總計	29.11%	24.96%	33.87%	12.06%	100.00%

▲ 資料改成以百分比顯示囉！

調整樞紐分析表的欄位

　　樞紐分析表是動態表格，我們隨時可依需要任意調整欄位來改變樞紐分析表的內容。假設我們希望樞紐分析表也能夠顯示型號的資訊，並且加總各產品的銷售數量而非銷售額，可如下進行設定：

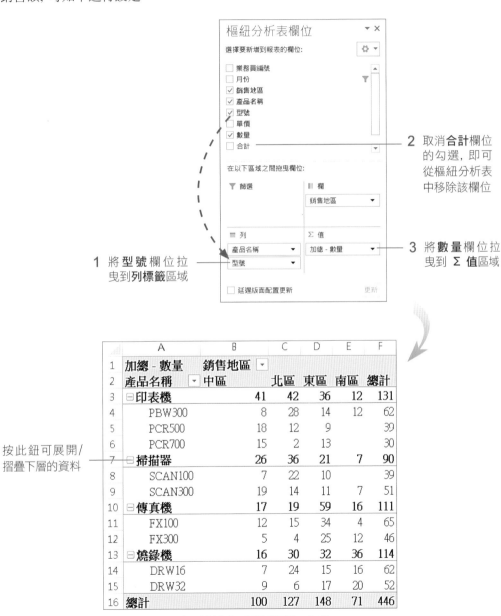

2 取消**合計**欄位的勾選，即可從樞紐分析表中移除該欄位

1 將 **型號** 欄位拉曳到**列標籤**區域

3 將**數量**欄位拉曳到 Σ **值**區域

按此鈕可展開/摺疊下層的資料

加總 - 數量	銷售地區				
產品名稱	中區	北區	東區	南區	總計
⊟印表機	41	42	36	12	131
PBW300	8	28	14	12	62
PCR500	18	12	9		39
PCR700	15	2	13		30
⊟掃描器	26	36	21	7	90
SCAN100	7	22	10		39
SCAN300	19	14	11	7	51
⊟傳真機	17	19	59	16	111
FX100	12	15	34	4	65
FX300	5	4	25	12	46
⊟燒錄機	16	30	32	36	114
DRW16	7	24	15	16	62
DRW32	9	6	17	20	52
總計	100	127	148	71	446

▲ 輕鬆變換為我們所要的：各產品在各地區的銷售量統計報表

運用報表篩選欄位來篩選資料

又假如我們希望能夠按 "月份" 檢視每個地區各種產品的銷售量, 那麼只要將**月份**欄位拉曳到**篩選**區域, 再做設定即可:

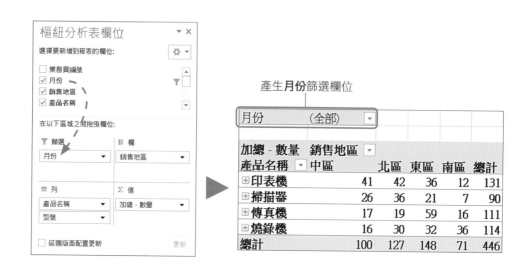

產生**月份**篩選欄位

假設你只要檢視 2 月份的銷售資料, 可按下**月份**欄位右側的箭頭來設定:

3 取消 1 月和 3 月的勾選　　1 按下此鈕

4 按確定鈕

2 先勾選此項

▲ 僅顯示 2 月份的銷售數量

若要移除**月份**欄位的篩選設定, 請再次拉下**月份**欄位選單, 然後勾選**全部**即可。

　　同樣的, 按下**欄標籤**與**列標籤**這兩個欄位右側的**篩選**鈕, 也可篩選要顯示的項目。例如我們只要檢視**北區**和**南區**的銷售數量, 則可按下**欄標籤 (銷售地區)** 右側的**篩選**鈕來設定:

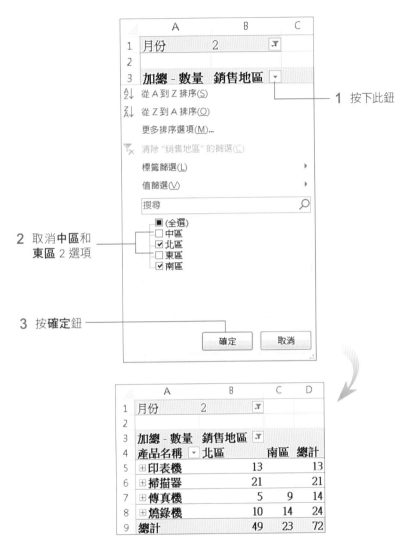

1 按下此鈕

2 取消**中區**和 **東區** 2 選項

3 按**確定**鈕

▲ 僅剩**北區**和**南區**的資料了

> 若你的樞紐分析表上沒有顯示**欄標籤**和**列標籤**欄位, 可到**樞紐分析表工具/分析**頁次的**顯示**區按下**欄位標題**鈕來顯示。

7-5 繪製銷售統計的樞紐分析圖

從樞紐分析表上的數據, 固然可以瞭解產品在各地區的銷售情形, 可是當我們要向上司或其他主管做業務簡報時, 僅提出一堆數據還不夠, 若能搭配清晰美觀的圖表來輔助說明, 必定能為您的簡報增色不少。

這一節, 我們將根據之前建好的樞紐分析表, 繼續建立樞紐分析圖, 以視覺化的方式呈現樞紐分析表的資訊。

建立樞紐分析圖

請開啟範例檔案 Ch07-06, 我們要利用**銷售樞紐分析表**工作表中的資料繪製樞紐分析圖。

月份	(全部)				
加總 - 數量	銷售地區				
產品名稱	中區	北區	東區	南區	總計
⊞印表機	41	42	36	12	131
⊞掃描器	26	36	21	7	90
⊞傳真機	17	19	59	16	111
⊞燒錄機	16	30	32	36	114
總計	100	127	148	71	446

01　請選取樞紐分析表中的任一個儲存格, 然後如下操作:

▲ 到**樞紐分析表工具/分析**頁次的**工具**區按下**樞紐分析圖**鈕

02 開啟**插入圖表**交談窗之後, 即可選擇圖表類型。此例我們選擇**直條圖**中的**群組直條圖**, 按下**確定**鈕, 即可在樞紐分表所在的工作表中建立樞紐分析圖。

1 此例我們選擇**直條圖**中的**群組直條圖**

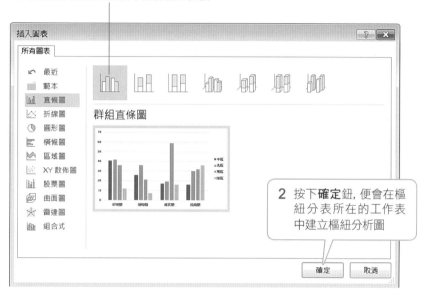

2 按下**確定**鈕, 便會在樞紐分表所在的工作表中建立樞紐分析圖

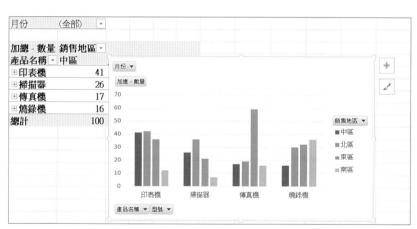

Excel 預設會將樞紐分析圖和樞紐分析表放在同一個工作表中, 不過各位可以自行將圖表搬到單獨的工作表上, 比較方便檢視。

快速鍵 F11

選取樞紐分析表中的任一資料後, 只要按下 F11 鍵, 就可快速建立樞紐分析圖, 並且放置在新的工作表中。

調整樞紐分析圖的欄位及項目

　　樞紐分析圖上面也會出現**篩選**鈕，方便你篩選要顯示出來的資料。假設我們希望圖表只顯示**北區**和**中區**的銷售數量，可如下操作：

1 按下**銷售地區**鈕

注意！在樞紐分析圖上所做的篩選設定，也會反應到其所根據的樞紐分析表中。

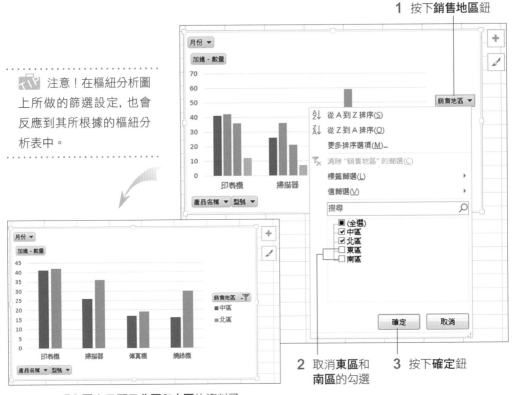

2 取消**東區**和**南區**的勾選

3 按下**確定**鈕

▲ 現在圖表只顯示**北區**和**中區**的資料了

　　而假如我們還想在圖表上看到各產品型號的銷售狀況，只要到銷售樞紐分析表中，將各產品的型號展開，就可以在圖表上看到各產品型號的銷量了：

1 按此鈕展開型號細項

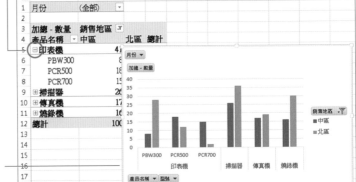

2 樞紐分析圖馬上同步反應

7-6 在樞紐分析表上用顏色或圖示標示特殊數據

若能夠在統計報表中再加些明顯的標示, 例如將高於平均值的銷售量加上外框, 或是將所有的銷售數量按等級做不同的標示…等, 這樣將更容易抓住報表的重點、解讀報表所要傳達的意義。而這一節要介紹的**設定格式化的條件**功能, 正可達到這樣的效果。

標出高於平均值的銷售量

請開啟範例檔案 Ch07-07, 並切換到**銷售樞紐分析表**工作表, 現在我們就利用**設定格式化的條件**功能, 將樞紐分析表中高於平均值的銷售量標示出來:

2 到**常用**頁次按下**設定格式化的條件**鈕

1 請選取 B5:E8 儲存格範圍

3 執行『**頂端/底端項目規則/高於平均**』命令

4 設定符合條件的儲存格所要套用的格式, 此例選擇**綠色填滿和深綠色文字**

5 按下**確定**鈕

加總 - 數量	銷售地區				
產品名稱	中區	北區	東區	南區	總計
⊞ 印表機	41	42	36	12	131
⊞ 掃描器	26	36	21	7	90
⊞ 傳真機	17	19	59	16	111
⊞ 燒錄機	16	30	32	36	114
總計	100	127	148	71	446

— 綠色字和有底色的儲存格, 表示它們的銷售數量高於平均

格式化選項按鈕, 可讓你調整格式化規則所要套用的範圍, 當套用到樞紐分析表時才會出現此按鈕

若要清除樞紐分析表上的格式化規則, 請先選取樞紐分析表中的一個儲存格, 然後在**常用**頁次**樣式**區按下**設定格式化的條件**鈕, 執行『**清除規則/清除此樞紐分析表的規則**』命令。

按銷售量高低標示等級

再來, 我們同樣利用**設定格式化的條件**功能, 將各型號的銷售數量依高低分等級, 然後標上不同的符號:

加總 - 數量	銷售地區				
產品名稱	中區	北區	東區	南區	總計
⊟ 印表機	41	42	36	12	131
PBW300	8	28	14	12	62
PCR500	18	12	9		39
PCR700	15	2	13		30
⊞ 掃描器	26	36	21	7	90
⊞ 傳真機	17	19	59	16	111
⊞ 燒錄機	16	30	32	36	114
總計	100	127	148	71	446

01 請先展開**印表機**的型號明細, 然後選取 B6: E8 儲存格範圍。

02 切換到**常用**頁次, 在**樣式**區按下**設定格式化的條件**鈕, 並展開**圖示集**子功能表選擇**三旗幟**:

▲ 銷售數量被分成 3 級, 最好的標示綠色旗幟, 中等的標示黃色旗幟, 最差的標示紅色旗幟

03 假若我們希望其它三個產品的銷售數量也套用相同的標示, 只要按下**格式化選項**鈕來設定即可:

按下此鈕

加總 - 數量	銷售地區				
產品名稱	中區	北區	東區	南區	總計
印表機	41	42	36	12	131
PBW300	8	28	14	12	62
PCR500	18	12	9		39
PCR700	15	2	13		0
掃描器	26	36	21	7	
傳真機	17	19	59	16	
燒錄機	16	30	32	36	
總計	100	127	148	71	

套用格式化規則至...
- ○ 選取的儲存格(L)
- ○ 所有顯示 "加總 - 數量" 值的儲存格(W)
- ◉ 顯示 "型號" 和 "銷售地區" 的 "加總 - 數量" 值之所有儲存格(N)

選取此項, 則所有產品的銷售數量都會套用同樣的標示

加總 - 數量	銷售地區				
產品名稱	中區	北區	東區	南區	總計
印表機	41	42	36	12	131
PBW300	8	28	14	12	62
PCR500	18	12	9		39
PCR700	15	2	13		30
掃描器	26	36	21	7	90
SCAN100	7	22	10		39
SCAN300	19	14	11	7	51
傳真機	17	19	59	16	111
FX100	12	15	34	4	65
FX300	5	4	25	12	46
燒錄機	16	30	32	36	114
DRW16	7	24	15	16	62
DRW32	9	6	17	20	52
總計	100	127	148	71	446

▶ 完成結果可參考範例檔案 Ch07-08

加上旗幟之後, 我們可以很容易看出來, **掃描器**的銷售狀況在各區都不理想, 皆為黃色或紅色旗幟;而東區的**傳真機**則賣得很不錯, 皆為綠色旗幟。接著這份報表就可以給相關人員參考、研擬銷售對策了。

在工作表中建立一筆又一筆的資料只是第一步, 你還要懂得活用資料分析的技巧, 才能將平淡無奇的資料彙整起來, 變成有意義的統計數據。在本章中, 我們運用了**篩選、排序、小計**等功能來處理資料, 並建立**樞紐分析表**和**樞紐分析圖**、以及**設定格式化的條件**功能來協助銷售資料的統計分析, 只要幾個步驟就可迅速彙整出各種層面的資訊, 非常地實用。**樞紐分析表**的用途很廣, 除了本章的題材之外, 各位還可將它運用到問卷調查分析、進出貨管理等方面。

8

計算業務員的
業績獎金

你會學到的 Excel 功能

- 查詢獎金比例及累進差額－使用 **HLOOKUP 函數**
  與 LOOKUP 函數進行查表

- 計算業務員的年資－用 **TODAY** 函數搭配
  ROUND 函數做四捨五入

- 找出業績佳的業務員－運用篩選、排序

- 找出獎金高於平均的業務員－套用**設定格式化的**
  條件功能搭配註解說明

精明能幹的業務員是一家公司不可或缺的重要角色, 儘管公司生產了品質優良的產品, 若缺乏業務員將產品的特色與優點推廣給眾多客戶, 那麼再優良的產品也只能關在公司的倉庫中涼快！為了激勵業務人員的士氣, 公司通常會訂定一套業績獎金發放標準, 以鼓舞表現傑出的業務員。

發放業績獎金的方式有很多種, 譬如從業績金額當中提撥固定的百分比當作獎金、或者規定每達到一個業績水準, 就可領取對應額度的獎金, 另外也有論件計酬的方式, 也就是每成交一筆, 就固定可得到某一數目的獎金…。

業務員業績獎金一覽表						
姓名	上月	本月	兩月平均	獎金比例	累進差額	業績獎金
陳艾齡	365,000	284,600	324,800	20%	19000	45960
李育祥	369,000	344,100	95,000	10%	0	9500
莊維德	215,600	195,000	596,000	30%	54000	124800
林錦華	102,500	89,000	136,000	12%	2000	14320
吳佩儀	263,500	215,400	263,000	20%	19000	33600
黃飛達	369,000	125,000	184,000	15%	6500	21100
林家信	405,000	29,600	230,500	15%	6500	28075
黃燦堂	553,000	312,000	65,000	10%	0	6500
廖士傑	189,000	89,000	396,000	30%	54000	64800
吳靜郁	117,800	236,000	249,500	15%	6500	30925
王東森	362,200	450,000	178,600	15%	6500	20290
林吉廷	360,000	205,000	115,000	12%	2000	11800
施寶伶	164,000	135,000	320,000	20%	19000	45000
陳佳誼	125,600	260,000	243,600	15%	6500	30040

▲ 案例一：依產品銷售業績核算業務員可得到的獎金

不同的行業類別, 所制訂的業績獎金發放標準也不盡相同, 本章將探討兩種業績獎金發放的案例：一種是「依銷售業績分段核算獎金」、一種是「依業績表現分二階段計算獎金」, 看完這兩個案例之後, 相信就能幫助您將這些技巧運用到實際的情況中了。

招募會員人數業績獎金計算							
區別	姓名	michelle: 標示橘色的業務人員, 獎金高於平均		終身 員人數	5年期 會員人數	第一階段 獎金	第二階段 獎金	獎金合計
中區	江海忠			24	65	18500	8000	26500
中區	李信民	91/9/10	12.8	21	18	12300	8000	20300
中區	丁小文	94/8/2	9.9	15	45	12000	8000	20000
中區	陳如芸	95/7/22	8.9	7	59	9400	5000	14400
北區	陳裕龍	98/5/15	6.1	23	36	15100	8000	23100
北區	吳培祥	98/7/6	6	17	27	11200	5000	16200
北區	陳文欽	98/8/16	5.9	15	32	10700	5000	15700
北區	張夢姑	97/7/30	6.9	7	14	4900	0	4900
北區	王勝良	96/6/6	8.1	4	17	3700	0	3700
南區	劉珮珊	95/5/20	9.1	16	55	13500	8000	21500
南區	謝英華	96/4/10	8.2	18	21	11100	5000	16100

▲ 案例二：依業務員招募到的會員人數核發獎金

依銷售業績分段核算獎金

企業為了有效激勵業務員衝刺業績, 時常會採取高業績伴隨高比例獎金的制度, 也就是說業績愈高, 就可以獲得愈高比例的獎金。不過也因為如此, 業績獎金的計算工作也變得繁瑣多變。

　　本節要為您介紹的是依照銷售業績高低, 分段給予不同比例獎金的計算技巧。現在, 請您開啟範例檔案 Ch08-01, 我們已經將**宏瞻公司**的獎金發放規則輸入到**獎金標準**工作表當中:

	A	B	C	D	E	F
1			業 績 獎	金 發 放 標 準		
2		第一段	第二段	第三段	第四段	第五段
3		100,000 以下	100,000 ~ 149,999	150,000 ~ 249,000	250,000 ~ 349,999	350,000 以上
4	銷售業績	0	100,000	150,000	250,000	350,000
5	獎金比例	10%	12%	15%	20%	30%
6	累進差額	0	2,000	6,500	19,000	54,000

▲ **獎金標準**工作表

　　在本例中, 業績獎金採用分段計算的方式：當銷售業績在 10 萬元以下, 只可獲得業績的 10% 做為獎金；若是業績介於 10 ~ 15 萬之間, 則 10 萬以下的部分可獲得 10% 的獎金, 超過 10 萬未滿 15 萬的部分則可得到 12% 的獎金, 依此類推…。

　　舉例來說, 假設甲業務員的業績是 220,000 元, 那麼他可獲得的獎金就是：

計算累進差額

從剛才示範的例子各位會發現, 分段累計獎金的計算公式有點複雜。為了簡化獎金的計算工作, 我們採用「累進差額」來設計獎金的公式; 也就是直接將業績金額乘上應得的最高比例, 然後再減去其中多算的部份, 就可得到實得的獎金, 而這個 "多算的部份" 就是所謂的「累進差額」:

銷售業績 * 獎金比例 - 累進差額 = 業績獎金

以上例 220,000 的銷售業績來看, 將 220,000 乘上第三段的獎金比例 15%, 再減去前面兩段多算的累進差額 6,500 (稍後說明計算公式), 同樣可以得到 26,500 的獎金。因此在繼續之前, 我們先來說明如何計算各階段獎金的累進差額。

請各位參考 Ch08-01 **獎金標準**工作表中 B6：F6 儲存格中的公式:

	A	B	C	D	E	F
1	業績獎金發放標準					
2		第一段	第二段	第三段	第四段	第五段
3		100,000 以下	100,000 ~ 149,999	150,000 ~ 249,000	250,000 ~ 349,999	350,000 以上
4	銷售業績	0	100,000	150,000	250,000	350,000
5	獎金比例	10%	12%	15%	20%	30%
6	累進差額	0	2,000	6,500	19,000	54,000

當銷售業績達到第一段的獎金比例時, 並不會產生累進差額, 所以其累進差額為 0。其餘各段的累進差額則可用以下公式來計算, 我們以第二段累進差額來說明:

= B6 + C4 * (C5 - B5)

前段累計之　　因套用第二段獎金比例,
累進差額　　　導致上一段多算的差額

當銷售業績達到第二段獎金比例時, 若直接將銷售業績乘上 12%, 則其中屬於第一段的部份 (也就是 100,000 以下的部份) 會多算 2% (12% - 10%), 若以圖形來表達, 則下頁圖中的 ⓐ 也就是 100,000 * 2% = 2,000。由於第二段之前所累計的累進差額為 0, 所以第二段累進差額實為 0 + 2,000 = 2,000。

當銷售業績達到第三段獎金比例時, 則原屬第二段的部份 (150,000 以下) 會多算 3% (15%-12%), 圖中的 也就是 150,000 * 3 % = 4,500, 再加上之前累計的累進差額 2,000, 所以結果為 2,000 + 4,500 = 6,500。第四段、第五段的累進差額也都是依照相同的方式推算出來的。

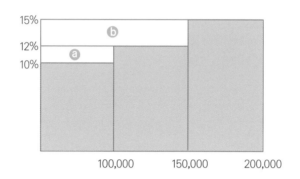

查詢獎金比例

　　請切換到 Ch08-01 的**獎金計算**工作表, **宏瞻公司**每個業務員的銷售業績資料已經輸入到 B 欄當中, 現在我們要參照**獎金標準**工作表, 將對應的獎金比例填入**獎金計算**工作表的 C 欄。在此, 我們要使用到一個水平查表函數：HLOOKUP。

HLOOKUP 函數的用法

HLOOKUP 函數可讓我們在表格的第一列中尋找含有某個值的欄位, 然後再傳回同一欄中某列儲存格的值。HLOOKUP 的格式為：

```
HLOOKUP (Lookup_value, Table_array, Row_index_num, Range_lookup)
```

- **Lookup_value**：就是搜尋範圍第一列中所要搜尋的值, 可以是數字、位址或文字。
- **Table_array**：指定要搜尋的資料範圍, 也可以是一個定義好的儲存格範圍名稱。
- **Row_index_num**：是一個數值, 表示要傳回第幾列的值。
- **Range_lookup**：為一個邏輯值, 可指定尋找完全相符或部份相符的值。當此值為 TRUE 或省略的時候, 會傳回部份相符的值, 也就是若找不到完全相符的值, 會傳回僅次於 Lookup_value 的值；而當此值為 FALSE 時, 則表示要尋找完全相符的值, 若找不到, 就會傳回錯誤值 #N/A。另外, 當 Range_lookup 的值為 TRUE 時, Table_array 第一列中的數值必須按照遞增排列, 這樣搜尋結果才會正確。

Next

以下面的例子來說, 我們要查詢檸檬的數量, 可在儲存格 B7 輸入公式 "=HLOOKUP (B6, B1：G4, 4, FALSE)", 由於 B6 的值為 "檸檬", 在 B1：G4 範圍中找到 "檸檬" 後, 在 "檸檬" 所屬的那一欄中, 第 4 列的值為 "170", 故 B7 公式的運算結果為 "170：

了解 HLOOKUP 函數的用法之後, 我們回到**獎金計算**工作表, 開始依據 B 欄的 **銷售業績**數字來查詢應得的獎金比例。我們以在 C3 儲存格求出第一位業務員的**獎金 比例**來說明, 請在 C3 儲存格中輸入公式：

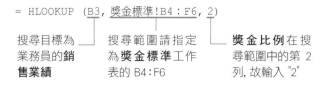

由於每個業務員的獎金比例求算方式都相同, 因此可如下操作, 將 C3 的公式複製 到 C4：C30 當中：

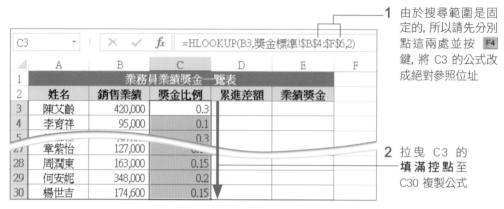

1 由於搜尋範圍是固定的, 所以請先分別點這兩處並按 F4 鍵, 將 C3 的公式改成絕對參照位址

2 拉曳 C3 的**填滿控點**至 C30 複製公式

▲ 每一位業務員可得的獎金比例都查出來囉!

接著, 您可以按下**常用**頁次**數值**區的**百分比樣式**鈕 % , 讓 C3：C30 的數值改以百分比的樣式呈現。

查詢累進差額

累進差額的查詢方式與獎金比例相同, 一樣是使用 HLOOKUP 函數到**獎金標準**工作表中進行搜尋。不過, 為了讓公式看起來更易懂, 我們要在公式中使用**名稱**。

定義儲存格範圍名稱

請切換到**獎金標準**工作表。B4：F6 是我們進行查表的儲存格範圍, 現在我們來為它取個好懂、容易記住的名稱吧!請選取 B4：F6, 然後按一下**名稱方塊**, 輸入 "查表範圍" 做為它的名稱, 完成後請按下 Enter 鍵：

名稱方塊

查表範圍		fx	0		
	A	B	C	D	E	F
1		業績獎金發放標準				
2		第一段	第二段	第三段	第四段	第五段
3		100,000 以下	100,000 ~ 149,999	150,000 ~ 249,000	250,000 ~ 349,999	350,000 以上
4	銷售業績	0	100,000	150,000	250,000	350,000
5	獎金比例	10%	12%	15%	20%	30%
6	累進差額	0	2,000	6,500	19,000	54,000

日後 "查表範圍" 就代表儲存格範圍 B4：F6

8-6

建立累進差額查詢公式

接著, 請切換至**獎金計算**工作表, 選取 D3 儲存格開始輸入查詢**累進差額**的公式:

= HLOOKUP (B3, 查表範圍, 3)

搜尋目標仍　　搜尋範圍可　　**累進差額**在第 3 列,
為業務員的　　輸入剛剛定　　故輸入 "3"
銷售業績　　義好的名稱
　　　　　　　"查表範圍"

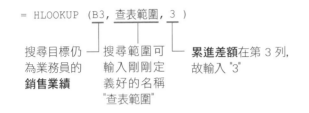

D3				fx	=HLOOKUP(B3,查表範圍,3)	
	A	B	C	D		E
1			業務員業績獎金一覽表			
2	姓名	銷售業績	獎金比例	累進差額		業績獎金
3	陳艾齡	420,000	30%	54000		
4	李育祥	95,000	10%			

查出第五段獎金的累進差額了

拉曳 D3 儲存格的填滿控點至 D30, 則每個人的獎金累進差額就通通查出來了:

	A	B	C	D	E
1			業務員業績獎金一覽表		
2	姓名	銷售業績	獎金比例	累進差額	業績獎金
3	陳艾齡	420,000	30%	54000	
4	李育祥	95,000	10%	0	
5	莊維德	596,000	30%	54000	
6	林錦華	136,000	12%	2000	
7	吳佩儀	263,000	20%	19000	
8	黃飛達	184,000	15%	6500	
9	林家信	230,500	15%	6500	
10	黃燦堂	65,000	10%	0	

計算業績獎金

知道各業務員可得的**獎金比例**及**累進差額**之後, 計算**業績獎金**就不是一件難事了。我們先在 E3 儲存格輸入第一位業務員 "陳艾齡" 的**業績獎金**計算公式:**銷售業績** × **獎金比例** − **累進差額** (=B3*C3-D3), 然後再將 E3 的公式複製到 E4：E30, 便可算出全部業務員的**業績獎金**:

E3			f_x	=B3*C3-D3	

	A	B	C	D	E
1			業務員業績獎金一覽表		
2	姓名	銷售業績	獎金比例	累進差額	業績獎金
3	陳文齡	420,000	30%	54000	72000
4	李育祥	95,000	10%	0	9500
5	莊維德	596,000	30%	54000	124800
6	林錦華	136,000	12%	2000	14320
7	吳佩儀	263,000	20%	19000	33600
8	黃飛達	184,000	15%	6500	21100
9	林家信	230,500	15%	6500	28075

完成這張工作表之後, 各位可將 B 欄 (**銷售業績**) 的值全部歸零, 然後另存一份含有公式及獎金標準的空白檔案, 未來每個月 (或固定的週期) 只要將業務員的銷售業績填入**獎金計算**工作表的 B 欄當中, 就可自動將**獎金比例**、**累進差額**、**業績獎金**通通算出來, 相當省事。而如果業績獎金發放標準有所變動, 也只要到**獎金標準**工作表中修改數值, 便可按照新標準重新計算個員的業績獎金了。

改變獎金計算方式

由於銷售業績直接關係到個人的業績獎金, 所以業務員都會賣力的衝刺業績。但有時候業務員難免會有投機或鬆懈的心理, 譬如說, 這個月的業績特別好, 抽了高比例的獎金, 到了下個月, 業務員就鬆懈下來；或者, 業務員會蓄意將業績集中在某個月, 以衝高業績、得到較高的獎金比例…。

為了避免發生諸如此類的情況, **宏瞻公司**決定依照實際狀況來變動部份遊戲規則, 將獎金的計算方式改成以 2 個月的平均銷售業績來做計算。例如 2 月份的獎金就是根據 1、2 月平均業績來計算、3 月份獎金則根據 2、3 月平均業績來計算…依此類推, 以督促業務員持續努力衝刺業績。

現在, 計算規則改變了, 我們的工作表當然也要有所更動。其實並不難, 只要在**獎金計算**工作表當中加上兩欄, 分別存放 "上月" 和 "本月" 業績, 然後在原來的**銷售業績**欄算出這兩欄的平均之後, 再依照平均業績來查詢可得的獎金比例, 就可算出業務員的獎金了！請您開啟範例檔案 Ch08-02, 然後跟著下面的說明來做修改：

01 選取**獎金計算**工作表的 B、C 兩欄, 接著在**常用**頁次**儲存格**區按下**插入**鈕右側箭頭選擇『**插入工作表欄**』命令:

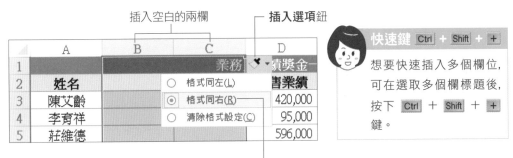

插入空白的兩欄　　**插入選項**鈕

	A	B	C	D
1			業務 績獎金一	
2	**姓名**		格式同左(L)	**售業績**
3	陳艾齡		格式同右(R)	420,000
4	李育祥		清除格式設定(C)	95,000
5	莊維德			596,000

按下**插入選項**鈕並選擇此項,
表示套用與右欄相同的格式

快速鍵 Ctrl + Shift + +

想要快速插入多個欄位, 可在選取多個欄標題後, 按下 Ctrl + Shift + + 鍵。

02 分別在插入的兩欄中輸入 "上月" 及 "本月" 的業績, 然後將 D 欄改成 "兩月平均", 並建立公式計算 B、C 兩欄的平均 (如在 D3 儲存格中輸入 "=(B3+C3)/2"), 如此就可按照新的規則算出每個人應得的獎金囉:

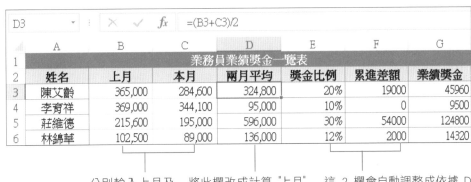

D3　fx　=(B3+C3)/2

	A	B	C	D	E	F	G
1				業務員業績獎金一覽表			
2	**姓名**	**上月**	**本月**	**兩月平均**	**獎金比例**	**累進差額**	**業績獎金**
3	陳艾齡	365,000	284,600	324,800	20%	19000	45960
4	李育祥	369,000	344,100	95,000	10%	0	9500
5	莊維德	215,600	195,000	596,000	30%	54000	124800
6	林錦華	102,500	89,000	136,000	12%	2000	14320

分別輸入上月及　　將此欄改成計算 "上月"　　這 2 欄會自動調整成依據 D
本月業績資料　　及 "本月" 的平均業績　　欄的平均業績來查詢**獎金比例**
　　　　　　　　　　　　　　　　　　　與**累進差額**, 並重新計算一遍

假如在計算業績的時候, 想讓 "上月" 與 "本月" 的業績比重為 3:7 (也就是以本月表現為重, 但參考上個月的表現), 則我們可將 D3 的公式改成 "=B3 * 0.3 + C3 * 0.7", 再複製到 D4:D30。

　　等到下個月要來計算獎金的時候, 只要將 C 欄的 "本月" 業績複製到 B 欄的 "上月" 業績, 然後在 C 欄輸入新月份的業績數據, 就又可輕鬆完成獎金的計算工作了。您可開啟範例檔案 Ch08-03 來查看成果。

8-2 依業績表現分二階段計算獎金

接著我們要計算推廣健身中心會員的業務員獎金, 此外還要運用計算出來的結果做進一步的分析工作, 譬如找出哪些業務員具有潛力, 值得公司好好栽培等等…。

請開啟範例檔案 Ch08-04, **業績標準**工作表存放招募會員業績獎金的發放標準, 一共分成兩階段來計算業績獎金:第一階段採取論件計酬的方式, 也就是說只要成功推廣一人成為終身會員, 可得 500 元獎金、推廣一人成為 5 年期會員則得 100 元獎金;之後再按照第一階段所得到的獎金金額來核發第二階段的累進獎金。另外, **計算獎金**工作表則已建立好各區業務員的各項資料, 待會兒我們便要在此完成業績獎金的計算工作:

	B	C	D	E
1				
2		第一階段標準		
3		終身會員	500	
4		5 年期會員	100	
5		第二階段標準		
6		業績標準	獎金	
7		5000	3500	
8		8000	5000	
9		12000	8000	
10		20000	13000	
11		50000	25000	

▲ **業績標準**工作表

	招募會員人數業績獎金計算								
2	區別	姓名	到職日	年資	終身會員人數	5年期會員人數	第一階段獎金	第二階段獎金	獎金合計
3	南區	劉珮珊							
4	北區	陳文欽							
5	中區	陳如芸							
6	中區	李信民							
7	北區	陳裕龍							
8	北區	王勝良							
9	南區	謝英華							
10	中區	江海忠							
11	中區	丁小文							
12	北區	張夢茹							
13	北區	吳培祥							

▲ **計算獎金**工作表

輸入到職日

計算獎金工作表的 C 欄要用來存放業務員的到職日, 我們先來看看如何在工作表中輸入日期資料。當您在儲存格中輸入日期 (或時間) 資料時, 必須以 Excel 能接受的格式輸入才會當作是日期 (或時間), 否則會被當成文字資料。底下列舉 Excel 可接受的日期輸入格式:

輸入儲存格中的日期	Excel 判斷的日期
2015 年 5 月 8 日	2015/5/8
15 年 5 月 8 日	2015/5/8
2015/5/8	2015/5/8
15/5/8	2015/5/8
8-MAY-15	2015/5/8
5/8	2015/5/8 (不輸入年份時, Excel 會視為當年)
8-MAY	2015/5/8 (不輸入年份時, Excel 會視為當年)

接著請你依照下圖, 將所有業務員的到職日輸入到 C 欄中:

	區別	姓名	到職日	年資	終身會員人數	5年期會員人數	第一階段獎金	第二階段獎金	獎金合計
1	招募會員人數業績獎金計算								
3	南區	劉珮珊	2006/5/20						
4	北區	陳文欽	2009/8/16						
5	中區	陳如芸	2006/7/22						
6	中區	李信民	2002/9/10						
7	北區	陳裕龍	2009/5/15						
8	北區	王勝良	2007/6/6						
9	南區	謝其樺	2007/4/10						
10	中區	江海忠	2006/9/3						
11	中區	丁小文	2005/8/2						
12	北區	張夢茹	2008/7/30						
13	北區	吳培祥	2009/7/6						

直接輸入民國年

由於 Excel 預設使用西元年, 若想要直接輸入民國年, 例如 "87/9/10", 而不被 Excel 判斷成 1987/9/10, 那麼請在輸入日期的最前面加上 "R" (文字與數字間不能空格), 例如 "R95/5/20", 那麼儲存格會顯示 95/5/20, 但**資料編輯列**則顯示 2006/5/20。

請注意, 要直接輸入民國年, 請先確認儲存格格式為**通用格式** (在**常用**頁次的**數值**區中, 可得知儲存格的格式), 否則 Excel 可能會判斷錯誤。

更改日期顯示格式

輸入完成後, 您可以依照自己的需要更改日期的顯示格式, 例如要將「西元年」改成「民國年」顯示, 則請選取 C3：C13, 然後到**常用**頁次**數值**區按下**數值格式**右側箭頭選擇『**其他數值格式**』命令：

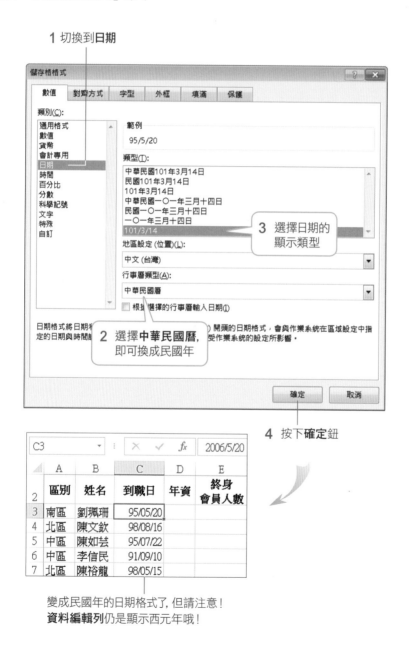

1 切換到**日期**

儲存格格式

數值　對齊方式　字型　外框　填滿　保護

類別(C):

通用格式
數值
貨幣
會計專用
日期
時間
百分比
分數
科學記號
文字
特殊
自訂

範例
95/5/20

類型(T):

中華民國101年3月14日
民國101年3月14日
101年3月14日
中華民國一〇一年三月十四日
民國一〇一年三月十四日
一〇一年三月十四日
101/3/14

3 選擇日期的
顯示類型

地區設定 (位置)(L):

中文 (台灣)

行事曆類型(A):

中華民國曆

根據選擇的行事曆輸入日期(I)

日期格式將日期和時間序列值顯示成日期值。以星號 (*) 開頭的日期格式, 會與作業系統在區域設定中指定的日期與時間設定一起變更。沒有星號的格式則不受作業系統的設定所影響。

2 選擇**中華民國曆**,
即可換成民國年

確定　取消

4 按下**確定**鈕

C3　　　　　　fx　　2006/5/20

	A	B	C	D	E
2	**區別**	**姓名**	**到職日**	**年資**	**終身會員人數**
3	南區	劉珮珊	95/05/20		
4	北區	陳文欽	98/08/16		
5	中區	陳如芸	95/07/22		
6	中區	李信民	91/09/10		
7	北區	陳裕龍	98/05/15		

變成民國年的日期格式了, 但請注意！
資料編輯列仍是顯示西元年哦！

計算年資

年資的計算就是將目前的日期減去到職日期, 然後將這段期間的天數再除以一年 365 天, 即可求出。以計算第一位業務員 "劉珮珊" 的年資為例, 請在 D3 儲存格中輸入公式:

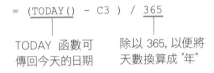

= (TODAY() - C3) / 365

TODAY 函數可　　　除以 365, 以便將
傳回今天的日期　　天數換算成 "年"

由於 TODAY 函數會傳回當天的日期, 所以您計算出來的結果會與我們不同

算出年資後, 再利用 ROUND 函數做四捨五入, 以增加報表的美觀與易讀性:

在原先的公式中加上 ROUND 函數

此參數代表要四捨五入到哪一位, 輸入 "1" 表示四捨五入到小數點第 1 位

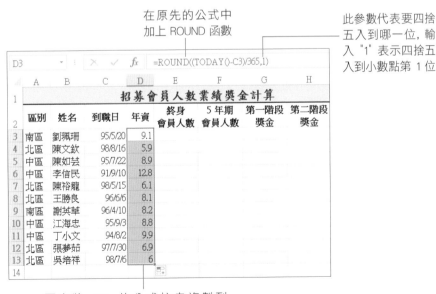

再來將 D3 的公式拉曳複製到 D13, 則每個人的年資就都計算出來了

ROUND 函數的用法

ROUND 函數可按照您指定的位數, 將數字四捨五入。其格式如下:

ROUND (Number, Num_digits)

想執行四捨　　指定四捨五
五入的數字　　入的位數

Num_digits > 0	數字會被四捨五入到指定的小數位數, 例如:ROUND (25.34,1) = 25.3
Num_digits = 0	數字會被四捨五入到整數, 例如:ROUND (55.76,0) = 56
Num_digits < 0	數字將被四捨五入到小數點左邊的指定位數, 例如:ROUND (22.5,-1) = 20、ROUND (26.32,-1) = 30

計算第一階段獎金

現在, 我們要開始計算業績獎金囉!首先是將每個業務員招募了幾位終身會員、幾位 5 年期會員的資料輸入到**計算獎金**工作表的 E、F 欄當中, 然後就可以來計算第一階段的獎金了。請開啟範例檔案 Ch08-05, 我們已事先輸入好所有業務員招募的資料:

	A	B	C	D	E	F	G	H	I
2	區別	姓名	到職日	年資	終身 會員人數	5 年期 會員人數	第一階段 獎金	第二階段 獎金	獎金合計
3	南區	劉珮珊	95/05/20	9.1	16	55			
4	北區	陳文欽	98/08/16	5.9	15	32			
5	中區	陳如芸	95/07/22	8.9	7	59			
6	中區	李信民	91/09/10	12.8	21	18			

第一階段獎金必須參照到**業績標準**工作表中的內容, 我們以計算第一位業務員 "劉珮珊" 為例來說明, 請在 G3 儲存格中輸入公式:

= E3 * 業績標準! D3 + F3 * 業績標準! D4

業績標準工作表　　　**業績標準**工作表的
的 D3 存放終身　　　　D4 存放 5 年期會
會員的獎金 "500"　　　員的獎金 "100"

G3	▾	⋮ ✕ ✓ f_x	=E3*業績標準!D3+F3*業績標準!D4		

	A	B	C	D	E	F	G	H	I
2	區別	姓名	到職日	年資	終身 會員人數	5 年期 會員人數	第一階段 獎金	第二階段 獎金	獎金合計
3	南區	劉珮珊	95/05/20	9.1	16	55	13500		
4	北區	陳文欽	98/08/16	5.9	15	32			

獎金計算出來囉！

接著, 請將公式中的 D3、D4 改成絕對參照位址 "$D$3"、"$D$4", 然後把公式複製到 G4：G13, 即可完成第一階段獎金的計算工作。

計算第二階段獎金

剛才已根據業務員的終身會員、5 年期會員人數算出第一階段的獎金, 接下來, 還要依據第一階段的獎金來加發第二階段的累進獎金。請接續上例, 或開啟範例檔案 Ch08-06：

	A	B	C	D	E	F	G	H	I
2	區別	姓名	到職日	年資	終身 會員人數	5 年期 會員人數	第一階段 獎金	第二階段 獎金	獎金合計
3	南區	劉珮珊	95/05/20	9.1	16	55	13500		
4	北區	陳文欽	98/08/16	5.9	15	32	10700		
5	中區	陳如芸	95/07/22	8.9	7	59	9400		
6	中區	李信民	91/09/10	12.8	21	18	12300		
7	北區	陳裕龍	98/05/15	6.1	23	36	15100		
8	北區	王勝良	96/06/06	8.1	4	17	3700		
9	南區	謝英華	96/04/10	8.2	18	21	11100		
10	中區	江海忠	95/09/03	8.8	24	65	18500		
11	中區	丁小文	94/08/02	9.9	15	45	12000		
12	北區	張夢茹	97/07/30	6.9	7	14	4900		
13	北區	吳培祥	98/07/06	6	17	27	11200		

在計算之前, 我們先來認識一下 LOOKUP 函數, 因為待會兒要用這個函數來幫我們查出每個業務員可得到多少第二階段的獎金。

LOOKUP 函數的用法

LOOKUP 函數會在單一欄 (或單一列) 的範圍中尋找指定的搜尋值, 然後傳回另一個單一欄 (或單一列) 範圍中同一個位置的值。LOOKUP 函數的格式如下:

```
LOOKUP (Lookup_value, Lookup_vector, Result_vector)
```

- **Lookup_value**:即為所要尋找的值。Lookup_value 可以是文字、數字、邏輯值等。
- **Lookup_vector**:是單一列或單一欄的儲存格範圍。Lookup_ vector 中的值須以遞增排列, 否則結果會不正確。
- **Result_vector**:是單一列或單一欄的範圍。它的大小要與 Lookup_vector 相同。

以下圖而言, 在儲存格 C2 中輸入公式 "=LOOKUP (B2, A8:A11, B8:B11)" 的計算結果為 "甲":

在 A8:A11 範圍中尋找 B2 的值

找到時傳回對應於 B8:B11 範圍中的儲存格內容

410 超過 400 而未滿 500, LOOKUP 函數會找到 400, 並傳回與 400 同一列的 B10 儲存格內容 "甲"

此範圍必須要遞增排序

明白 LOOKUP 函數的用法後, 我們開始在範例檔案 Ch08-06 **計算獎金**工作表中輸入第二階段獎金的計算公式, 請在 H3 輸入如下的公式:

```
= LOOKUP(G3, 業績標準! $C$7：$C$11, 業績標準! $D$7：$D$11)
```

依第一階段　　　查詢範圍在**業績標**　　傳回查詢結果的範圍在**業**
獎金做查詢　　　**準**工作表的 C7：C11　**績標準**工作表的 D7：D11

H3			f_x	=LOOKUP(G3,業績標準!$C$7:$C$11,業績標準!$D$7:$D$11)					
	A	B	C	D	E	F	G	H	I	J
2	區別	姓名	到職日	年資	終身 會員人數	5 年期 會員人數	第一階段 獎金	第二階段 獎金	獎金合計
3	南區	劉珮珊	95/05/20	9.1	16	55	13500	8000	
4	北區	陳文欽	98/08/16	5.9	15	32	10700		

查出該業務員可得到的第二階段獎金

　　當 LOOKUP 函數無法在查詢範圍中找到完全符合的值時, 會找出最接近但不超過的值。例如：業務員 "劉珮珊" 第一階段的獎金為 13,500, 介於 12,000 ~ 20,000 之間, 因此會採用 12,000 而找出對應 12,000 的第二階段獎金為 8,000。

	B	C	D
1			
2		第一階段標準	
3		終身會員	500
4		5 年期會員	100
5		第二階段標準	
6		業績標準	獎金
7		5000	3500
8		8000	5000
9		12000	8000
10		20000	13000
11		50000	25000

接著, 請將 H3 的公式複製到 H4：H13 當中：

	A	B	C	D	E	F	G	H
2	區別	姓名	到職日	年資	終身 會員人數	5 年期 會員人數	第一階段 獎金	第二階段 獎金
3	南區	劉珮珊	95/05/20	9.1	16	55	13500	8000
4	北區	陳文欽	98/08/16	5.9	15	32	10700	5000
5	中區	陳如芸	95/07/22	8.9	7	59	9400	5000
6	中區	李信民	91/09/10	12.8	21	18	12300	8000
7	北區	陳裕龍	98/05/15	6.1	23	36	15100	8000
8	北區	王勝良	96/06/06	8.1	4	17	3700	#N/A
9	南區	謝英華	96/04/10	8.2	18	21	11100	5000
10	中區	江海忠	95/09/03	8.8	24	65	18500	8000
11	中區	丁小文	94/08/02	9.9	15	45	12000	8000
12	北區	張夢茹	97/07/30	6.9	7	14	4900	#N/A
13	北區	吳培祥	98/07/06	6	17	27	11200	5000

出現 "#N/A" 的錯誤訊息, 到底出了什麼問題?

　　會發生 "#N/A" 錯誤, 是因為當搜尋值小於搜尋範圍中的最小值時, LOOKUP 函數就會傳回錯誤值。例如 "王勝良" 第一階段的獎金為 3,700 元, 少於第二階段最低業績標準 5,000 (即**業績標準**工作表的 C7 儲存格), 因此傳回 "#N/A" 錯誤訊息。

要避免 "#N/A" 的錯誤訊息, 我們可在第二階段獎金的計算公式中加入 IF 函數來判斷: 若低於最低業績標準, 獎金就直接填 0, 不用查表了。現在, 請您將 H3 的公式修如下, 然後再將 H3 的公式拉曳複製到 H13, 就不會會出現 "#N/A" 的錯誤訊息了:

= IF(G3<業績標準!C7, 0, LOOKUP(G3, 業績標準! $C$7:$C$11, 業績標準! $D$7:$D$11))

判斷是否低於最低標準　　如果低於最低標準, 則第二階段的獎金填入數值 0　　如果高於最低標準, 則使用 LOOKUP 函數查出應得的獎金

合計獎金

既然兩個階段的獎金都算出來了, 接著就可以來計算 I 欄的 "獎金合計" 囉! 要將第一、二階段的獎金相加, 相信這對你來說應該很容易吧! 您可以在 I3 儲存格中輸入公式 "=G3+H3", 然後複製公式至 I13, 整個業績獎金的計算作業就完成了:

	A	B	C	D	E	F	G	H	I
2	區別	姓名	到職日	年資	終身會員人數	5 年期會員人數	第一階段獎金	第二階段獎金	獎金合計
3	南區	劉珮珊	95/05/20	9.1	16	55	13500	8000	21500
4	北區	陳文欽	98/08/16	5.9	15	32	10700	5000	15700
5	中區	陳如芸	95/07/22	8.9	7	59	9400	5000	14400
6	中區	李信民	91/09/10	12.8	21	18	12300	8000	20300
7	北區	陳裕龍	98/05/15	6.1	23	36	15100	8000	23100
8	北區	王勝良	96/06/06	8.1	4	17	3700	0	3700
9	南區	謝英華	96/04/10	8.2	18	21	11100	5000	16100
10	中區	江海忠	95/09/03	8.8	24	65	18500	8000	26500
11	中區	丁小文	94/08/02	9.9	15	45	12000	8000	20000
12	北區	張夢茹	97/07/30	6.9	7	14	4900	0	4900
13	北區	吳培祥	98/07/06	6	17	27	11200	5000	16200

在這份工作表中, 您也可以依各公司敘薪方式做調整, 例如, 增加 "本薪"、"加給" 欄位, 則此工作表不但可以計算業績獎金, 還可以直接將當月應付薪資都計算出來哦!

找出超級業務員

業績獎金計算出來就滿足了嗎？其實我們還可以藉由這些計算結果做更進一步的分析、獲得更多寶貴的資訊喔！譬如，我們可以找出資歷很淺，但是業績表現卻很出色的業務員，日後可多加栽培訓練。

請開啟範例檔案 Ch08-07 的**計算獎金**工作表，然後到**常用**頁次**編輯**區按下**排序與篩選**鈕執行『**篩選**』命令，現在我們要來找出「年資小於 6 年，但領到 20,000 元以上獎金」的優秀業務員：

01 拉下**年資**欄的**自動篩選**鈕，執行『**數字篩選/小於**』命令：

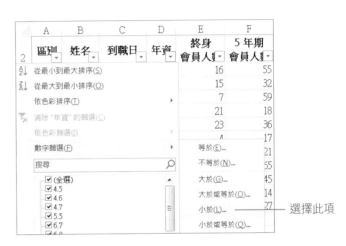

選擇此項

02 在開啟的**自訂自動篩選**交談窗中做如右的設定：

1 將年資條件設定為「小於 6」

2 按下**確定**鈕

從清單中篩選出「年資小於 6 年」的記錄

◀ **年資**欄的計算結果會隨著 TODAY 函數做調整，所以您篩選出來的結果可能會與我們不同哦！

03 接著使用相同的方法, 拉下**獎金合計**欄的**自動篩選鈕**, 執行『**數字篩選/大於**』命令, 然後在**自訂自動篩選**交談窗中將條件設定為「大於 20000」, 我們所要的結果便篩選出來了:

▲ 沒有任何記錄符合「年資小於 6 年, 且合
計獎金大於 20000」 的篩選條件

另外, 您也可以利用篩選功能, 將業務員資料依 "區別" 顯示出來, 或者是篩選出「終身會員人數大於某數量」的業務員…等等, 就看你的需求來靈活應用囉!

若要移除工作表中的**自動篩選**鈕, 只要到**常用**頁次**編輯**區中按下**排序與篩選**鈕, 再次執行『**篩選**』命令即可。

分區按業績獎金做排序

假設, 現在我們又想將同一地區的業務員資料排在一塊, 並且按照獎金高低由大排到小, 那麼該怎麼做呢?

請您選取清單中的任一個儲存格, 然後在**常用**頁次**編輯**區按下**排序與篩選**鈕執行『**自訂排序**』命令, 開啟**排序**交談窗:

1 先按**區別**做遞增排序　　　**2** 按**新增層級**鈕, 建立第二個排序欄位

3 當**區別**相同時, 按**獎金合計**做遞減排序　　　**4** 按下**確定**鈕

區別	姓名	到職日	年資	終身會員人數	5年期會員人數	第一階段獎金	第二階段獎金	獎金合計
中區	江海忠	95/09/03	8.8	24	65	18500	8000	26500
中區	李信民	91/09/10	12.8	21	18	12300	8000	20300
中區	丁小文	94/08/02	9.9	15	45	12000	8000	20000
中區	陳如芸	95/07/22	8.9	7	59	9400	5000	14400
北區	陳裕龍	98/05/15	6.1	23	36	15100	8000	23100
北區	吳培祥	98/07/06	6	17	27	11200	5000	16200
北區	陳文欽	98/08/16	5.9	15	32	10700	5000	15700
北區	張夢茹	97/07/30	6.9	7	14	4900	0	4900
北區	王勝良	96/06/06	8.1	4	17	3700	0	3700
南區	劉珮珊	95/05/20	9.1	16	55	13500	8000	21500
南區	謝英華	96/04/10	8.2	18	21	11100	5000	16100

同一區的資料聚集在一起　　　　　　　　各區業務員依**獎金合計**由高到低排列下來

標示出獎金高於平均值的業務員

假設我們想將「獎金合計高於平均值的業務員」標示出來, 怎麼做呢？這個問題可以利用**設定格式化的條件**功能來處理。接續上例或開啟範例檔案 Ch08-08：

01 請選取 B3：B13 儲存格, 然後到**常用**頁次的**樣式**區按下**設定格式化的條件**鈕選擇『**新增規則**』命令：

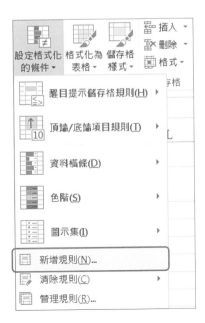

02 在**新增格式化規則**交談窗中建立本例的規則「獎金合計高於平均值」, 及要套用的格式:

新增格式化規則

選取規則類型(S):

► 根據其值格式化所有儲存格
► 只格式化包含下列的儲存格
► 只格式化排在最前面或最後面的值
► 只格式化高於或低於平均的值
► 只格式化唯一或重複的值
► 使用公式來決定要格式化哪些儲存格

1 選擇此項

編輯規則說明(E):

格式化在此公式為 True 的值(O):

=$I3>AVERAGE($I$3:$I$13)

用 AVERAGE 函數計算出所有**獎金合計**的平均值

2 輸入公式

每位業務員**獎金合計**所在的儲存格

預覽: 未設定格式

3 按下**格式**鈕

儲存格格式

數值 字型 外框 填滿

字型(F):

新細明體 (標題)
新細明體 (本文)
Adobe 明體 Std L
Adobe 繁黑體 Std B
Arial Unicode MS
Microsoft JhengHei UI

字型樣式(O):

粗體

標準
斜體
粗體
粗斜體

大小(S):

6
8
9
10
11
12

4 將格式設定為粗體、橘色文字

底線(U):

色彩(C):

特殊效果

■ 刪除線(K)
□ 上標(E)
□ 下標(B)

預覽

微軟卓越 AaBbCc

確定 取消

03 分別按下兩個交談窗的**確定**鈕, 您就可以從工作表中清楚看出哪幾位業務員的合計獎金高於平均值:

	A	B	C	D	E	F	G	H	I
1	招募會員人數業績獎金計算								
2	區別	姓名	到職日	年資	終身會員人數	5年期會員人數	第一階段獎金	第二階段獎金	獎金合計
3	中區	江海忠	95/09/03	8.8	24	65	18500	8000	26500
4	中區	李信民	91/09/10	12.8	21	18	12300	8000	20300
5	中區	丁小文	94/08/02	9.9	15	45	12000	8000	20000
6	中區	陳如茜	95/07/22	8.9	7	59	9400	5000	14400
7	北區	陳裕龍	98/05/15	6.1	23	36	15100	8000	23100
8	北區	吳培祥	98/07/06	6	17	27	11200	5000	16200
9	北區	陳文欽	98/08/16	5.9	15	32	10700	5000	15700
10	北區	張夢茹	97/07/30	6.9	7	14	4900	0	4900
11	北區	王勝良	96/06/06	8.1	4	17	3700	0	3700
12	南區	劉珮珊	95/05/20	9.1	16	55	13500	8000	21500
13	南區	謝英華	96/04/10	8.2	18	21	11100	5000	16100

加入說明註解

若擔心日後忘記剛剛加上粗體、橘色文字的用意, 可以利用**註解**功能來為儲存格加上說明。請繼續如下練習:

01 請選取 B2 儲存格, 然後按右鈕選擇『**插入註解**』命令, 儲存格附近即會出現註解圖文框讓您輸入文字:

此處會自動顯示建立活頁簿的使用者名稱

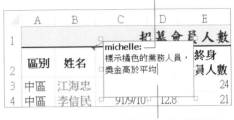

在註解圖文框內輸入說明文字

> 輸入註解內容時, 無需按 Enter 鍵換行, Excel 會自動換行。如果覺得註解圖文框的範圍太狹窄, 也可以直接拉曳控點來調整大小; 拉曳邊框則可移動註解的位置。

02 輸入完畢, 請用滑鼠點選圖文框以外的地方即可, 且註解會自動被隱藏起來。

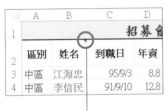

加入註解的儲存其右上方會顯示一個紅色三角, 即註解指標

將指標移至 B2 儲存格上 (不用按下)

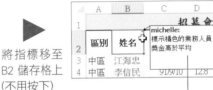

會自動顯示註解內容讓您檢閱

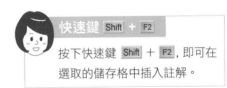

快速鍵 Shift + F2

按下快速鍵 Shift + F2 , 即可在選取的儲存格中插入註解。

若要修改註解內容, 可在已加入註解的儲存格上按右鈕執行『**編輯註解**』命令, 重新進入註解的編輯狀態進行修改, 修改完畢後, 同樣再點一下圖文框以外的地方即可結束編輯狀態。假如是要刪除註解, 同樣先選取欲刪除註解的儲存格, 再按右鈕選擇『**刪除註解**』命令, 就可以將之刪除了。範例完成結果可參考範例檔案 Ch08-09。

實際生活中計算獎金的方式千變萬化, 不過只要掌握這些技巧, 相信日後您遇到獎金計算的問題時, 應該都能迎刃而解了!除了本章所舉的兩個範例之外, 在保險業、房屋仲介業…等, 也常會遇到類似的問題, 您可以依實際的狀況, 將獎金計算規則與業務員資料建立到工作表中, 然後設計好計算公式、適當的搭配使用函數, 而後續的計算問題就通通交給 Excel 來完成吧!

9 年度預算報表

你會學到的 Excel 功能

- 建立人員、專案名稱、科目名稱的清單－**使用「資料驗證」**
- 為儲存格建立**名稱**強化公式的易讀性
- 填入「專案名稱」和「科目代號」後，會自動找出對應的「案序」和「科目代號」－運用 **VLOOKUP** 函數建立查表公式
- 結算每月的預算小計－**運用 SUBTOTAL 函數**
- 合計各項目的預算總額－**運用 SUMIF 函數**

每到了年底, 各部門主管就要開始編列來年的年度預算。編列預算可讓老闆了解部門的營運計畫, 有效控管營運經費的支出, 日後還可對預算執行的成效進行分析, 適時調整營運方針, 以幫助企業整體達到更佳的營運績效。

鄭運升是**艾力頓公司**的產品部經理, 最近正開始著手編列該部門明年度的總預算。編列預算雖然有些煩雜但並不困難, 鄭經理的做法是先編列一張預算底稿, 詳列每一筆預算的用途、使用人員、歸屬的會計科目、金額…等, 然後再依類別 (如人員別、專案別、科目別) 製作成彙總表。這一章我們便要介紹鄭經理的編列手法, 讓各位也能輕鬆完成年度預算報表。

					預算總額	1月	2月	3月	4月	5月	6月	7月	8月	9月	10月	11月	12月
					$2,580,590	$791,879	$158,201	$158,201	$162,701	$166,701	$162,701	$162,701	$166,701	$162,701	$162,701	$162,701	$162,701
人員	專案名稱	案序	科目名稱	科目代號	預算合計金額	201601	201601	201601	201601	201601	201601	201601	201601	201601	201601	201601	201601
鄭運升	HiNet ADSL租費	P-01	郵電雜費	6206000	$24,000	$2,000	$2,000	$2,000	$2,000	$2,000	$2,000	$2,000	$2,000	$2,000	$2,000	$2,000	$2,000
鄭運升	名片製作	P-02	文具用品	6203000	$900	$900											
鄭運升	印表機墨水匣	P-03	文具用品	6203000	$12,800	$12,800											
鄭運升	傳真紙	P-04	文具用品	6203000	$180	$180											
鄭運升	購買光碟片	P-05	文具用品	6203000	$2,160	$2,160											
鄭運升	廠商贈品-交寄	P-06	運費	6205000	$2,500	$2,500											
鄭運升	廠商贈品-廣告	P-06	廣告費	6208000	$36,000	$3,000	$3,000	$3,000	$3,000	$3,000	$3,000	$3,000	$3,000	$3,000	$3,000	$3,000	$3,000
鄭運升	例行郵電費	P-07	郵電費	6206000	$10,800	$900	$900	$900	$900	$900	$900	$900	$900	$900	$900	$900	$900
鄭運升	快遞費	P-08	運費	6205000	$3,600	$300	$300	$300	$300	$300	$300	$300	$300	$300	$300	$300	$300
鄭運升	網域申請費與年費	P-09	郵電費	6206000	$800	$800											

▲ 預算底稿

	A	B	C
2	部門名稱:產品部		$2,580,590
3	會計科目	科目代號	科目別預算總額
4	薪資支出	6201000	$1,976,500
5	租金支出	6202000	$60,000
6	文具用品	6203000	$16,040
7	旅費	6204000	$0
8	運費		
		6223000	$60,000
24	加班費 (免稅)	6224000	$0
25	書報雜誌	6226000	$24,838
26	退休金	6227000	$22,500
27	交通費	6228000	$8,200
28	其他費用	6249000	$6,000
29			
30			

▲ 科目別預算總表

	E	F	G
2	部門名稱:產品部		$2,580,590
3	案序	專案名稱	專案別預算總額
4	P-01	HiNet ADSL 租金	$24,000
5	P-02	名片製作	$900
6	P-03	印表機墨水匣	$12,800
7	P-04	傳真紙	$180
8	P-05	購買光碟片	$2,160
	P-20		$81,984
	P-21	端午禮品	
22	P-22	中秋禮品	$2,000
23	P-23	旅遊補助	$20,000
24	P-24	端午禮金	$2,000
25	P-25	中秋禮金	$2,000
26	P-26	退休金	$22,500
27	P-27	年終獎金	$376,000

▲ 專案別預算總表

	I	J	K
2	部門名稱:產品部		$2,580,590
3	編號	員工姓名	個員別預算總額
4	001	鄭運升	$1,189,054
5	002	黃熒捷	$477,144
6	003	葉恩慈	$437,248
7	004	李明晃	$477,144

▲ 個員別預算總表

9-1 建立預算底稿

首先, 我們來製作預算底稿。預算底稿是預備用來登錄每一筆預算的工作底稿, 必須詳列該筆預算的使用人員、用途 (用在哪個專案)、費用歸屬於哪個會計科目等。另外, 預算的編列有 3 種方式：一種是按月編列, 如租金；一種是要編列在特定月份, 例如端午、中秋禮金；還有一種是在年初統一編列, 例如購買專案參考書籍等。

根據上述的需求, 我們為**預算底稿**設計了如下的欄位, 各位可開啟範例檔案 Ch09-01 然後切換到**預算底稿**工作表中來查閱：

	A	B	C	D	E
1					
2					
3					
4	人員	專案名稱	案序	科目名稱	科目代號
5					
6					

	F	G	H	I	J	K	L	M	N	O	P	Q	R
1	預算總額	1月	2月	3月	4月	5月	6月	7月	8月	9月	10月	11月	12月
2													
3													
4	預算合計金額	201601	201602	201603	201604	201605	201606	201607	201608	201609	201610	201611	201612
5													

快速鍵 Ctrl + Page Down + Ctrl + Page up

想要快速切換到下一個工作表, 可直接按 Ctrl + Page Down 鍵, 要切換回前一個工作表, 可按 Ctrl + Page up 鍵。

左半部的 5 個欄位：**人員、專案名稱、案序、科目名稱、科目代號**, 是預算的說明, 其中**案序**就是專案代號的意思, 稍後在**專案別預算彙總表**中, 我們便可利用**案序**來彙總每個專案所編列的預算。右半部列出 12 個月份, 可滿足前述 3 種預算編列方式的需求；**預算合計金額**欄位則是用來記錄 12 個月份預算金額的加總結果。另外, 我們在**預算合計金額**欄位及每個月份的上方都設計了一個合計欄位 (F2：R2), 目的是為了合計整個年度以及每個月份的預算總額。

了解各欄位的意義之後, 接著我們就來設計**預算底稿**中的公式, 這些公式有的是為了簡化資料的輸入, 有的則是純粹計算公式, 底下我們將一一為您說明。

建立人員、專案名稱、科目名稱的清單

人員、**專案名稱**、和**科目名稱**這幾個欄位都是要由使用者輸入的文字資料, 為避免人為疏失, 在此我們要告訴您如何運用**資料驗證**的**清單**功能來簡化輸入的操作:

人員清單

專案名稱清單

科目名稱清單

▲ 直接拉下清單即可選擇要輸入的項目, 不僅可以節省打字的時間, 也可以避免出錯

為儲存格命名

為了建立**人員**、**專案名稱**、**科目名稱**等欄位的清單, 我們已事先建立**部門人員**、**專案說明**、**科目說明**工作表, 其中即包含各清單所要的項目:

	A	B
1	員工編號	員工姓名
2	001	鄭運升
3	002	黃榮捷
4	003	葉恩慈
5	004	李明見

人員清單所包含的項目

	A	B	C
1	編號	專案名稱	案序
2	1	HiNet ADSL租費	P-01
3	2	名片製作	P-02
4	3	印表機墨水匣	P-03
5	4	傳真紙	P-04
6	5	購買光碟片	P-05
7	6	廠商贈品-交寄	P-06
...	...	廠商贈品-廣告	P-06
19	18	軟體採購	P-16
20	19	薪資支出	
21	20	停車位	P-18
22	21	勞保費	P-19
23	22	健保費	P-20
24	23	端午禮品	P-21
25	24	中秋禮品	P-22
26	25	旅遊補助	P-23
27	26	端午禮金	P-24
28	27	中秋禮金	P-25
29	28	退休金	P-26
30	29	年終獎金	P-27

專案名稱清單所包含的項目

	A	B
1	會計科目 - 費用項目	科目代號
2	薪資支出	6201000
3	租金支出	6202000
4	文具用品	6203000
5	旅費	6204000
6	運費	6205000
7	郵電費	6206000
...	修繕費	6207000
14	稅捐	6213000
15	折舊-運輸設備	6215000
16	雜項購置	6217000
17	伙食費	6218000
18	職工福利	6219000
19	研究費	6220000
20	職業訓練費	6222000
21	勞務費	6223000
22	加班費	6224000
23	書報雜誌	6226000
24	退休金	6227000
25	交通費	6228000
26	其他費用	6249000

科目名稱清單所包含的項目

當利用**資料驗證**功能指定清單的內容時, 我們只要將來源參照到對應的儲存格範圍即可, 例如**人員**清單就參照 "=部門人員!B2：B5" 的範圍, **專案名稱**清單就參照 "=專案說明!B2：B30"。這裡要教各位使用**名稱**, 讓公式看起來更易懂。

何謂「名稱」與名稱的命名規則

在公式中使用儲存格位址, 如 B2：B5, 雖然可以直接指出儲存格的所在, 但卻不易閱讀。假如我們為儲存格取一個好記且具意義的名稱, 然後用名稱代替儲存格位址, 將使公式更易懂。例如：

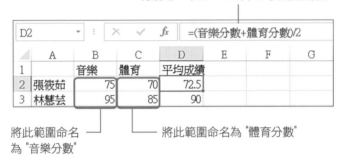

使用名稱建立平均成績的計算公式, 明顯比 "=(B2 + C2) / 2" 要清楚易懂

將此範圍命名為 "音樂分數"

將此範圍命名為 "體育分數"

為儲存格定義名稱時, 必須遵守下列的命名規則：

- 名稱的第一個字元必須是中文、英文、或底線 (_) 字元, 其餘字元則可以是英文、中文、數字、底線、句點 (.) 和問號 (?)。
- 名稱最多可達 255 個字元, 但是請記住一個中文字就佔 2 個字元。
- 名稱不能類似儲存格的位址, 如 B5、$A$3。
- 名稱不區分大小寫字母, 所以 MONEY 和 money 視為同一個名稱。

為儲存格命名的程序很簡單, 請先切換到範例檔案 Ch09-01 的**部門人員**工作表, 我們來替 B2：B5 範圍定義一個名稱：

2 按一下**名稱方塊**, 輸入 "員工姓名" 做為此範圍的名稱, 然後按下 Enter 鍵即可

員工姓名		
	A	B	C
1	員工編號	員工姓名	
2	001	鄭運升	
3	002	黃棨捷	
4	003	葉恩慈	
5	004	李明見	

1 選取 B2：B5 範圍

請依照上述的方式, 繼續定義下面 2 個名稱：

儲存格範圍	名稱
專案說明工作表 B2：B30	專案名稱
科目說明工作表 A2：A26	會計科目

管理活頁簿的所有「名稱」

要了解活頁簿當中定義了多少名稱, 你可以到**公式**頁次的**已定義之名稱**區按下**名稱管理員**鈕, 開啟**名稱管理員**交談窗來檢視：

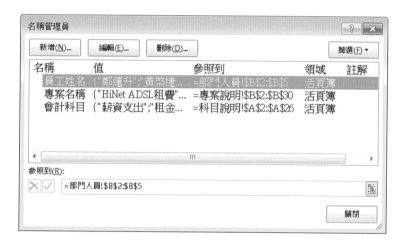

在上方窗格選取名稱, 下方的**參照到**欄即會列出該名稱的參照範圍, 你可在此直接修改參照範圍, 若要連名稱也一併修改, 可按**編輯**鈕進行設定。若要將某個定義的名稱刪除, 請選取該名稱, 然後按**刪除**鈕。

快速鍵 Ctrl + F3

要快速開啟**名稱管理員**來新增、修改名稱, 可按下 Ctrl + F3 快速鍵。

設定資料驗證清單

定義好名稱之後, 接著就可以來設定欄位清單了, 我們先以建立**人員**清單來說明：

01 請切換到**預算底稿**工作表, 選取 A5 儲存格, 然後到**資料**頁次的**資料工具**區, 按下**資料驗證**鈕開啟**資料驗證/設定**交談窗：

1 下拉列示窗
選取**清單**

勾選此項清單中
不會顯示空白

2 勾選此項儲
存格中才會
出現清單

資料驗證

設定　提示訊息　錯誤提醒　輸入法模式

資料驗證準則

儲存格內允許(A):
清單

☑ 忽略空白(B)
☑ 儲存格內的下拉式清單(I)

資料(D):
介於

來源(S):

☐ 將所做的改變套用至所有具有相同設定的儲存格(P)

---

02 按下上圖中**來源**欄的**折疊**鈕 🔳 準備設定**人員**清單所要參照的範圍：

1 切換到**公式**頁次, 在已
定義之名稱區按下**用於**
公式鈕

2 選取此例要用的名稱**員工姓名**即
可貼上名稱 (亦可直接在**來源**欄中
輸入名稱, 但注意不要打錯字了)

常用　插入　版面配置　公式　資料　校閱　檢視

fx 插入函數　Σ 自動加總　最近用過的函數　財務　邏輯　文字　日期及時間　查閱與參照　數學與三角函數　其他函數　名稱管理員　定義名稱　用於公式　員工姓名　專案名稱　會計科目　貼上名稱(P)...　追蹤前導參照　追蹤從屬參照　移除箭號　顯示公式　錯誤檢查　評估值公式

函數程式庫　　公式稽核

A5

	A	B	C	D	E	F	G	H	I	J	K
1						預算總額	1月	2月	3月	4月	5月
2											
3											
4	人員	專案名稱	案序	科目名稱	科目代號	預算合計金額	201401	201402	201403	201404	201405
5											
6						資料驗證					
7						=員工姓名					
8											

3 再按一下
折疊鈕回
到**資料驗**
證交談窗

資料驗證

設定　提示訊息　錯誤提醒　輸入法模式

資料驗證準則

儲存格內允許(A):
清單

☑ 忽略空白(B)
☑ 儲存格內的下拉式清單(I)

資料(D):
介於

"=員工姓名" 即等於
參照**部門人員**工作
表的 B2:B5 範圍

來源(S):
=員工姓名

4 按下**確定**鈕, 人員
清單便設定好了

☐ 將所做的改變套用至所有具有相同設定的儲存格(P)

全部清除(C)　　確定　　取消

同一份活頁簿檔案中, 即使是不同的工作表也不能定義相同的名稱。因此, 當我們在公式中使用名稱時, 可省略名稱所在的工作表, 因為 Excel 是根據整份活頁簿所有定義名稱來尋找參照來源。

03 請你比照相同的方式建立**專案名稱**清單和**科目名稱**清單, 其清單的來源請分別設定為 "=專案名稱" 和 "=會計科目"。

A	B	C	D	E
人員	**專案名稱**	**案序**	**科目名稱**	**科目代號**

▲ 選取 A5、B5、D5 儲存格, 便會出現清單讓你選取資料

建立案序與科目代號查表公式

每個專案名稱都有自己的**案序**, 每個會計科目也有自己的**科目代號**, 這兩項資料皆已分別記錄在**專案說明**和**科目說明**工作表中。為了避免出錯, 我們要在這兩個欄位中建立查表公式：只要填入專案名稱和科目代號後, 這個公式就會自動去找出對應的案序和科目代號來填入。

01 接續前例或開啟範例檔案 Ch09-02, 切換到**預算底稿**工作表, 底下我們先來建立**案序**欄的查詢公式。請選取 C5 儲存格, 然後運用 VLOOKUP 函數建立如下的公式：

= VLOOKUP (B5, 專案說明! $B$2 : $C$30, 2, FALSE)

B5 為專案名稱, 整個公式即表示到**專案說明**工作表 B2:C30 的第 1 欄 (**專案名稱**欄) 找出和 B5 相同的專案名稱, 找到後傳回該列第 2 欄 (**案序**欄)

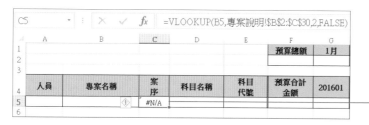

由於尚未輸入專案名稱, 所以公式傳回 #N/A 的錯誤訊息, 但只要我們輸入專案名稱, 這個錯誤訊息就會消失了

02 建立**案序**欄位的查表公式後, 接著請到儲存格 E5 (**科目代號**欄位) 建立如下的查表公式:

```
= VLOOKUP ( D5,科目說明!$A$2:$B$26,2,FALSE )
```

表示到**科目說明**工作表 A2:B26 的第 1 欄 (**會計科目**欄) 找出和
D5 相同的科目名稱, 找到後傳回該列第 2 欄 (**科目代號**欄)

E5		×	✓	fx	=VLOOKUP(D5,科目說明!$A$2:$B$26,FALSE)	
	A	B	C	D	E	F	G

	A	B	C	D	E	F	G
1						預算總額	1月
2							
3							
4	人員	專案名稱	案序	科目名稱	科目代號	預算合計金額	201601
5			#N/A		#N/A		
6							

建立預算合計金額公式

預算合計金額欄位要記錄每一筆預算在 12 個月份所編列金額的加總結果, 這可利用 SUM 函數來運算。請選取儲存格 F5, 然後輸入如下的公式, 即可將 12 個月份的金額都加總起來:

加總 12 個月的預算

F5		×	✓	fx	=SUM(G5:R5)

	F	G	H	I	J	K	L	M	N	O	P	Q	R
1	預算總額	1月	2月	3月	4月	5月	6月	7月	8月	9月	10月	11月	12月
2													
3													
4	預算合計金額	201601	201602	201603	201604	201605	201606	201607	201608	201609	201610	201611	201612
5	$0												

建立整年度及各月預算總額公式

接著我們來建立在 F2:R2 範圍的合計公式, 結算整年度以及各個月份的預算總額。為了讓公式稍微具有彈性, 而不是只有加總功能而已, 這裡我們要運用 SUBTOTAL 函數。

SUBTOTAL 函數的用法

SUBTOTAL 函數可用來傳回某儲存格範圍的小計, 其格式如下:

```
SUBTOTAL (Function_num, Ref1, Ref2, …)
```

● **Function_num**:指定運算的函數, 請參閱下表來指定, 例如指定 9 表示使用 SUM 函數來運算, 指定 1 表示用 AVERAGE 函數算出平均值。

● **Ref1, Ref2**:指定要計算小計的範圍, 最多可指定 254 個範圍。

函數	說明	Function_num 包括隱藏列的值/忽略隱藏列的值
AVERAGE	平均值	1/101
COUNT	計算數值儲存格個數	2/102
COUNTA	計算非空白儲存格個數	3/103
MAX	最大值	4/104
MIN	最小值	5/105
PRODUCT	乘積	6/106
STDEV	樣本標準差	7/107
STDEVP	母體標準差	8/108
SUM	總和	9/109
VAR	樣本變異數	10/110
VARP	母體變異數	11/111

在列編號上面按右鈕執行『**隱藏**』命令即可將該列內容隱藏起來。當 **Function_num** 設為 101~111, 則公式就會略過隱藏列的數值不做計算。

了解 SUBTOTAL 函數的用途之後, 現在我們來看要怎麼用。請選取 F2 儲存格, 然後輸入如下公式算出整個年度的預算總額 (因為它是加總**預算合計金額**欄位的值):

```
= SUBTOTAL(9, F5:F200)
```

指定 "9" 表示　因為無法確定會有多少筆預算記錄, 所以我們將範圍
使用 SUM 函數　設大一些, 免得三不五時就要修改公式

	F	G	H	I	J	K	L	M	N	O	P	Q	R

F2 `=SUBTOTAL(9,F5:F200)`

	F	G	H	I	J	K	L	M	N	O	P	Q	R
1	預算總額	1月	2月	3月	4月	5月	6月	7月	8月	9月	10月	11月	12月
2	$0												
3													
4	預算合計金額	201601	201602	201603	201604	201605	201606	201607	201608	201609	201610	201611	201612
5	$0												

　　建好 F2 儲存格的公式之後, 拉曳 F2 儲存格的填滿控點到 R2, 將公式複製到 G2：R2 範圍中, 即可建立 12 個月份的預算合計公式。

複製欄位清單與公式

　　預算底稿工作表中所需的欄位清單及公式皆已完成, 不過在開始輸入資料之前, 我們要先將之前建立的清單和公式複製到下面的儲存格。由於無法確定實際上會輸入多少筆預算記錄, 所以我們先預估個 200 列應該綽綽有餘了, 假如最後真的不夠, 到時再複製就可以了。請接續上例繼續如下操作：

1 請選取 A5：R5 儲存格範圍

2 拉曳選取範圍右下角的填滿控點到 200 列

　　現在我們已經建好一份空的**預算底稿**了, 接下來各位就可利用這份**預算底稿**來編列你的年度預算了。

9-2 製作預算彙總表

編列預算並不只是將一筆一筆的預算輸入就了事了, 編列完畢之後還有許多的彙總工作在等著我們! 這一節我們要告訴您, 如何將預算底稿中的記錄依照預算的類別, 如專案、科目、人員等, 製作成各類的預算彙總表。

請開啟範例檔案 Ch09-03, 我們已事先在**預算底稿**工作表中編列好整年度的各筆預算, 如下表:

	A	B	C	D	E	F	G	H		P	Q	R
1						預算總額	1月	2月		10月	11月	12月
2						$2,580,590	$791,879	$158,201		$162,701	$162,701	$162,701
3												
4	人員	專案名稱	案序	科目名稱	科目代號	預算合計金額	201601	201602		201610	201611	201612
5	鄭運升	HiNet ADSL租費	P-01	郵電費	6206000	$24,000	$2,000	$2,000		$2,000	$2,000	$2,000
6	鄭運升	名片製作	P-02	文具用品	6203000	$900	$900					
7	鄭運升	印表機墨水匣	P-03	文具用品	6203000	$12,800	$12,800					
8	鄭運升	傳真紙	P-04	文具用品	6203000	$180	$180					
9	鄭運升	購買光碟片	P-05	文具用品	6203000	$2,160	$2,160					
10	鄭運升	廠商贈品-交寄	P-06	運費	6205000	$2,500	$2,500					
11	鄭運升	廠商贈品-廣告	P-06	廣告費	6206000	$36,000	$3,000	$3,000		$3,000	$3,000	$3,000
12	鄭運升	例行郵電費	P-07	郵電費	6206000	$10,800	$900	$900		$900	$900	$900
13	鄭運升	快遞費	P-08	運費	6205000	$3,600	$300	$300		$300	$300	$300
14	鄭運升	例行申請費與年費	P-09	郵電費	6206000	$800	$800					

現在請切換到**預算彙總表**工作表, 裡面包含 3 個預算彙總表:

A	B	C
2016年 產品部科目別預算總表		
部門名稱:產品部		
會計科目	科目代號	科目別預算總表
薪資支出	6201000	
租金支出	6202000	
文具用品	6203000	
旅費	6204000	
運費	6205000	
郵電費	6206000	
修繕費	6207000	
廣告費	6209000	
職業訓練費	6222000	
勞務費	6223000	
加班費 (免稅)	6224000	
書報雜誌	6226000	
退休金	6227000	
交通費	6228000	
其他費用	6249000	

E	F	G
2016年 產品部專案別預算總表		
部門名稱:產品部		
案序	專案名稱	專案別預算總額
P-01	HiNet ADSL 租金	
P-02	名片製作	
P-03	印表機墨水匣	
P-04	傳真紙	
P-05	購買光碟片	
P-06	廠商贈品	
P-07	例行郵電費	
P-08	快遞費	
P-19	勞保費	
P-20	健保費	
P-21	端午禮品	
P-22	中秋禮品	
P-23	旅遊補助	
P-24	端午禮金	
P-25	中秋禮金	
P-26	退休金	
P-27	年終獎金	

H	I	J	K
2016年 產品部個員別預算總表			
部門名稱:產品部			
編號	員工姓名	個員別預算總額	
001	鄭運升		
002	黃棨捷		
003	葉恩慈		
004	李明見		

科目別預算總表:
彙整每個會計科目所編列的預算總額

專案別預算總表:
彙整每個專案所編列的預算總額

個員別預算總表:
彙整每位人員所編列的預算總額

這一節我們只要設計兩個公式就可完成這 3 張預算彙總表：一個是「各項目的預算總額公式」，例如計算**交通費**這個會計科目的預算總額、或是**中秋禮品**這個專案的預算總額。還有一個是「各類別所有項目的預算總額公式」，也就是將該類別所有項目的預算加總起來，其值應該等於我們之前在**預算底稿**工作表中所算出的年度預算總額。

建立項目的預算總額公式

雖然這 3 張彙總表所要彙整的項目類別不同，不過它們的運算方式是一致的，譬如要合計**薪資支出**這個會計科目總共編列多少預算，就到**預算底稿**工作表中將所有屬於**薪資支出**科目的記錄通通找出來，然後再將這些記錄的預算金額加總起來就知道了；同樣的，若要合計**葉恩慈**總共編列多少預算，就到**預算底稿**工作表中找出人員為**葉恩慈**的所有記錄，然後再將這些記錄的預算金額加總即可。

既要找出符合某條件的記錄，又要做加總運算，有一個函數剛好可以符合這樣的要求，那就是 SUMIF 函數！

 SUMIF 函數的用法

SUMIF 函數可用來加總符合某搜尋條件的儲存格範圍，其格式如下：

```
SUMIF( Range , Criteria, Sum_range )
```

- **Range**：要依據準則進行判斷的儲存格範圍，也就是要在這個範圍中找出符合準則的儲存格。
- **Criteria**：判斷的準則，可以是數字、文字、或表示式，例如 100、"蘋果"、">100"。
- **Sum_range**：加總的儲存格範圍。

舉例來說，如右這個範例，F3 的公式可以算出 "流行" 類音樂專輯的銷售量總和為 1000＋2000＋3000＝ 6000。

F3		▼	× ✓ *fx*	=SUMIF(A2:A7,"流行",C2:C7)		
	A	B	C	D	E	F	G
1	類別	專輯名稱	銷售量		各類統計	
2	古典	OH!Together	1600		古典	
3	流行	I need always	1000		流行	6000
4	搖滾	Beautiful Life	2500		搖滾	
5	搖滾	Cool Summer	3800			
6	流行	If you	2000			
7	流行	Enjoy Power	3000			

了解項目預算總額的運算方法, 這裡我們就以**薪資支出**科目為例, 說明如何用 SUMIF 函數建立該項目的預算總額公式。請選取**科目別預算總表**中的儲存格 C4, 然後輸入如下的公式:

= SUMIF (預算底稿!$E$5:$E$200,B4 , 預算底稿!$F$5:$F$200)

在**預算底稿**工作表的 E 欄 (**科目代號**欄位) 中找出符合**預算彙總表**工作表儲存格 B4 (**薪資支出**的**科目代號**) 的記錄, 然後將那些記錄的 F 欄 (**預算合計金額**欄位) 值加總起來

| C4 | : ✕ ✓ fx | =SUMIF(預算底稿!$E$5:$E$200,B4,預算底稿!$F$5:$F$200) |

	A	B	C	D	E	
1	2016年　產品部科目別預算總表				2016年　產品部專案別預算總表	
2	部門名稱：產品部				部門名稱：產品部	
3	會計科目	科目代號	科目別預算總額		案序	專案名稱	專案別
4	薪資支出	6201000	$1,976,500		P-01	HiNet ADSL 租金

　　每個會計科目的公式都一樣, 只是尋找的科目代號不同而已 (這也是我們沒把公式中的搜尋準則 B4 設成絕對位址的原因), 再來各位只要拉曳儲存格 C4 的填滿控點到 C28, 就可算出各個會計科目的預算總額。

　　同樣的公式也可以應用到**專案別**和**個員別**預算總表, 只要修改搜尋範圍和搜尋準則即可, 加總的範圍不變。底下我們列舉兩張總表的第一個項目來說明, 至於複製和修改公式的工作就由各位自己動手了:

公式所在儲存格	項目	公式
G4	P-01	=SUMIF(預算底稿!$C$5:$C$200,E4,預算底稿!$F$5:$F$200)
K4	鄭運升	=SUMIF(預算底稿!$A$5:$A$200,J4,預算底稿!$F$5:$F$200)

=SUMIF(預算底稿!$A$5:$A$200,J4,預算底稿!$F$5:$F$200)

	D	E	F	G	H	I
	2016年　產品部專案別預算總表					2016年
	部門名稱：產品部					部門名
	案序	專案名稱	專案別預算總額			編號
	P-01	HiNet ADSL 租金	$24,000			001

=SUMIF(預算底稿!$A$5:$A$200,J4,預算底稿!$F$5:$F$200)

	H	I	J	K	L
	2016年　產品部個員別預算總表				
	部門名稱：產品部				
算總額	編號	員工姓名	個員別預算總額		
24,000	001	鄭運升	$1,189,054		

建立好 G4 及 K4 的公式後，請分別拉曳 G4 儲存格的填滿控點到 G29，拉曳 K4 儲存格的填滿控點到 K7，完成所有預算總表的計算。

	A	B	C	D	E	F	G	H	I	J	K
1	2016年 產品部科目別預算總表				2016年 產品部專案別預算總表					2016年 產品部個員別預算總表	
2	部門名稱：產品部				部門名稱：產品部					部門名稱：產品部	
3	會計科目	科目代號	科目別預算總額		案序	專案名稱	專案別預算總額		編號	員工姓名	個員別預算總額
4	薪資支出	6201000	$1,976,500		P-01	HiNet ADSL 租金	$24,000		001	鄭運升	$1,189,054
5	租金支出	6202000	$60,000		P-02	名片製作	$900		002	黃榮捷	$477,144
6	文具用品	6203000	$16,040		P-03	印表機墨水匣	$12,800		003	葉恩慈	$437,248
7	旅費	6204000	$0		P-04	傳真紙	$180		004	李明昆	$477,144
8	運費	6205000	$6,100		P-05	購買光碟片	$2,160				
9	郵電費	6206000	$35,600		P-06	廠商贈品	$38,500				
10	修繕費	6207000	$0		P-07	例行郵電費	$10,800				
11	廣告費	6208000	$36,000		P-08	快遞費	$3,600				
12	水電費	6209000	$0		P-09	網域申請費與年費	$800				
13	保險費	6210000	$154,812		P-10	大宗電腦採購	$100,000				
14	交際費	6211000	$0		P-11	周邊電腦採購	$30,000				
15	捐贈	6212000	$0		P-12	外包製作	$60,000				
16	稅捐	6213000	$0		P-13	部門訂閱的雜誌費	$4,838				
17	折舊-運輸設備	6215000	$0		P-14	購買書籍雜誌	$20,000				
18	雜項購置	6217000	$130,000		P-15	例行交通費	$8,200				
19	伙食費	6218000	$0		P-16	軟體採購	$40,000				
20	職工福利	6219000	$4,000		P-17	薪資支出	$1,576,500				
21	研究費	6220000	$40,000		P-18	停車位	$66,000				
22	職業訓練費	6222000	$0		P-19	勞保費	$72,828				
23	勞務費	6223000	$60,000		P-20	健保費	$81,984				
24	加班費 (免稅)	6224000	$0		P-21	端午禮品	$2,000				
25	書報雜誌	6226000	$24,838		P-22	中秋禮品	$2,000				
26	退休金	6227000	$22,500		P-23	旅遊補助	$20,000				
27	交通費	6228000	$8,200		P-24	端午禮金	$2,000				
28	其他費用	6249000	$6,000		P-25	中秋禮金	$2,000				
29					P-26	退休金	$22,500				
30					P-27	年終獎金	$376,000				

建立類別的年度預算總額公式

最後，我們要在每個預算彙總表的右上角放置該類別所有預算的總和，其公式很簡單，用 SUM 函數將該類別所有項目的預算總額加起來即可。我們以**科目別預算總表**來說明：選擇 C2 儲存格，然後輸入公式 "=SUM (C4：C28)"，即可求出該類別的年度預算總額，至於另外那兩張預算彙總表請各位自行比照處理。

C2		▾	⋮	✕ ✓ *fx*	=SUM(C4:C28)	

	A	B	C	D
1	2016年　產品部科目別預算總表			
2	部門名稱：產品部		$2,580,590	
3	**會計科目**	**科目代號**	**科目別預算總額**	
4	薪資支出	6201000	$1,976,500	
5	租金支出	6202000	$60,000	
6	文具用品	6203000	$16,040	
7	旅費	6204000	$0	
8	運費	6205000	$6,100	
9	郵電費	6206000	$35,600	
10	修繕費	6207000	$0	
11	廣告費	6208000	$36,000	

各位可開啟範例檔案 Ch09-04 來查閱 3 張預算彙總表的最後結果。

編列預算是企業為達營運績效的一個積極手段, 對於控管營運費用的支出相當有效。編列預算的需求幾乎隨處可見, 除了本章介紹的年度預算外, 凡企業中任何一個專案、計畫在推行之前, 也必先進行預算的編列與規劃工作。本章介紹的技巧清楚易懂, 希望各位能夠多加利用。

10

計算資產設備的折舊

你會學到的 Excel 功能

- 認識「直線法」折舊的公式
- 利用 SLN 函數計算直線法折舊
- 「年數合計法」折舊的函數：SYD
- 「倍數餘額遞減法」折舊的函數：DDB
- 按「定率遞減法」折舊的函數：DB

所謂「折舊」是指將運輸設備、辦公設備、房屋建築…等營運用的固定資產, 依據可使用的年限和估計最後的殘值, 用合理的方式分攤其成本。折舊的方法有很多, 目前企業常用的有「直線法」、「年數合計法」、「倍數餘額遞減法」…等, 其中最簡單快速的折舊方法就是「直線法」; 有些企業則會選擇「倍數餘額遞減法」來加速計算固定資產的折舊額。本章就為您說明如何利用公式及函數計算固定資產的折舊。

小玉是**安達公司**的職員, 每年到了會計年度核算的時候, 她總是要把公司內所有該提列折舊的固定資產列個清單, 再算出每項資產的折舊額。這個重責大任小玉都是交給 Excel, 只要將資料建立完善, 日後這個工作就可以化繁為簡了。

安達公司固定資產折舊表 (直線法)				
固定資產項目	成本	殘值	可用年限	折舊額
自動化機器設備	$ 20,000,000	$ 3,000,000	15	
第 1 年 (2013年)				$850,000.00
第 2 年 (2014年)				$1,133,333.33
第 3 年 (2015年)				$ 1,133,333.33
第 4 年 (2016年)				$ 1,133,333.33

▲ 直線法

安達公司固定資產折舊表 (年數合計法)					
使用期數	固定資產項目	成本	殘值	可用年限	折舊額
新購(年)		$ 1,560,000	$ 200,000	8	
1		$ 1,560,000	$ 200,000	8	$302,222.22
2		$ 1,560,000	$ 200,000	8	$264,444.44
3		$ 1,560,000	$ 200,000	8	$226,666.67
4	運輸設備	$ 1,560,000	$ 200,000	8	$188,888.89
5		$ 1,560,000	$ 200,000	8	$151,111.11
6		$ 1,560,000	$ 200,000	8	$113,333.33
7		$ 1,560,000	$ 200,000	8	$75,555.56
8		$ 1,560,000	$ 200,000	8	$37,777.78

▲ 年數合計法

安達公司固定資產折舊表 (倍數餘額遞減法)				
使用期數	固定資產項目	成本	殘值	可用年限
新購	辦公設備	$3,200,000	$400,000	10
	折舊金額			
第 1 年	$640,000.00			
第 2 年	$512,000.00			

▲ 倍數餘額遞減法

安達公司固定資產折舊表 (定率遞減法)					
使用期數	固定資產項目	成本	殘值	可用年限	折舊額
新購(年)		$ 1,360,000	$ 280,000	15	
1		$ 1,360,000	$ 280,000	15	$102,000.00
2		$ 1,360,000	$ 280,000	15	$122,400.00
3		$ 1,360,000	$ 280,000	15	$110,160.00
4		$ 1,360,000	$ 280,000	15	$99,144.00
5		$ 1,360,000	$ 280,000	15	$89,229.60
6		$ 1,360,000	$ 280,000	15	$80,306.64
7		$ 1,360,000	$ 280,000	15	$72,275.98
8	消防設備	$ 1,360,000	$ 280,000	15	$65,048.38
9		$ 1,360,000	$ 280,000	15	$58,543.54
10		$ 1,360,000	$ 280,000	15	$52,689.19
11		$ 1,360,000	$ 280,000	15	$47,420.27
12		$ 1,360,000	$ 280,000	15	$42,678.24
13		$ 1,360,000	$ 280,000	15	$38,410.42
14		$ 1,360,000	$ 280,000	15	$34,569.38
15		$ 1,360,000	$ 280,000	15	$31,112.44

▲ 定率遞減法

10-1 利用公式計算直線法折舊

安達公司在 2013年購買了一套自動化機器設備，成本為 2,000 萬，預計可用年限為 15 年，現在我們就用「直線法折舊」來計算看看每年的折舊額為多少？

直線法折舊公式

「直線法」折舊的好處是快速、方便，且計算出來的折舊額每年都相同。首先我們來認識一下直線法折舊的計算公式。

直線法折舊的公式為：

(成本 － 殘值) ／ 可用年限

公式中的**成本**是指固定資產購買時的原始成本；**殘值**是指估計固定資產在可用年限屆滿時最後的價值；**可用年限**就是估計固定資產可使用的年數，只要根據這 3 個數據，即可為固定資產算出折舊額。

計算直線法折舊

安達公司在 2013 年 4 月購買了一套自動化機器設備，成本是 2,000 萬，預計可使用 15 年，估計最後的殘值為 300 萬，那麼第 1 年要提列多少折舊？之後每年的折舊額又是多少呢？我們用直線法來算算看。

首先我們要計算第 1 年的折舊額，請開啟範例檔案 Ch10-01，並切換至**直線法**工作表，然後選定 E5 儲存格，在儲存格中輸入計算公式 "= (B4－C4)/D4"：

	A	B	C	D	E	F
	E5		ƒx	=(B4-C4)/D4		
1	安達公司固定資產折舊表 (直線法)					
2						
3	固定資產項目	成本	殘值	可用年限	折舊額	
4	自動化機器設備	$ 20,000,000	$ 3,000,000	15		
5	第 1 年 (2013年)				$1,133,333.33	
6	第 2 年 (2014年)					
7						

這樣算出來的結果是每年提列的折舊額

　　由於機器設備是在 2013 年 4 月時購買的, 所以在提列 2013 年的折舊額時, 必須再將 1~3 月多提列的折舊額減掉, 實際計算折舊的期間是 4~12 月, 請再度選取 E5 儲存格, 並在**資料編輯列**修改公式:

由於 4~12 月佔了一整年的 9/12, 因此我們在公式的後方乘上 9/12

E5		fx	=(B4-C4)/D4*9/12			
	A	B	C	D	E	F
1	安達公司固定資產折舊表 (直線法)					
2						
3	固定資產項目	成本	殘值	可用年限	折舊額	
4	自動化機器設備	$ 20,000,000	$ 3,000,000	15		
5	第 1 年 (2013年)				$850,000.00	
6	第 2 年 (2014年)					

這才是 2013 年要提列的折舊額

　　至於之後 2014、2015 年⋯提列折舊時, 就不會有這樣的問題了, 因為計算的期間都是從 1 月 1 日到 12 月 31 日, 只要套上公式計算出結果, 就是正確的折舊額了, 而且每年的折舊金額都是相同的。

E6		fx	=(B4-C4)/D4			
	A	B	C	D	E
1	安達公司固定資產折舊表 (直線法)				
2					
3	固定資產項目	成本	殘值	可用年限	折舊額
4	自動化機器設備	$ 20,000,000	$ 3,000,000	15	
5	第 1 年 (2013年)				$850,000.00
6	第 2 年 (2014年)				$1,133,333.33
7	第 3 年 (2015年)				$ 1,133,333.33
8	第 4 年 (2016年)				$ 1,133,333.33
9	第 5 年 (2017年)				$ 1,133,333.33
10	第 6 年 (2018年)				$ 1,133,333.33

▲ 完成的結果可以參考範例檔案
Ch10-01 的**直線法 OK** 工作表

10-2 利用函數計算直線法折舊

除了可以利用公式來計算折舊外，Excel 也幫我們準備了現成的「折舊函數」，只要輸入資料，就可以不費吹灰之力算出固定資產的折舊金額了。直線法折舊可用 SLN 函數來計算。

SLN 函數的用法

Excel 計算直線法折舊的函數是 SLN，其格式為：

```
SLN ( Cost , Salvage , Life )
```

● **Cost**：固定資產的成本。

● **Salvage**：固定資產的殘值。

● **Life**：固定資產的可用年限。

　　請切換至範例檔案 Ch10-01 的**函數直線法**工作表來練習，我們用相同的範例來計算自動化機器設備的折舊額，看看計算的結果是否與公式計算的相同。請選取 E5 儲存格，然後按下**資料編輯列**上的**插入函數鈕** f_x，便會開啟**插入函數**交談窗：

1 在此輸入 "折舊"，再按下**開始**鈕，底下就會列出有關折舊的所有函數

這些是其他折舊法的函數

2 由於我們目前是要採用直線法折舊，所以請選取 **SLN** 函數，再按下**確定**鈕

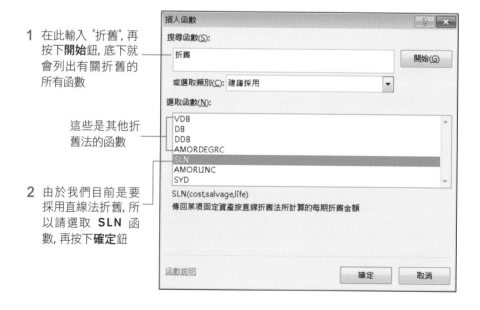

3 分別輸入固定資產的成本、殘值及可
用年限所在的儲存格, 再按下**確定**鈕

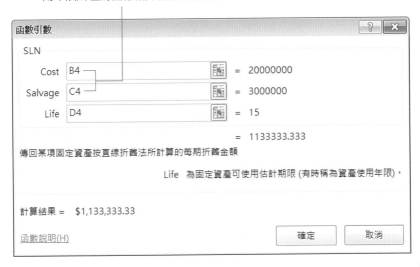

▲ 每年的折舊額計算出來了

剛剛提過, 由於機器設備是 2013 年 4 月時購買的, 因此 2013 年該提列的折舊
額要乘上 9/12：

將計算結果乘以 9/12

	A	B	C	D	E
	E5			fx	=SLN(B4,C4,D4)*9/12
1	安達公司固定資產折舊表 (直線法)				
2					
3	固定資產項目	成本	殘值	可用年限	折舊額
4	自動化機器設備	$ 20,000,000	$ 3,000,000	15	
5	第 1 年 (2013年)				$850,000.00
6	第 2 年 (2014年)				

E6	▼	:	×	✓	fx	=SLN(B4,C4,D4)	

	A	B	C	D	E	F
1			安達公司固定資產折舊表(直線法)			
2						
3	固定資產項目	成本	殘值	可用年限	折舊額	
4	自動化機器設備	$ 20,000,000	$ 3,000,000	15		
5	第 1 年(2013年)				$850,000.00	
6	第 2 年(2014年)				$1,133,333.33	
7						

折舊金額果然和公式計算的一樣, 您可以切換回
直線法 OK 工作表來比較看看 (計算結果可以參
考範例檔案 Ch10-01 的**函數直線法 OK** 工作表)

📍 輸入函數引數的技巧

當我們在**函數引數**交談窗中設定引數時, 除了可以輸入引數的儲存格, 也可以直接輸入
引數的數值 :

輸入要計算的數值

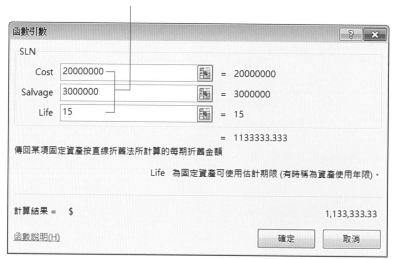

無論採用哪種方式, 其計算出來的結果都是相同的, 但是當您將引數設定為儲存格位
址時, 一旦更改儲存格中的數值, Excel 就會自動更新計算結果 ; 若是當初直接輸入數
值, 就必需到公式中修改引數的數值以便重新做計算。因此, 將引數設定為儲存格位址
是較有效率的做法。

10-3 其他折舊函數應用

這一節我們將為您介紹另外 3 種折舊的方法, 分別是「年數合計法」、「倍數餘額遞減法」和「定率遞減法」。

年數合計法

若要用**年數合計法**來提列固定資產的折舊, 可利用 Excel 的 **SYD** 函數來計算。

SYD 函數的用法

SYD 函數會用**年數合計法**, 計算出每期折舊金額。SYD 函數的格式為:

```
SYD (Cost , Salvage , Life , Per)
```

- **Cost**: 固定資產的成本。
- **Salvage**: 固定資產的殘值。
- **Life**: 固定資產的可用年限。
- **Per**: 要計算的期間, 此處使用的計算單位必須與 Life 相同。

假設**安達公司**要為一項運輸設備提列折舊, 成本是 156 萬, 估計可使用 8 年, 殘值為 20 萬, 那麼我們就可以利用 SYD 函數, 計算出 1~8 年的折舊金額。請開啟範例檔案 Ch10-02, 切換至**年數合計法**工作表並如下操作:

	A	B	C	D	E	F
1	安達公司固定資產折舊表 (年數合計法)					
2						
3	使用期數	固定資產項目	成本	殘值	可用年限	折舊額
4	新購(年)		$ 1,560,000	$ 200,000	8	
5	1		$ 1,560,000	$ 200,000	8	
6	2		$ 1,560,000	$ 200,000	8	
7	3		$ 1,560,000	$ 200,000	8	
8	4	運輸設備	$ 1,560,000	$ 200,000	8	
9	5		$ 1,560,000	$ 200,000	8	
10	6		$ 1,560,000	$ 200,000	8	
11	7		$ 1,560,000	$ 200,000	8	
12	8		$ 1,560,000	$ 200,000	8	

01 請選取 F5 儲存格, 然後按下**插入函數鈕** *fx*, 便會開啟**插入函數**交談窗:

輸入 "SYD", 並
按下**開始**鈕

02 選取 SYD 函數後按下**確定**鈕, 接著如下圖輸入引數的內容:

1 分別輸入固定資產的成本、殘值及可用年限

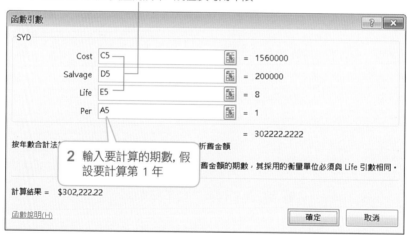

2 輸入要計算的期數, 假
設要計算第 1 年

03 按下**確定**鈕, 第 1 年的折舊額就計算出來了:

	A	B	C	D	E	F
1	安達公司固定資產折舊表 (年數合計法)					
2						
3	使用期數	固定資產項目	成本	殘值	可用年限	折舊額
4	新購(年)		$ 1,560,000	$ 200,000	8	
5	1		$ 1,560,000	$ 200,000	8	$302,222.22
6	2		$ 1,560,000	$ 200,000	8	
7	3		$ 1,560,000	$ 200,000	8	

04 接下來, 我們只要將 F5 儲存格的公式複製到 F6：F12, 即可算出第 2 到第 8 年的折舊額了。

	A	B	C	D	E	F	G
1	安達公司固定資產折舊表 (年數合計法)						
2							
3	使用期數	固定資產項目	成本	殘值	可用年限	折舊額	
4	新購(年)		$ 1,560,000	$ 200,000	8		
5	1		$ 1,560,000	$ 200,000	8	$302,222.22	
6	2		$ 1,560,000	$ 200,000	8	$264,444.44	
7	3		$ 1,560,000	$ 200,000	8	$226,666.67	
8	4	運輸設備	$ 1,560,000	$ 200,000	8	$188,888.89	
9	5		$ 1,560,000	$ 200,000	8	$151,111.11	
10	6		$ 1,560,000	$ 200,000	8	$113,333.33	
11	7		$ 1,560,000	$ 200,000	8	$75,555.56	
12	8		$ 1,560,000	$ 200,000	8	$37,777.78	
13							

將 F5 儲存格的**填滿控點**向下拉曳至 F12 儲存格

現在 1~8 年的折舊額都計算出來, 計算結果可參考範例檔案 Ch10-02 的**年數合計法 OK** 工作表。

另外, 若是要計算以月為單位的折舊額, 只要將函數中的 Per 和 Life 兩個引數換算成相同的單位就可以了。接續上例, 假設我們要計算第 1 個月的折舊額, 請切換至**年數合計法月單位**工作表, 其中我們已將**年數合計法 OK** 工作表中的公式複製過來了, 請選定 F5 儲存格, 然後按下 **F2** 鍵, 即可在儲存格中移動插入點來修改公式：

將 Life 引數乘以 12, 即可把「年」換算成「月」

F5		× ✓	fx	=SYD(C5,D5,E5*12,A5)	

	A	B	C	D	E	F
1	安達公司固定資產折舊表 (年數合計法)					
2						
3	使用期數	固定資產項目	成本	殘值	可用年限	折舊額
4	新購(月)		$ 1,560,000	$ 200,000	8	
5	1	運輸設備	$ 1,560,000	$ 200,000	8	$28,041.24
6	2		$ 1,560,000	$ 200,000	8	$27,749.14
7	3		$ 1,560,000	$ 200,000	8	$27,457.04

計算的結果就是第 1 個月的折舊額了

將 F5 的**填滿控點**向下拉曳到 F6、F7 來複製公式, 即可算出第 2 及第 3 個月的折舊額

計算結果可參考範例檔案 Ch10-02 的**年數合計法月單位 OK** 工作表。

倍數餘額遞減法

若是要以「倍數餘額遞減法 (亦可稱為倍數遞減法)」來提列折舊, 則可以利用 **DDB** 函數來計算。

DDB 函數的用法

DDB 函數是按**倍數餘額遞減法**來計算每期的折舊額。DDB 函數的格式為:

```
DDB ( Cost , Salvage , Life , Period , Factor )
```

● **Cost**: 固定資產的成本。

● **Salvage**: 固定資產的殘值。

● **Life**: 固定資產的可用年限。

● **Period**: 要計算的期間, 此處使用的計算單位必需與 Life 相同。

● **Factor**: 遞減的速率, 若省略, 則會預設為 2。

假設**安達公司**新購一套辦公設備, 購買的成本是 320 萬, 估計可使用 10 年, 殘值為 40 萬。我們可以利用 DDB 函數, 計算出第 1 年的折舊金額, 若是要變換速率來提列折舊也沒問題喔!

01 首先請開啟範例檔案 Ch10-03, 並切換至**倍數餘額遞減法**工作表, 選取 B7 儲存格。

02 仿照剛才的步驟, 在**插入函數**交談窗中找到 DDB 函數, 並按下**確定**鈕。在 **DDB 函數引數**交談窗中輸入如下圖的內容:

1 輸入成本、殘值及可用年限　　**2** 輸入要計算的折舊期間

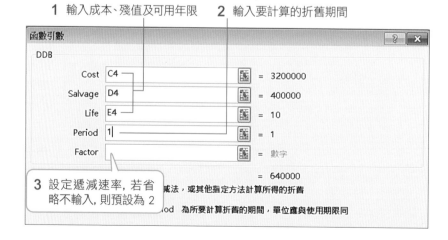

3 設定遞減速率, 若省略不輸入, 則預設為 2

03 按下**確定**鈕即可算出第 1 年的折舊額為 640,000。

B7		✕ ✓ *fx*	=DDB(C4,D4,E4,1)	
	A	B	C	D	E

安達公司固定資產折舊表 (倍數餘額遞減法)

使用期數	固定資產項目	成本	殘值	可用年限
新購	辦公設備	$3,200,000	$400,000	10
	折舊金額			
第 1 年	$640,000.00			
第 2 年				

04 接著, 請您用同樣的方式計算出第 2 年的折舊額：

B8		✕ ✓ *fx*	=DDB(C4,D4,E4,2)	
	A	B	C	D	E

安達公司固定資產折舊表 (倍數餘額遞減法)

使用期數	固定資產項目	成本	殘值	可用年限
新購	辦公設備	$3,200,000	$400,000	10
	折舊金額			
第 1 年	$640,000.00			
第 2 年	$512,000.00			

▲ 計算結果可參考**倍數餘額遞減法 OK** 工作表

以上兩個年度, 我們都將速率以預設值 2 來計算 (即省略, 不輸入), 若是要將速率改成 1.5 的話, 只要修改最後一項 Factor 引數即可：

將遞減速率改為 1.5

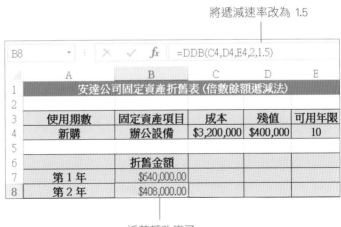

B8		✕ ✓ *fx*	=DDB(C4,D4,E4,2,1.5)	
	A	B	C	D	E

安達公司固定資產折舊表 (倍數餘額遞減法)

使用期數	固定資產項目	成本	殘值	可用年限
新購	辦公設備	$3,200,000	$400,000	10
	折舊金額			
第 1 年	$640,000.00			
第 2 年	$408,000.00			

折舊額改變了

定率遞減法

若要用「定率遞減法」來提列固定資產的折舊, 可利用 **DB** 函數來計算。

 DB 函數的用法

DB 函數是以**定率遞減法**來算出每期的折舊額。DB 函數的格式為:

```
DB ( Cost , Salvage , Life , Period , Month )
```

- **Cost**:固定資產的成本。
- **Salvage**:固定資本的殘值。
- **Life**:固定資本的可用年限。
- **Period**:要計算的期間, 此處使用的計算單位必須與 Life 相同。
- **Month**:第一年購入的月份數, 若省略會用 12 個月來計算。

假設**安達公司**在 4 月為公司內部添購了一套消防設備, 一共花費 136 萬, 估計可使用 15 年, 殘值為 28 萬, 那麼我們就來運用 DB 函數, 計算出 1~15 年的折舊金額。請開啟範例檔案 Ch10-04, 並切換至**定率遞減法**工作表:

01 請先選取 F5 儲存格, 然後仿照先前的步驟, 在**插入函數**交談窗中找到 DB 函數, 按下**確定**鈕, 在**函數引數**交談窗中輸入如下圖的內容:

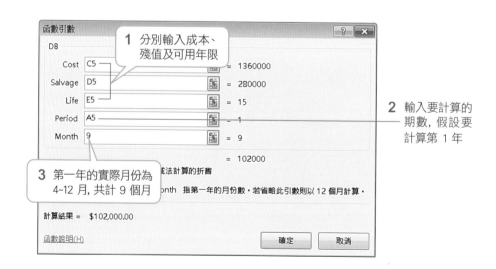

02 按下**確定**鈕即可算出第 1 年的折舊額。

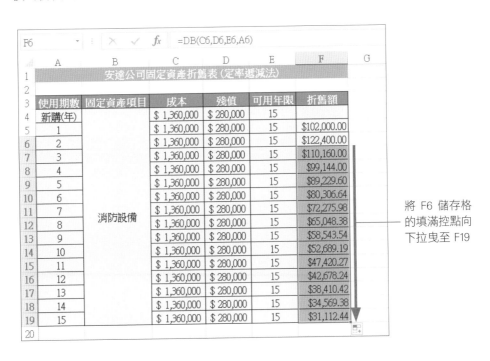

第 1 年的折舊
額計算出來了

03 接著複製 F5 儲存格的公式到 F6，並將最後的參數 "9" 刪除，因為第 2 年以
後的折舊為 12 個月，可省略不輸入。

將 F6 儲存格
的填滿控點向
下拉曳至 F19

計算結果可參考**定率遞減法 OK** 工作表。

「折舊」在分攤成本中是一項重要的工作，由於這項工作的背後與會計專業領域
有著密不可分的關係，因此在本書中，我們以簡易的範例來介紹相關的操作及函數的應
用，目的是希望您在看完我們的內容後，能利用自己專業的會計知識，再藉由從本章學
習到的 Excel 操作技巧及函數，讓 Excel 著實成為您工作上的最佳利器。

11

市場調查分析

你會學到的 Excel 功能

- 市場調查的流程
- 問卷資料的尋找與取代技巧
- 利用樞紐分析表來做問卷分析
- 繪製樞紐分析圖
- 利用交叉篩選器來做交叉分析

以一個企業來說,要隨時掌握消費者的消費行為,才能在市場上生存。而要了解消費者的需求、看法與購買意願,一般最常見的做法就是「市場調查」。例如,民意調查、產品試用調查、滿意度調查…等等。透過市場調查所取得的皆是消費者最直接的反應,並可藉此掌握消費者是否有新的需求,或是其他競爭對手的動態…。

「市場調查」是一份專業的工作,從問題分析、決定抽樣方法、決定樣本大小、問卷設計、進行問卷、問卷回收與結果分析…,都要注意每一個細節,才能避免誤差造成不正確的分析結果。目前有許多公司提供市場調查的服務,不過,這些市調公司的收費卻往往是一般中小型企業無法(或不願意)負擔的。其實,您只要熟讀本章,就可學習如何進行市場調查,並利用 Excel 來做問卷的分析及統計喔!

主要考量	百分比	人數
本期專題報導	32.67%	49
名人推薦	8.00%	12
有無贈品優惠券	5.33%	8
其他	2.67%	4
版面編排美觀	8.67%	13
頁數多寡	28.00%	42
價格實惠	14.67%	22
總計	100.00%	150

從消費者購買的主要考量因素來分析,最重視的要素是當期的專題報導主題,其次是頁數多寡,再來才是價格考量,所以開發新雜誌,這三點應該做為主要的重點

購買地點	百分比	人數
一般書局	28.00%	42
其他	7.33%	11
便利商店	14.67%	22
連鎖書店	17.33%	26
網路書店	32.67%	49
總計	100.00%	150

由消費者的購買地點來看,可以提供我們往後舖貨通路的參考。此次問卷結果可看出消費者已習慣從網路商店購買,其次為一般書局,因次日後須鞏固這兩個主要通路

▲ 製作問卷統計樞紐分析統計表

計數 - 年齡	欄標籤				
列標籤	15歲以下	16～30歲	31～45歲	46歲以上	總計
包裝設計	2	7	5	11	25
平面設計	7	7	4	9	27
多媒體	1	3	3	2	9
其他		1		2	3
居家設計		7	3	1	11
服裝設計	1	5	5	2	13
空間規劃	7	1	4	3	15
建築設計		6	4	5	15
廣告設計	4	11	14	3	32
總計	22	48	42	38	150

性別
女
男

月收入	
16,000以下	16,001～30,000
30,001～50,000	50,001以上

▲ 利用樞紐分析表和交叉分析篩選器做交叉分析

市場調查的流程

首先, 我們將帶你了解整個市場調查的完整流程, 包括前期規劃、實際訪談做問卷及後續的問卷分析、⋯等。了解市調流程後, 才能替公司的產品規劃出完整的工作計劃, 並進行後續的分析工作。

1. 問題分析

市場調查的首要步驟就是「問題分析」, 也就是說, 透過這次的調查, 我們想要知道哪些結果。假設有一家雜誌社想要開發一本新的設計類雜誌, 他們想知道有哪些類別的雜誌最受歡迎, 以及消費者願意接受的價位⋯等等, 則當我們在做調查時, 就必須針對這些想知道的問題, 擬定問卷的內容, 並分析相關的資料, 以縮小研究及調查的範圍。

2. 決定母體

我們在進行市場調查時, 理想的狀況下, 就是能對所有符合條件的人進行訪查, 但考量時間、成本的因素, 必須以較科學的方法, 抽出一些具代表性的人來做調查, 而調查的結果即可代表所有人的特性, 這就是「抽樣調查」的精神。其中, 所要研究的全體對象即是「母體」, 而我們所抽出具代表性的人, 即是「樣本」。市場調查的第二個步驟, 就是要決定「母體」為何。在此我們以設計類雜誌的調查為例, 假設該家雜誌社這次調查的母體為：大台北地區有閱讀設計類雜誌的所有民眾。

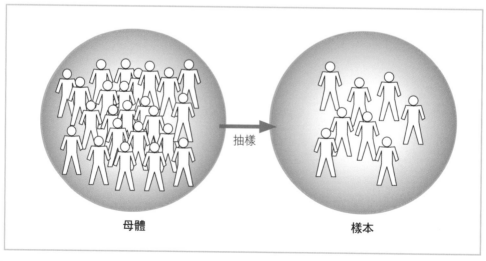

母體　　　　　　抽樣　　　　　　樣本

3. 決定抽樣方法

抽樣方法對於調查結果的可信度有很大的影響, 不同的抽樣方法, 會造成不同的調查結果。舉例來說, 假設我們要調查某國小三年級學生的身高分佈情形, 若我們的抽樣方法是在每班抽出座號前兩號的同學來做調查, 萬一這所國小的學生座號剛好是按照身高來排列, 那麼這種抽樣方法就有失公平, 也會造成調查結果的可信度降低。而抽樣類別又可分為**簡單隨機抽樣、等距抽樣、便利抽樣**…, 您可以依不同的調查目的與對象, 決定合適的抽樣方法。

4. 決定樣本大小

決定樣本的大小, 可考慮幾個因素：

● 調查的經費

● 可接受的誤差度

● 研究問題的性質…等

樣本太小, 調查的結果可能不具代表性；樣本太大, 則調查的成本就相對提高。因此, 決定樣本的大小也是很重要的。樣本大小的計算方式在許多的統計書籍中都有介紹, 讀者可自行參考。在本例中, 為了節省時間, 我們將樣本大小定為 150 筆來進行調查。

5. 設計問卷

先前在第一個步驟「問題分析」時我們已經知道問題所在了, 因此, 在這一個步驟中我們就以想瞭解的問題來設計問卷。以下就是我們所設計出來的問卷內容：

設計類雜誌的消費習慣

您好！我們是旗旗雜誌社, 為了瞭解大台北地區民眾對於設計類雜誌的消費習慣以及需求, 特做此調查, 以提供我們開發新雜誌、改進服務品質…等的依據, 在此耽誤您寶貴的時間, 非常謝謝您的合作！本問卷內容不對外公開, 僅供內部參考用, 請安心做答。

個人資料：

性 別： □男　□女

年齡：□15 歲以下　□16~30 歲　□31~45 歲　□46 歲以上

教育程度：□國中 □高中 □大專 □大專以上

職 業：□學生 □教職員 □廣告設計 □金融 □製造 □資訊業 □其他＿＿＿＿＿＿

每月收入：□ 16,000 以下 □ 16,001~30,000 □ 30,001~50,000 □50,001 以上

1. 請問您平均多久購買一次設計類雜誌？

    □每個月 □二個月 □每季 □半年 □一年

2. 目前有無固定訂閱某本雜誌？

    □有 □無

3. 每個月會固定閱讀幾本設計類雜誌？

    □1 本 □2 本 □3-5 本 □6 本以上

4. 每個月花費多少支出在購買設計類雜誌？

    □300 元以下 □301~400 元 □401~500 元 □501 元以上

5. 您最常購買哪一種設計類雜誌？

    □廣告設計 □包裝設計 □平面設計 □建築設計

    □空間規劃 □多媒體　 □服裝設計 □居家設計 □其他＿＿＿＿＿＿＿＿

6. 您通常會在哪些地方購買設計類雜誌？

    □一般書局 □連鎖書店 □網路書店 □便利商店 □其他＿＿＿＿＿＿＿＿

7. 您個人認為設計類雜誌的價位在多少才有購買的意願？

    □99 元以下 □100~199 元 □200~299 元 □300~399 元

8. 就個人的閱讀習慣來看, 您認為設計類雜誌多久發行一次比較適當？

    □雙週 □每月 □雙月 □每季

9. 以下何者是您在購買設計雜誌時的主要考量因素？

    □本期專題報導　 □價格實惠 □版面編排美觀 □名人推薦 □頁數多寡

    □有無贈品優惠券 □其他

Next

10. 當您在選購設計類雜誌時, 對以下各項因素的重視程度為何 ?

	非常重視	重視	普通	不重視	非常不重視
● 當期專題	☐	☐	☐	☐	☐
● 人物專訪	☐	☐	☐	☐	☐
● 封面設計	☐	☐	☐	☐	☐
● 版面編排	☐	☐	☐	☐	☐
● 印刷品質	☐	☐	☐	☐	☐
● 價格高低	☐	☐	☐	☐	☐
● 頁數多寡	☐	☐	☐	☐	☐
● 有無贈品	☐	☐	☐	☐	☐

最後再次謝謝您的合作！

6. 進行調查

問卷設計好之後就可以開始進行實地調查, 收集所需要的資料了。

7. 資料分析

問卷回收以後, 我們得先做一個初步的檢查, 將一些無效的問卷 (沒有填寫、資料不全或是字跡潦草以致無法辨識的問卷) 先加以過濾, 然後將有效的問卷進行編碼的動作, 有關編碼的部份, 我們稍後會做說明。

8. 調查報告

分析後所得的結果即可製成調查報告, 以提供決策者參考使用。

在市場調查的步驟中, 每一步驟都深深影響著調查出來的結果, 但此處我們的主旨在於介紹如何運用 Excel 計算功能來做統計分析。至於統計領域的專業知識, 本書將不做深入的介紹, 有興趣的讀者可自行參考相關的統計書籍。

11-2 問卷資料的輸入與整理

在問卷回收以後, 就要開始將收集到的資料輸入 Excel 工作表, 再進行分析。但是輸入資料對很多人來說是一件苦差事, 尤其當資料一多時, 光是打字就不知道要打到何年何月, 因此輸入資料可是要講求一點方法的喔!

資料的編碼

首先, 我們要在每一份問卷的右上角依流水號編碼, 這樣當發現資料有誤時, 我們可以很快找到該份問卷。接著再將問卷中的每一題答案分別編上一個簡明而不重複的號碼, 例如以下的範例:

在每份問卷的右上角編碼

〔001〕

設計類雜誌的消費習慣

您好!我們是旗旗雜誌社, 為了瞭解大台北地區民眾對於設計類雜誌的消費習慣以及需求, 特做此調查, 以提供我們開發新雜誌、改進服務品質…等的依據, 在此耽誤您寶貴的時間, 非常謝謝您的合作!本問卷內容不對外公開, 僅供內部參考用, 請安心做答。

個人資料:

性　別:a1 □男　a2 □女

年　齡:b1 □15歲以下 b2 □16~30 歲　b3 □31~45 歲　b4 □46歲以上

教育程度:c1 □國中 c2 □高中　　c3 □大專　　c4 □大專以上

職　業:d1 □學生　　d2 □ 教職員　d3 □廣告設計 d4 □金融

　　　　d5 □製造　　d6 □ 資訊業　d7 □其他＿＿＿＿＿＿

每月收入:e1 □ 16,000 以下 e2 □ 16,001~30,000 e3 □ 30,001~50,000　e4 □50,0011

1. 請問您平均多久購買一次設計類雜誌?
   11 □每個月　12 □二個月　13 □每季 〔14〕□半年 〔15〕□一年

2. 目前有無固定訂閱某本雜誌?
   21 □有　22 □無

   簡明且不重複的號碼

3. 每個月會固定閱讀幾本設計類雜誌?
   31 □1 本　　　　32 □2 本　　　　33 □3-5 本　　　34 □6 本以上

4. 每個月花費多少支出在購買設計類雜誌?
   41 □300 元以下　42 □301~400 元　43 □401~500 元　44 □501 元以上

Next

5. 您最常購買哪一種設計類雜誌？

51 □廣告設計 52 □包裝設計 53 □平面設計 54 □建築設計

55 □空間規劃 56 □多媒體　57 □服裝設計 58 □居家設計

59 □其他 _____

6. 您通常會在哪些地方購買設計類雜誌？

61 □一般書局 62 □連鎖書店 63 □網路書店 64 □便利商店

65 □其他 _____

7. 您個人認為設計類雜誌的價位在多少才有購買的意願？

71 □99 元以下 72 □100~199 元 73 □200~299 元 74 □300~399 元

8. 就個人的閱讀習慣來看, 您認為設計類雜誌多久發行一次比較適當？

81 □雙週 82 □每月 83 □雙月 84 □每季

9. 以下何者是您在購買設計雜誌時的主要考量因素？

91 □本期專題報導 92 □價格實惠 93 □版面編排美觀 94 □名人推薦

95 □頁數多寡 96 □有無贈品優惠券 97 □其他_____

10. 當您在選購設計類雜誌時, 對以下各項因素的重視程度為何？

	非常重視	重視	普通	不重視	非常不重視
● 當期專題	□	□	□	□	□
● 人物專訪	□	□	□	□	□
● 封面設計	□	□	□	□	□
● 版面編排	□	□	□	□	□
● 印刷品質	□	□	□	□	□
● 價格高低	□	□	□	□	□
● 頁數多寡	□	□	□	□	□
● 有無贈品	□	□	□	□	□

最後再次謝謝您的合作！

對於第 10 題中各選項的重視程度, 我們的編碼方式為：依照重視的程度分別給予分數, 例如：選擇「非常重視」者給予 5 分、選擇「重視」者給予 4 分、…、選擇「非常不重視」者給予 1 分。

建立回收問卷資料庫

問卷編完碼之後, 當我們在輸入資料時, 就不必輸入一大串文字, 只要輸入各項答案的代碼即可。現在就請將每一位受訪者的問卷當做一筆資料, 並一一將問卷中的答案輸入到工作表中 (在範例檔案 Ch11-01 中, 有我們輸入好的資料)：

在第 1 列輸入問卷題目, 以方便我們輸入資料時參照, 簡略輸入即可

	A	B	C	D	E	F	G	H	I
1	問卷編號	性別	年齡	教育程度	職業	月收入	多久買一次雜誌	有無訂閱雜誌	每月會閱讀幾本雜誌
2	001	a1	b2	c3	d3	e2	11	21	31
3	002	a2	b2	c3	d3	e2	12	21	31
4	003	a1	b3	c4	d4	e2	12	22	31

▲ 共有 150 筆資料

尋找、取代問卷資料

　　將資料編碼的主要目的就是為了方便輸入, 但是在分析資料時, 還是希望能以實際的答案為主, 這樣分析的結果才更容易看出意義。現在, 我們就來將各選項的編碼代換成原始的問卷選項, 其整個過程包含兩個動作:「尋找欲代換的編碼」與「將找到的資料取代成原始的問卷選項」, 這兩個動作在 Excel 裡面只需要一個命令就可完成。請開啟範例檔案 Ch11-01, 按下**常用**頁次**編輯**區的**尋找與選取**鈕, 在下拉選項中執行『**取代**』命令:

1 輸入要搜尋的代碼, 例如:"a1"

2 輸入 "男", 表示要將 "a1" 代換成 "男"

勾選此項, 表示要區分大小寫完全相同的資料

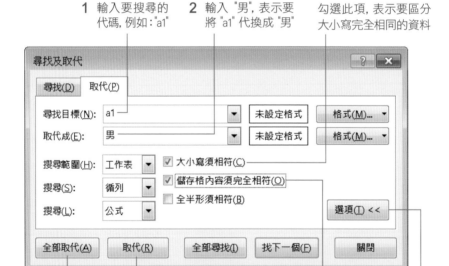

4 按下**全部取代**鈕

若您不放心一次將資料全部取代, 也可以按下**取代**鈕, 一個一個取代資料

若勾選此項, 表示要尋找完全相符的字元

3 必須按下**選項**鈕, 才會出現左側的這些進階選項

全部完成。我們完成 88 項取代作業。

	A	B	C	D
1	問卷編號	性別	年齡	教育程度
2	001	男	b2	c3
3	002	a2	b2	c3
4	003	男	b3	c4
5	004	男	b2	c3
6	005	男	b3	c4
7	006	a2	b4	c3

◀ 將 "a1" 取代成 "男"

部分相符與完全相符

Excel 在搜尋字元時分為兩種情形:

● **部份相符**:儲存格中的資料只要包含欲尋找的目標即可。假設我們要以**部份相符**的方法尋找 "news" 字串, 則 "news"、"newspaper"、"newsletter"、…等包含 "news" 的字串都會被搜尋到。

● **完全相符**:儲存格中的資料要跟欲尋找的目標完全相符。假設我們要以**完全相符**的方法尋找 "news" 字串, 則只有 "news" 會被找到, 其他如 "newspaper"、"newsletter"、…等就不包含在內。

因此, 若你要以**完全相符**的方式尋找搜尋目標, 就必須在**取代**交談窗中勾選**儲存格內容須完全相符**選項。反之, 若取消此項, 則 Excel 就會以**部分相符**的方式來搜尋目標。

以本例來說, 建議勾選**儲存格內容須完全相符**, 否則取代完畢之後, 你會發現許多 A 欄問卷編號也會被取代成問卷選項, 例如編號 051 會就變成 "0廣告設計" (因為我們將 "51" 取代為 "廣告設計")。

重複以上的步驟, 除了問卷第 10 題的答案不需取代外, 請將所有的代碼全部替換成原始的問卷選項 (可參考範例檔案 Ch11-02)。

	A 問卷編號	B 性別	C 年齡	D 教育程度	E 職業	F 月收入	G 多久買一次雜誌	H 有無訂閱雜誌	I 每月會閱讀幾本雜誌
2	001	男	16~30歲	大專	廣告設計	16,001~30,000	每個月	有	1本
3	002	女	16~30歲	大專	廣告設計	16,001~30,000	二個月	有	1本
4	003	男	31~45歲	大專以上	金融	16,001~30,000	二個月	無	1本
5	004	男	16~30歲	大專	金融	16,001~30,000	每個月	無	2本
6	005	男	31~45歲	大專以上	廣告設計	16,001~30,000	每季	無	2本
7	006	女	46歲以上	大專	製造	16,001~30,000	半年	有	2本
8	007	女	16~30歲	大專	廣告設計	30,001~50,000	每個月	無	3-5本
9	008	男	31~45歲	大專	金融	16,001~30,000	一年	無	2本
10	009	女	46歲以上	大專以上	廣告設計	30,001~50,000	每個月	有	3-5本

	J 每月花費多少在購買雜誌	K 最常購買哪一種設計雜誌	L 會在哪些地方購買	M 雜誌的價位多少才會購買	N 雜誌多久發行一次比較好
2	300元以下	廣告設計	一般書局	99元以下	雙週
3	301~400元	包裝設計	連鎖書店	100~199元	每月
4	300元以下	平面設計	網路書店	100~199元	每月
5	301~400元	建築設計	網路書店	200~299元	雙週
6	401~500元	包裝設計	連鎖書店	200~299元	每月
7	301~400元	平面設計	網路書店	200~299元	雙月
8	401~500元	建築設計	連鎖書店	100~199元	每季
9	301~400元	空間規劃	一般書局	100~199元	每月
10	300元以下	多媒體	一般書局	100~199元	雙月

▲ 完成取代的資料內容

11-3 利用「樞紐分析表」做統計及分析

建立好問卷資料後, 接著要進行資料的分析工作, 我們可以利用**樞紐分析表**來篩選資料, 再針對篩選後的結果做分析, 以便了解受訪者的購買習性及意願。

資料整理好之後, 我們就可以開始進行統計分析的工作了。以下我們將進行幾個問題的分析與統計:

● 統計受訪者人數及性別、年齡分佈、職業類型等佔比。

● 哪一種設計類的雜誌最受歡迎?

● 購買設計類雜誌時的主要考量因素為何?

● 通常會在哪些地方購買設計類雜誌?

● 不同年齡層購買設計類雜誌的種類是否有差異?

統計受訪者基本資料

問卷調查的分析, 大致可分為基本資料的分析及問題結果的分析, 藉由前者的分析, 我們可以得到調查對象的組成及其特性。底下我們就先來進行基本資料的分析及統計。請利用範例檔案 Ch11-02 繼續練習:

01 選定資料清單中的任一儲存格, 切換至**插入**頁次, 並於**表格**區按下**樞紐分析表**鈕:

由於我們剛剛已經事先選定資料清單中的任一儲存格, 所以在此 Excel 會自動選定整個清單範圍為資料來源

若範圍有誤, 可按下摺疊鈕自行修正

1 選擇在**新工作表**中放置樞紐分析表

2 按下**確定**鈕

建立樞紐分析表

選擇您要分析的資料
◉ 選取表格或範圍(S)
表格/範圍(T): 問卷調查!$A$1:$W$151
○ 使用外部資料來源(U)
選擇連線(C)...
連線名稱:

選擇您要放置樞紐分析表的位置
◉ 新工作表(N)
○ 已經存在的工作表(E)
位置(L):

選擇您是否要分析多個表格
☐ 新增此資料至資料模型(M)

確定　　取消

02 在此, 我們想進行「性別」的分析, 所以請將**樞紐分析表欄位**工作窗格中的**性別**欄分別拉曳到**列**標籤區與 **Σ 值**區:

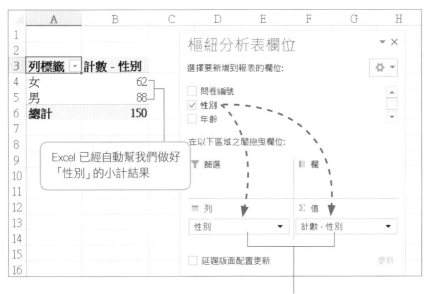

請將**性別**欄分別拉曳到這兩區

03 在此的計算結果是以性別的個數加總, 若我們要將結果改成「百分比」, 則可在**樞紐分析表欄位**工作窗格的 **Σ 值**區如右操作:

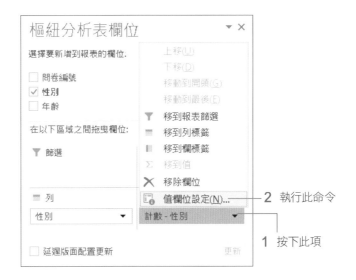

2 執行此命令

1 按下此項

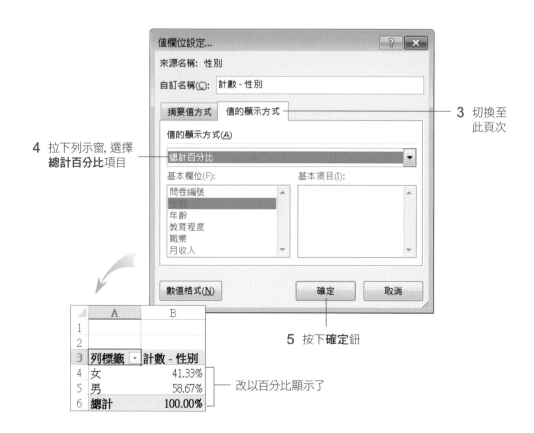

3 切換至此頁次

4 拉下列示窗, 選擇**總計百分比**項目

5 按下**確定**鈕

改以百分比顯示了

04 若想要同時顯示小計及百分比的結果, 那麼請將**性別**欄再拉曳到 Σ **值**區:

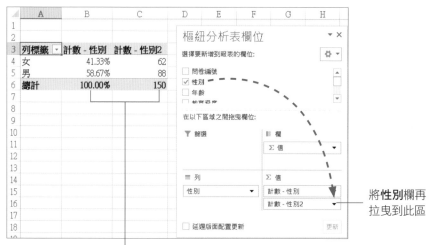

將**性別**欄再拉曳到此區

包含人數統計及百分比的結果, 可以看出受訪者約 4 成是女性、6 成是男性

學會了**性別**欄的統計後, 請依樣畫葫蘆, 先選取工作表中的空白儲存格, 再將「年齡」、「教育程度」、「職業」與「月收入」也分別做分析。完成後可開啟範例檔案 Ch11-03, 切換到**基本資料分析**工作表來對照、觀看結果。

	A	B	C
3	列標籤 ▼	計數 - 性別	計數 - 性別2
4	女	41.33%	62
5	男	58.67%	88
6	總計	100.00%	150
7			
8	列標籤 ▼	計數 - 年齡	計數 - 年齡2
9	15歲以下	14.67%	22
10	16～30歲	32.00%	48
11	31～45歲	28.00%	42
12	46歲以上	25.33%	38
13	總計	100.00%	150
14			
15	列標籤 ▼	計數 - 教育程度	計數 - 教育程度2
16	大專	38.67%	58
17	大專以上	34.00%	51
18	高中	12.67%	19
19	國中	14.67%	22
20	總計	100.00%	150

	A	B	C
22	列標籤 ▼	計數 - 職業	計數 - 職業2
23	金融	16.00%	24
24	教職員	14.00%	21
25	資訊	10.67%	16
26	製造	9.33%	14
27	廣告設計	32.00%	48
28	學生	14.00%	21
29	其他	4.00%	6
30	總計	100.00%	150
31			
32	列標籤 ▼	計數 - 月收入	計數 - 月收入2
33	16,000以下	14.67%	22
34	16,001～30,000	37.33%	56
35	30,001～50,000	34.67%	52
36	50,001以上	13.33%	20
37	總計	100.00%	150

更改樞紐分析表欄位名稱

目前樞紐分析表的欄位名稱不太容易明白, 我們可以直接在儲存格中修改。例如將性別比例分析表中的 "列標籤" 改成 "性別分析"、"計數 - 性別百分比" 改成 "百分比"、"計數 - 性別 2" 改成 "人數"。所有的更改結果請參考範例檔案 Ch11-04 的**基本資料分析**工作表。

	A	B	C	D	E	F	G	H
1						分析結果		
2								
3	性別分析 ▼	百分比	人數					
4	女	41.33%	62		此次問卷調查共有150份有效問卷,			
5	男	58.67%	88		其中受訪者以男生為居多佔了一半			
6	總計	100.00%	150		以上			
7								
8	年齡分析 ▼	百分比	人數					
9	15歲以下	14.67%	22					
10	16～30歲	32.00%	48		受訪者的年齡層以16～30歲居多,			
11	31～45歲	28.00%	42		其次為31～45歲, 總體來看受訪者			
12	46歲以上	25.33%	38		在年齡層上的分配還算平均			
13	總計	100.00%	150					
14								
15	教育程度 ▼	百分比	人數					
16	大專	38.67%	58		此次受訪者的教育程度以大專學歷			
17	大專以上	34.00%	51		居多, 其次為大專以上, 而此二族			
18	高中	12.67%	19		群也正好是對設計類雜誌比較有需			
19	國中	14.67%	22		求的			
20	總計	100.00%	150					

根據統計出來的結果, 可加註說明與分析

	A	B	C	D	E	F	G	H
22	職業分析 ▾	百分比	人數					
23	金融	16.00%	24		職業的分析結果以從事廣告設計者最			
24	教職員	14.00%	21		多，其次則為金融與教職員和學生。			
25	資訊	10.67%	16					
26	製造	9.33%	14					
27	廣告設計	32.00%	48					
28	學生	14.00%	21					
29	其他	4.00%	6					
30	總計	100.00%	150					
31								
32	收入分析 ▾	百分比	人數					
33	16,000以下	14.67%	22		收入分析的結果，以 16,001~30,000 最			
34	16,001~30,000	37.33%	56		多，其次為 30,001~50,000，表示這兩			
35	30,001~50,000	34.67%	52		個年齡層經濟能力足夠，購買意願較			
36	50,001以上	13.33%	20					
37	總計	100.00%	150					

統計了基本資料後，要統計「最受歡迎的設計類雜誌」、「分析購買設計類雜誌時的主要考量因素」以及「通常會在哪些地方購買設計類雜誌」，相信應該都難不倒您，請試著依上述方法完成這幾項分析，您可以參考範例檔案 Ch11-04 的**問題分析**工作表。

	A	B	C	D	E	F	G	H
1							問題分析	
2								
3	最常購買 ▾	百分比	人數					
4	包裝設計	16.67%	25		廣告設計、平面設計與包裝設計是			
5	平面設計	18.00%	27		最多人購買的設計雜誌，我們可朝這			
6	多媒體	6.00%	9		三大方向來開發			
7	其他	2.00%	3					
8	居家設計	7.33%	11					
9	服裝設計	8.67%	13					
10	空間規劃	10.00%	15					
11	建築設計	10.00%	15					
12	廣告設計	21.33%	32					
13	總計	100.00%	150					
14								
15	主要考量 ▾	百分比	人數					
16	本期專題報導	32.67%	49		從消費者購買的主要考量因素來分			
17	名人推薦	8.00%	12		析，最重視的要素是當期的專題報			
18	有無贈品優惠券	5.33%	8		導主題，其次是頁數多寡，再來才			
19	其他	2.67%	4		是價格考量，所以開發新雜誌，這			
20	版面編排美觀	8.67%	13		三點應該做為主要的重點			
21	頁數多寡	28.00%	42					
22	價格實惠	14.67%	22					
23	總計	100.00%	150					

	A	B	C	D	E	F	G	H
25	購買地點 ▾	百分比	人數					
26	一般書局	28.00%	42		由消費者的購買地點來看，可以提			
27	其他	7.33%	11		供我們往後舖貨通路的參考。此次			
28	便利商店	14.67%	22		問卷結果可看出消費者已習慣從網			
29	連鎖書店	17.33%	26		路商店購買，其次為一般書局，因			
30	網路書店	32.67%	49		此日後須鞏固這兩個主要通路			
31	總計	100.00%	150					

多個欄位的分析

　　剛才我們所介紹的樞紐分析表都只有針對單一欄位進行統計, 若是想分析兩個以上的欄位該怎麼做呢? 在此我們以「不同年齡層購買設計雜誌的種類是否有差異?」這個問題來進行分析。

　　請繼續使用範例檔案 Ch11-04 的**問卷調查**工作表, 按下**插入**頁次**表格**區的**樞紐分析表**鈕, 再如下操作:

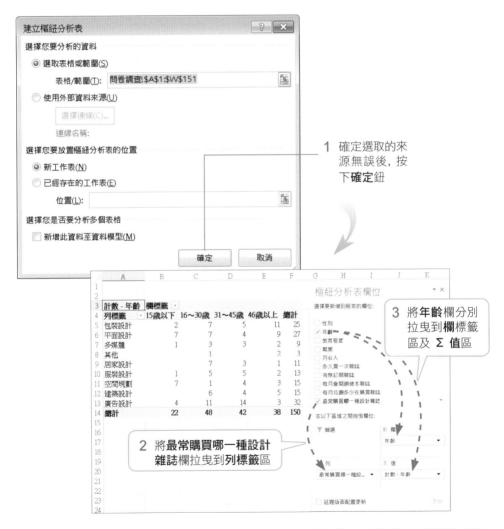

1 確定選取的來源無誤後, 按下**確定**鈕

2 將**最常購買哪一種設計雜誌**欄拉曳到**列標籤**區

3 將**年齡**欄分別拉曳到**欄標籤**區及 Σ **值**區

　　由以上的統計結果, 我們可以得知 16~45 歲的主要消費者以購買**廣告設計**及**平面設計**雜誌為最多, 可開啟範例檔案 Ch11-05 的**年齡與雜誌喜好分析**工作表觀看結果。

11-4 將調查結果製成圖表

雖然從樞紐分析表中, 我們可以得知各項統計的結果, 但是想要更清楚地表達分析的結果, 將資料繪製成圖表是再好不過了。

繪製樞紐分析圖

請繼續使用範例檔案 Ch11-05 的**年齡與雜誌喜好分析**工作表, 在此我們要將上一節分析出來的「不同年齡層對於購買設計類雜誌的種類是否有差異?」繪製成樞紐分析圖。請選取樞紐分析表中的任一個儲存格, 然後切換至**樞紐分析表工具/分析**頁次, 再按下工具區的**樞紐分析圖**鈕, 此時會開啟**插入圖表**交談窗, 讓我們選擇要建立的圖表類型:

1 選擇您想要的圖表類型, 例如**直條圖**中的**群組直條圖**

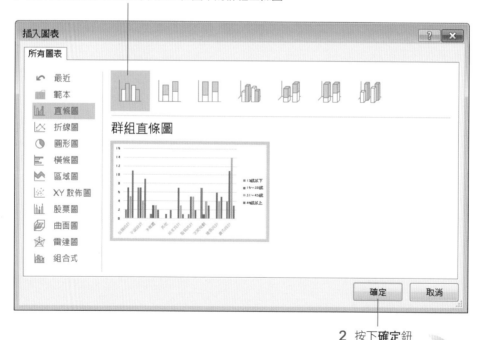

2 按下**確定**鈕

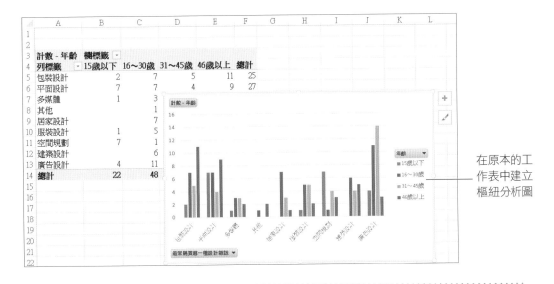

在原本的工作表中建立樞紐分析圖

選取樞紐分析表中的任一個儲存格後, 按下 F11 鍵, 可快速在新工作表中建立樞紐分析圖。

移動圖表

若您想將圖表搬移到單獨的工作表中, 請切換至**樞紐分析圖工具/設計**頁次, 按下**位置**區的**移動圖表**鈕, 或在**圖表**區的邊框上按右鈕, 執行『**移動圖表**』命令:

請選擇此項將圖表移至新的工作表中, 再按下**確定**鈕

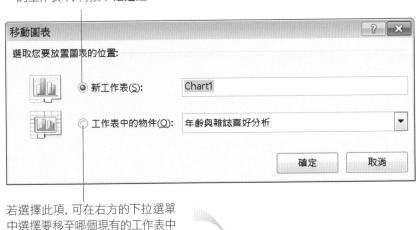

若選擇此項, 可在右方的下拉選單中選擇要移至哪個現有的工作表中

Next

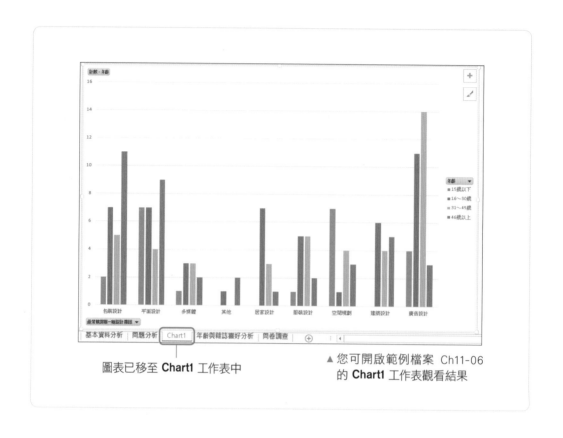

圖表已移至 **Chart1** 工作表中　　　　▲ 您可開啟範例檔案 Ch11-06
　　　　　　　　　　　　　　　　　　　　的 **Chart1** 工作表觀看結果

美化樞紐分析圖

　　建立好的樞紐分析圖可能不夠美觀, 例如座標軸的文字太小、圖形不夠立體、圖表沒有標題、…等, 現在我們就來看看如何美化樞紐分析圖。

調整樞紐分析圖中的文字大小

　　要調整樞紐分析圖中的文字大小, 只要選取文字, 再切換到**常用**頁次下, 由**字型**區調整即可。底下以調整座標軸文字為例:

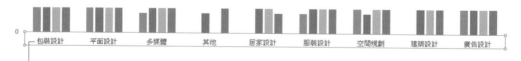

1 在此按一下, 即可選取整個座標軸文字

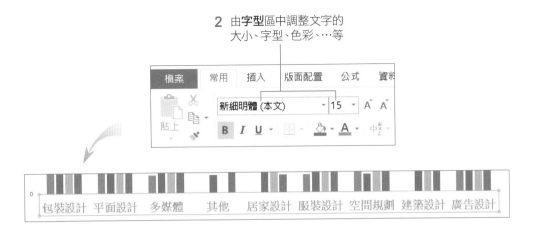

2 由**字型**區中調整文字的
大小、字型、色彩、…等

你可以用同樣的做法, 調整垂直座標軸及圖例的文字格式。

顯示圖表標題

剛才建立好的圖表, 只有顯示圖例、水平及垂直座標軸, 我們還希望能夠列出圖表標題及水平/垂直座標軸的標題, 讓瀏覽的人更容易了解圖表所表達的資訊。

要顯示圖表標題或是水平/垂直座標軸的標題, 有一個比較快速的做法, 就是在選定圖表後, 切換到**樞紐分析圖工具/設計**頁次, 從**圖表版面配置**區中選擇合適的版面配置:

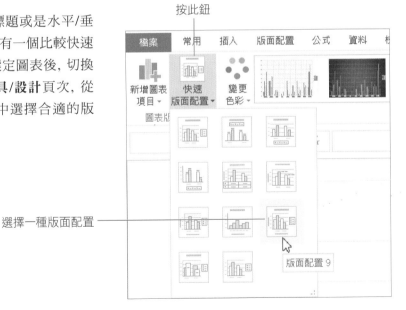

按此鈕

選擇一種版面配置

你可以由縮圖中大致看出圖形包含哪些資訊, 例如選擇**版面配置 9**, 就含有圖表標題、水平/垂直座標軸標題、圖例等資訊。

垂直座標軸標題　　　　　　　　　　　　　圖表標題

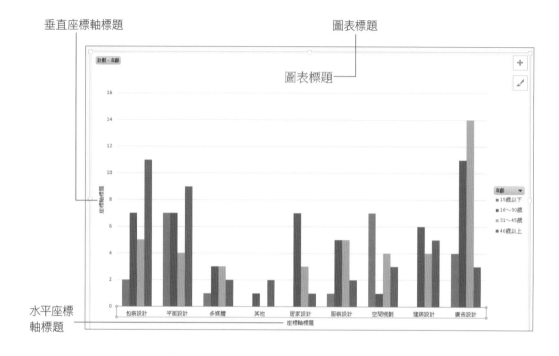

水平座標
軸標題

　　Excel 自動幫我們建立好圖表標題、水平/垂直座標軸標題的文字方塊後, 你只要在文字上雙按, 即可修改成你要顯示的文字, 再切換到**常用**頁次的**字型**區進行美化。

在此雙按即可修改標題文字

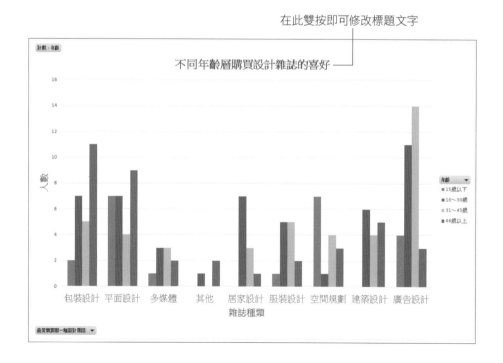

不過垂直座標軸的標題為橫向排列不易閱讀, 你可以如下改成垂直標題:

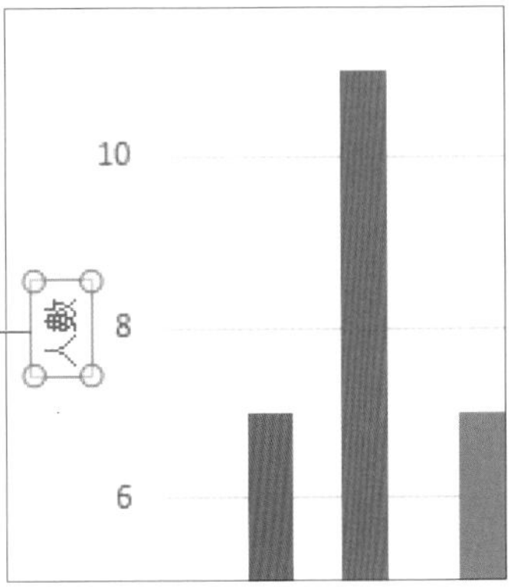

1 選取標題, 並在座標軸標題上雙按

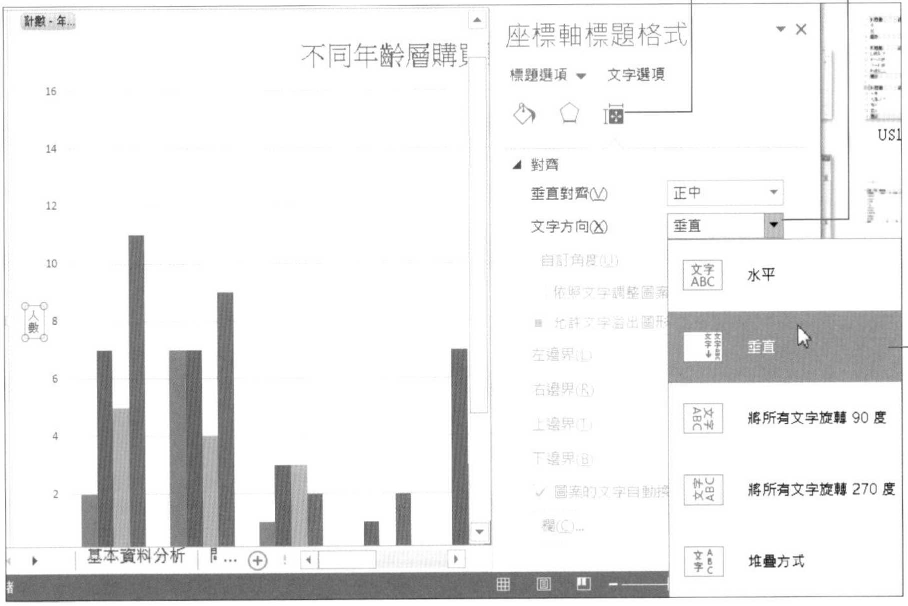

2 按此鈕　　3 拉下此列示窗

座標軸標題格式

標題選項 ▾ 文字選項

▲ 對齊

垂直對齊(V)　　正中

文字方向(X)　　垂直

自訂角度(U)

依照文字調整圖案

允許文字溢出圖形

左邊界(L)

右邊界(R)

上邊界(T)

下邊界(B)

✓ 圖案的文字自動換列

欄(C)

文字 ABC	水平
文字 (直)	垂直
文字 ABC	將所有文字旋轉 90 度
文字 (直)	將所有文字旋轉 270 度
文字	堆疊方式

不同年齡層購買

基本資料分析

▲ 完成結果可參考範例檔案 Ch11-07 的 **Chart1** 工作表

4 選擇**文字方向**

利用「交叉分析篩選器」
做交叉比對分析

雖然樞紐分析表可以很靈活的統計出我們需要的資料, 但遇到需要交叉比對分析的
狀況, 樞紐分析表還是略顯不足, 這時候我們可以利用交叉分析篩選器來做輔助。

請開啟範例檔案 Ch11-08, 切換到**交叉分析**工作表, 其中是各年齡層最常購買的設
計類雜誌統計:

計數 - 年齡	欄標籤				
列標籤	15歲以下	16~30歲	31~45歲	46歲以上	總計
包裝設計	2	7	5	11	25
平面設計	7	7	4	9	27
多媒體	1	3	3	2	9
其他		1		2	3
居家設計		7	3	1	11
服裝設計	1	5	5	2	13
空間規劃	7	1	4	3	15
建築設計		6	4	5	15
廣告設計	4	11	14	3	32
總計	22	48	42	38	150

但是現在我們還想繼續深入做以下 3 種分析:

● 男、女性對設計雜誌的喜好有無差異?

● 想了解女性, 且教育程度大專 (或以上) 最常買的設計雜誌?

● 教育程度大專 (或以上), 且月收入 3 萬元以上的族群較喜好哪些設計雜誌?

插入交叉分析篩選器

像這種需要交叉分析多項欄位的情況, 只要請出**交叉分析篩選器**, 就能在同一個樞
紐分析表中快速統計出我們想要的資料, 一起來看看要怎麼做吧!

01 任選樞紐分析表的某個儲存格, 按下**插入**頁次中的**交叉分析篩選器**鈕, 此時會開啟**插入交叉分析篩選器**交談窗, 請勾選需要分析的相關欄位, 如：**性別、教育程度**與**月收入**：

勾選這 3 個要做分析的欄位

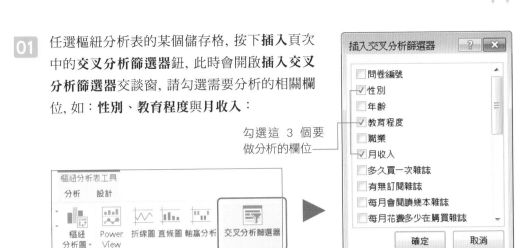

02 按下**確定**鈕, 此時工作表上就會出現 3 個**交叉分析篩選器**：

這裡是**交叉分析篩選器**的欄位名稱

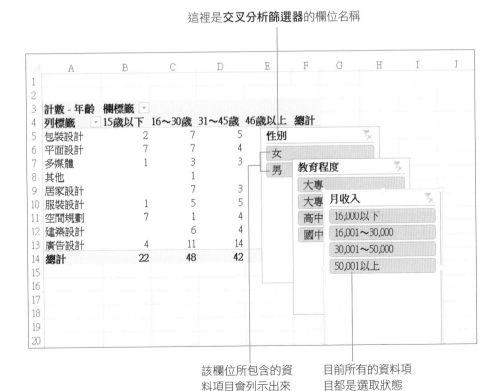

該欄位所包含的資料項目會列示出來

目前所有的資料項目都是選取狀態

03 目前**交叉分析篩選器**的位置重疊了, 請拉曳**交叉分析篩選器**的邊框來搬移位置, 在此我們將它們排列如下:

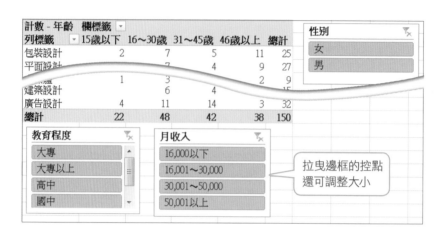

04 現在可以開始做分析了! 首先是想知道 "男、女性對設計雜誌的喜好有無差異?", 你只要點選**性別交叉分析篩選器**中的**女**項目, 樞紐分析表馬上會更新為只統計女性的結果; 相反的, 若是點選**男**項目, 馬上又會更新為只統計男性的結果:

計數 - 年齡	欄標籤				
列標籤	15歲以下	16～30歲	31～45歲	46歲以上	總計
包裝設計	1	4	1	5	11
平面設計	3	5		5	13
多媒體			1	2	3
其他	1		1		2
居家設計		4	1		5
服裝設計		2	2		
空間規劃					
建築設計					
廣告設計					
總計					

性別
女
男

▲ 點選**女**項目的統計結果

計數 - 年齡	欄標籤				
列標籤	15歲以下	16～30歲	31～45歲	46歲以上	總計
包裝設計	1	3	4	6	14
平面設計	4	2	4	4	14
多媒體	1	3	2		6
其他				1	1
居家設計		3	2	1	
服裝設計	1	3	3	2	9
空間規劃	5	1	4		10
建築設計		4	2	3	9
廣告設計	4	8	6	1	19
總計	16	27	27	18	88

性別
女
男

▲ 點選**男**項目的統計結果

05 接下來更神奇了! 還想知道 "女性, 且教育程度大專 (或以上) 最常買的設計雜誌?", 只要點選**性別交叉分析篩選器**中的**女**項目, 以及**教育程度交叉分析篩選器**中的**大專**和**大專以上**, 統計結果馬上又出爐了:

計數 - 年齡	欄標籤			
列標籤	16~30歲	31~45歲	46歲以上	總計
包裝設計	4	1	5	10
平面設計	4		4	8
多媒體		1	2	3
其他	1			1
居家設計	4	1		5
服裝設計	1	2		3
空間規劃			3	3
建築設計	2	1	2	5
廣告設計	3	7	2	(12)
總計	19	13	18	50

性別
女
男

最常買的是**廣告設計**雜誌

要選取一個以上的資料項目, 可按住 Ctrl 鍵再一一點選

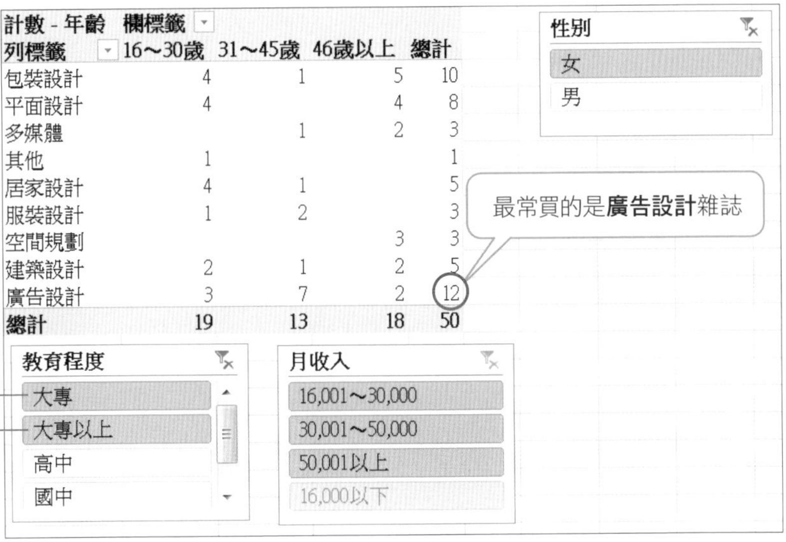

教育程度
大專
大專以上
高中
國中

月收入
16,001~30,000
30,001~50,000
50,001以上
16,000以下

06 最後一個 "教育程度大專 (或以上), 且月收入 3 萬元以上的族群較喜好哪些設計雜誌?" 相信你知道該怎麼辦了吧!請參考下圖:

按下**交叉分析篩選器**右上角的**清除篩選**鈕 , 也可恢復成選取每個資料項目。

計數 - 年齡	欄標籤			
列標籤	16~30歲	31~45歲	46歲以上	總計
包裝設計	4	2	7	13
平面設計	2	2	5	9
多媒體	1	2	1	4
其他			1	1
居家設計	4	2	1	7
服裝設計	1	4		5
空間規劃	1		2	3
建築設計	5	1	3	9
廣告設計	5	4	2	11
總計	23	17	22	62

性別
女
男

此題不分男女, 所以**性別**兩項都要選

教育程度選擇**大專**和**大專以上**

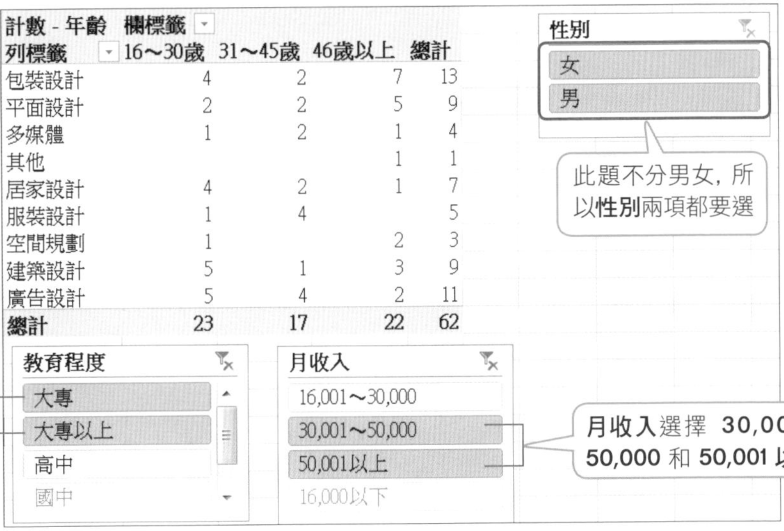

教育程度
大專
大專以上
高中
國中

月收入
16,001~30,000
30,001~50,000
50,001以上
16,000以下

月收入選擇 30,001~50,000 和 50,001 以上

▲ 包裝、廣告設計票數較多

　市場調查的應用相當廣泛, 尤其是以問卷來做調查的形式, 大部分的人應該都接觸過。看完這一章, 相信您就能概略地了解別人是如何分析問卷資料的。只要善用**樞紐分析表**和**交叉分析篩選器**, 就能用 Excel 完成問卷調查並獲得有用的資訊, 不必額外購買及學習其他統計軟體。

12

人事薪資、二代健保、勞退提撥—資料的建立與查表

你會學到的 Excel 功能

- 為查表範圍定義名稱
- 利用 VLOOKUP 函數查詢所得扣繳稅額及勞、健保費
- 計算應付薪資
- 計算雇主應提撥的勞退金
- 計算二代健保制度下的應付獎金

每個月發薪水時, 就是上班族最快樂的時候, 辛勤工作一個月總算有了代價。然而, 對於會計人員來說, 計算公司員工薪水的繁雜工作卻是件辛苦的差事, 例如要查詢每個人應扣的所得稅、健保、勞保、計算勞退提撥金…等, 以及列印每個人的薪資明細表等等。

本章將帶您活用 VLOOKUP 函數, 建立一個可自動計算薪資的系統, 以減化人工查詢扣繳費用及核算實際應付薪資的工作, 請大家準備好 Excel, 和我們一起來建立這樣的系統吧!

▲ 透過 Excel 的處理, 我們可以輕鬆製作全公司的薪資表

▲ 健保費查詢表

▲ 員工基本資料

▲ 勞保費查詢表

▲ 所得稅查詢表

勞保負擔金額表工作表中的資料, 是以**一般受雇勞工保險普通事故及就業保險合計之保險費**為例, 若是外籍勞工、65 歲以上、15 歲以下勞工則另有不同的費率。

12-1 建立員工及查表資料

俗話說的好「萬丈高樓平地起」，無論 Excel 的功能多麼強大，沒有資料的 Excel 還是無用武之地，所以我們得先將要處理的資料 (員工基本資料)，及一些必備的參考表格 (如：所得扣繳金額表、勞、健保負擔金額表…等) 輸入到工作表中。

建立員工基本資料表

請開啟範例檔案 Ch12-01 的**員工基本資料**工作表，這裡有我們事先準備好的員工資料：

▶ 為了避免資料在捲動時，無法對照標題，因此我們在工作表中做了凍結窗格，讓前 2 列固定在畫面上

	A	B	C	D	E	F
1			萬旗公司員工基本資料			
2	員工姓名	部門	銀行帳號	扶養人數	健保眷口人數	本薪
3	吳美麗	產品部	205-163401	2	2	36,000
4	呂小婷	財務部	205-161403	0	0	39,540
5	林裕暄	財務部	205-163561	1	0	86,000
6	徐誌明	電腦室	205-161204	1	2	66,000
7	鍾小評	產品部	205-163303	2	2	40,000
8	沈威威	電腦室	205-163883	3	2	55,000
9	施慧慧	財務部	205-163425	3	1	74,800

員工基本資料 / 所得扣繳稅額表 / 健保負擔金額表 / 勞保負擔金額表

建立所得扣繳、勞、健保負擔金額表

我們的薪資都必須先依據國稅局、健保局及勞保局公佈的「薪資所得扣繳稅額表」、「健保保險費負擔金額表」、「勞保普通事故保險費分擔金額表」來做薪資扣除。會計人員可以到相關單位的網站去下載這些表格，再調整成自己習慣的版面配置。在此，為了節省各位蒐集表格、輸入資料的時間，我們已經事先將這 3 個表格輸入好了，您可以切換到範例檔案 Ch12-01 中的**所得扣繳稅額表**、**健保負擔金額表**與**勞保負擔金額表**等工作表來查看：

	B	C	D	E	F	G	H	I
1		全民健康保險保險費負擔金額表						
2-3		〔公、民營事業、機構及有一定雇主之受雇者適用〕						單位：新台幣元
4	投保金額等級	月投保金額	被保險人及眷屬負擔金額 (負擔比率30%)				投保單位負擔金額 (負擔比率60%)	政府補助金額 (補助比率10%)
5			本人	本人+1眷口	本人+2眷口	本人+3眷口		
6	1	20,008	295	590	885	1,180	955	159
7	2	20,100	296	592	888	1,184	959	160
8	3	21,000	309	618	927	1,236	1,002	167
9	4	21,900	323	646	969	1,292	1,045	174
10	5	22,800	336	672	1,008	1,344	1,088	181
11	6	24,000	354	708	1,062	1,416	1,145	191

員工基本資料 / 所得扣繳稅額表 / 健保負擔金額表 / 勞保負擔金額表

可在此切換各項參考表格的資料

以上這些參考表格，隨時都有可能會更新，您可以到健保局、勞保局或國稅局的網站查詢最新資訊，並且更新參考表格的內容。

政府單位	網址
健保保險費率負擔金額表下載	http://www.nhi.gov.tw/webdata/webdata.aspx?menu=18&menu_id=679&WD_ID=679&webdata_id=3615
	或是進入**衛生福利部中央健康保險署**網站後 (http://www.nhi.gov.tw)，點選最上面的**資料下載**，再點選左側的一般民眾區下的**保險費計算與繳納**項目，就可在右側區域看到**保險費負擔金額表**，點選後即可下載費率表。
勞工保險投保分擔金額表	http://www.bli.gov.tw/sub.aspx?a=2fJJ92KdPgw%3D
	或是進入**勞動部勞工保險局**網站後 (http://www.bli.gov.tw/default.aspx)，點選左側的**其他便民服務**下的**保險費分擔表**即可下載。
薪資所得扣繳稅額表	http://service.ntbt.gov.tw/etwmain/front/ETW118W/CON/1029/5588173153023964506?tagCode=
	或是進入**財政部臺北國稅局**的**服務園地**點選**下載專區**下的**其他**，再點選**綜合所得稅**，即可找到**薪資所得扣繳稅額表**的下載連結。

費率分擔表的用途

剛才所介紹的參考表格是用來查詢每個人每月應扣的所得稅及健、勞保費用。會計人員會依據每個人的薪水、扶養人數、健保眷口人數等，來求得每個月應扣除的各項費用。

舉個例子來說明：假設楊大寶的本薪為 70,000 元，並有主管職務津貼 7,200 元，扶養人數為 1 人，現在要查詢楊大寶應扣的所得稅：

01 先計算楊大寶這個月的薪資總額：

薪資總額 ＝ 本薪 ＋ 職務津貼
　　　　＝ 70,000 ＋ 7,200
　　　　＝ 77,200

02 切換到**所得扣繳稅額表**工作表，在 A 欄中找出楊大寶薪資所得 (77,200) 所屬的級距，發現其值介於 A18 與 A19 儲存格 (也可由 I 欄查詢得知其薪資所得範圍位於 77,001 至 77,500 之間)，由於所得稅是取較低的級距，為了能讓 EXCEL 自動計算，因此 A 欄只列出範圍間最小值，所以找到 A18 儲存格。

03 再根據楊大寶扶養的人數 (1 人), 找到其應扣所得稅為 0 元。

先根據薪水找出等級, 並取其低者

	薪資所得		扶養人數							附註 薪資所得範圍
			0	1	2	3	4	5		
17	76,501	2,210	0	0	0	0	0	0		76,501~77,000
18	77,001	2,270	0	0	0	0	0	0		77,001~77,500
19	77,501	2,330	0	0	0	0	0	0		77,501~78,000
20	78,001	2,390	0	0	0	0	0	0		78,001~78,500
21	78,501	2,450	0	0	0	0	0	0		78,501~79,000
22	79,001	2,510	0	0	0	0	0	0		79,001~79,500
23	79,501	2,570	0	0	0	0	0	0		79,501~80,000
24	80,001	2,630	0	0	0	0	0	0		80,001~80,500

員工基本資料　所得扣繳稅額表　健保負擔金額表　勞保負擔金額表　薪…

再根據扶養人數找出應扣繳的所得稅

　　勞、健保費用也是用相同的方法查詢, 且勞、健保的負擔金額表都有其最高的上限, 若是薪資總額超過該上限, 則所要負擔的費用仍然是以最高的級距為主。以楊大寶的薪資 77,200 為例, 可分別找到**健保負擔金額表**的 E36 及**勞保負擔金額表**的 B21 儲存格。

楊大寶要扣繳的健保費

楊大寶要扣繳的勞保費

🔔 在二代健保中, 當員工的全年累計獎金超過**當月投保金額**的 4 倍時, 才需要支付補充保費, 此例為一般領固定薪水的員工, 沒有領獎金, 因此不需額外計算。(在 12-5 節會說明如何計算獎金的補充保費)。

為查表範圍定義名稱

　　以本例而言，要計算員工的薪資，我們得依序查詢**所得扣繳稅額表**、**健保負擔金額表**以及**勞保負擔金額表**等工作表中的資料，不過這幾個工作表中的資料範圍都很大，為了避免待會兒查表時暈頭轉向，我們先為這幾個查表範圍定義好**名稱**，這樣在進行函數或公式運算時會比較清楚易懂。

　　為儲存格定義名稱的技巧，我們在前面幾章都已經學過了，所以我們直接將定義好的名稱列在右表中，讓你做對照。

定義的名稱	工作表名稱	資料範圍
員工姓名	員工基本資料	A3：A32
員工基本資料	員工基本資料	A3：F32
所得稅額表	所得扣繳稅額表	A3：G67
健保負擔表	健保負擔金額表	C6：G57
勞保負擔表	勞保負擔金額表	A3：C21

📍 查詢已定義的儲存格名稱

要查看活頁簿中所有定義的名稱，你可以切換到**公式**頁次，按下**已定義之名稱**區的**名稱管理員**來查看。

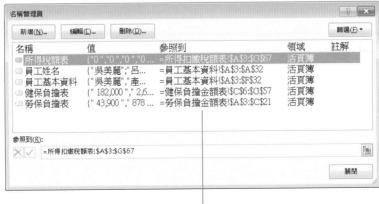

各名稱的資料範圍

12-2 自動查詢所得稅及勞、健保費

準備工作告一段落後, 接下來我們來看看如何讓 Excel 自動到這 3 個工作表中查詢應扣費用。

請開啟範例檔案 Ch12-02, 並切換到**薪資表**工作表, 這一節我們要完成如下的工作:

1 完成**薪資總額**欄的計算 (= 本薪 + 職務津貼)。

2 計算每個人的應扣所得稅。

3 計算應付健保費用。

4 計算應付勞保費用。

在本節中, 我們要教您設計公式,
自動填入這 4 欄的資料

	A	B	C	D	E	F	G	H	I	J
1				萬旗公司員工薪資表						
2	員工姓名	本薪	職務津貼	薪資總額	所得稅	健保	勞保	請假	應扣小計	應付薪資
3	吳美麗	36,000	3200					300		
4	呂小婷	39,540						800		
5	林裕暐	86,000								
6	徐誌明	66,000	450							
7	鍾小評	40,000						300		
8	沈威威	55,000	5000							

員工基本資料 | 所得扣繳稅額表 | 健保負擔金額表 | 勞保負擔金額表 | 薪資表

請假欄是屬於變動性的欄位, 也就是說, 每個月可能不會一樣, 所以我們必須根據實際狀況自己輸入資料。

計算薪資總額

在上一節曾經提到過, 應扣繳的所得稅及勞、健保費是根據**薪資總額**來查詢的, 所以我們必須先算出 D 欄的**薪資總額**。

計算薪資總額的公式如下：

薪資總額（D 欄）＝ 本薪（B 欄）＋ 職務津貼（C 欄）

請跟著底下的步驟來計算**薪資總額**：

01 選定 D3 儲存格, 然後按下**公式**頁次**函數程式庫**區的**自動加總鈕**：

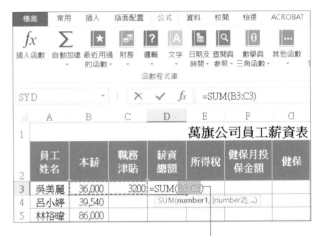

Excel 會自動選定加總範圍

02 按下 Enter 鍵, 吳美麗的薪資總額就算好了。接著請拉曳 D3 儲存格的填滿控點到 D32, 即可算出所有員工的薪資總額：

	A	B	C	D	E	F	G
1					萬旗公司員工薪資表		
2	員工姓名	本薪	職務津貼	薪資總額	所得稅	健保月投保金額	健保
3	吳美麗	36,000	3200	39,200			
4	呂小婷	39,540		39,540			
5	林裕暐	86,000		86,000			
6	徐誌明	66,000	450	66,450			
7	鍾小評	40,000		40,000			
8	沈威威	55,000	5000	60,000			
9	施慧慧	74,800		74,800			
10	劉淑容	26,400		26,400			

查詢應扣所得稅

算好薪資總額之後, 就可以到**所得扣繳稅額表**工作表中查詢應扣的所得稅。接續上例或開啟範例檔案 Ch12-03, 並切換至**薪資表**工作表, 在此仍然以吳美麗為例來做說明。

查詢應扣的所得稅是以所屬級距中較低的等級為主, 也就是要找出小於或等於搜尋值的最大值。要查出吳美麗應扣的所得稅, 我們可以利用 VLOOKUP 函數先到**員工基本資料**工作表中查詢扶養人數, 然後再到**所得扣繳稅額表**工作表中依據吳美麗的薪資總額及扶養人數查詢應扣的所得稅。所以**薪資表**工作表 E3 儲存格, 可設計如下的公式:

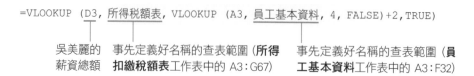

=VLOOKUP (D3, 所得稅額表, VLOOKUP (A3, 員工基本資料, 4, FALSE)+2,TRUE)

吳美麗的　　事先定義好名稱的查表範圍 (**所得**　　事先定義好名稱的查表範圍 (**員**
薪資總額　　**扣繳稅額表**工作表中的 A3:G67)　　**工基本資料**工作表中的 A3:F32)

為方便你理解, 我們將這個公式拆成兩個部份來說明, 內層的 VLOOKUP 函數用來查詢扶養人數, 而外層的 VLOOKUP 函數則是依據薪資總額以及查詢到的扶養人數, 到**所得扣繳稅額表**工作表中查詢應扣所得稅。

VLOOKUP (A3, 員工基本資料, 4 , FALSE)

以員工姓名為搜尋值　　　　　　　此值設為 FALSE 表示要完全符合搜尋值

到**員工基本資料**工作表中的 A3:F32
中的第 4 欄查詢扶養人數

扶養人數在**員工基本資料**工作表中的第 4 欄

所以查到吳美麗的扶養人數為 2

外層的 VLOOKUP 函數則依**薪資表**中的**薪資總額**到**所得扣繳稅額表**工作表中的 A欄做比對, 找到**薪資總額**所屬列數後, 再依據剛才找到的扶養人數去查詢應扣所得稅。

=VLOOKUP (D3, 所得稅額表, VLOOKUP (A3, 員工基本資料, 4, FALSE)+2,TRUE)

查詢薪資所得的級距　　　　　　　找出扶養人數

剛才找到吳美麗的扶養人數為 2 人, 在**所得扣繳稅額表**工作表中的扶養人數為2 人是位在第 4 欄, 扶養人數為 3 人位在第 5 欄, 所以我們將查到的扶養人數值+2, 即可正確查出所屬的欄位。

扶養 2 人在**所得扣繳稅額表**工作表中的第 4 欄

	A	B	C	D	E	F	G	H	I
1	薪資				扶養人數				附註
2	所得	0	1	2	3	4	5		薪資所得範圍
3	0	0	0	0	0	0	0		0~70,000
4	70,001	0	0	0	0	0	0		70,001~70,500
5	70,501	0	0	0	0	0	0		70,501~71,000
6	71,001	0	0	0	0	0	0		71,001~71,500
7	71,501	0	0	0	0	0	0		71,501~72,000
8	72,001	0	0	0	0	0	0		72,001~72,500
9	72,501	0	0	0	0	0	0		72,501~73,000
10	73,001	2,010	0	0	0	0	0		73,001~73,500
11	73,501	2,030	0	0	0	0	0		73,501~74,000

員工基本資料　所得扣繳稅額表　健保負擔金額表　勞保負擔金額表　薪資表

由於吳美麗的薪資總額 39,200, 小於 73,001 所以查到的結果為 0

在**薪資表**的 E3 儲存格中輸入公式後, 即可查出吳美麗的應扣所得稅為 0。接著, 請拉曳儲存格 E3 的填滿控點到 E32, 即可算出所有人的所得稅扣繳稅額了 (您可以開啟範例檔案 Ch12-04, 並切換至**薪資表**工作表來觀看計算出來的結果)。

	A	B	C	D	E	F	G	H	I
1				**萬旗公司員工薪資表**					
2	員工姓名	本薪	職務津貼	薪資總額	所得稅	健保月投保金額	健保	勞保	請假
3	吳美麗	36,000	3200	39,200	0				300
4	呂小婷	39,540		39,540	0				800
5	林裕暐	86,000		86,000	2440				
6	徐誌明	66,000	450	66,450	0				
7	鍾小評	40,000		40,000	0				300

員工基本資料　所得扣繳稅額表　健保負擔金額表　勞保負擔金額表　薪資表

計算健保費用

算完所得稅後, 接著要來計算健保費用。為了讓你更了解 VLOOKUP 函數的應用, 在此查詢健保費用是以所屬級距中較低的等級做示範 (若要以**月投保金額**較高一級的級距來計算健保費, 您可參考 12-12 頁的說明) 也就是要找出小於或等於搜尋值的最大值。假設搜尋值為 35,000:

此為較低等級, 也就是搜尋範圍中, 小於搜尋值 (35,000) 的最大值

	B	C	D	E	F	G	H	I
1			**全民健康保險保險費負擔金額表**					
2			〔公、民營事業、機構及有一定屬主之受屬者適用〕					
3								單位：新台幣元
4			被保險人及眷屬負擔金額 (負擔比率30%)				投保單位負擔金額 (負擔比率60%)	政府補助金額 (補助比率10%)
5	投保金額等級	月投保金額	本人	本人+1眷口	本人+2眷口	本人+3眷口		
17	12	31,800	468	936	1,404	1,872	1,518	253
18	13	33,300	491	982	1,473	1,964	1,589	265
19	14	34,800	513	1,026	1,539	2,052	1,661	277
20	15	36,300	535	1,070	1,605	2,140	1,732	289
21	16	38,200	563	1,126	1,689	2,252	1,823	304

員工基本資料　所得扣繳稅額表　健保負擔金額表　勞保負擔金額表　薪資表 …

由於健保負擔金額的制度有投保金額的上限（目前為 182,000），所以當薪資超出該上限值時，仍然是以最高的投保金額為主，例如：甲君的薪資為 200,000 且健保眷口人數為 1 人，則甲君每月的健保負擔即為 5,362 元。

	B	C	D	E	F	G	H	I
1		全民健康保險保險費負擔金額表						
2		（公、民營事業、機構及有一定僱主之受僱者適用）						
3								單位：新台幣元
4-5	投保金額等級	月投保金額	被保險人及眷屬負擔金額 (負擔比率30%)				投保單位負擔金額 (負擔比率60%)	政府補助金額 (補助比率10%)
			本人	本人+1眷口	本人+2眷口	本人+3眷口		
54	49	162,800	2,398	4,796	7,194	9,592	7,770	1,295
55	50	169,200	2,492	4,984	7,476	9,968	8,075	1,346
56	51	175,600	2,587	5,174	7,761	10,348	8,381	1,397
57	52	182,000	2,681	5,362	8,043	10,724	8,686	1,448
58	★104年7月1日起實施							

員工基本資料 ｜ 所得扣繳稅額表 ｜ 健保負擔金額表 ｜ 勞保負擔金額表 ｜ 薪資表 ⋯ ⊕

以最高的級距為準

接著我們就來計算每人每月的健保費用為多少。還記得**員工基本資料**工作表中，有一欄是**健保眷口人數**嗎？當我們在計算健保費用時，和計算所得稅一樣，也要將眷口的人數一併計算。

請選定**薪資表**工作表中的 F3 儲存格，然後輸入以下公式，即可求算出吳美麗每月的健保費用：

=VLOOKUP (D3, 健保負擔表, VLOOKUP (A3, 員工基本資料, 5, FALSE) +2, TRUE)

以薪資總額來查詢　　　　　　　健保眷口人數在**員工基本**　　　查到的眷口人數要再加 2, 才
　　　　　　　　　　　　　　資料工作表中的第 5 欄　　　是定義的**健保負擔表**名稱 (**健
　　　　　　　　　　　　　　　　　　　　　　　　保負擔金額表**工作表的 C6：
　　　　　　　　　　　　　　　　　　　　　　　　G57) 中對應的眷口人數欄

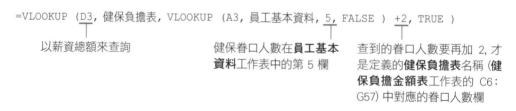

F3		✕ ✓ fx	=VLOOKUP(D3,健保負擔表,VLOOKUP(A3,員工基本資料,5, FALSE)+2,TRUE)						
	A	B	C	D	E	F	G	H	I	J	K

	A	B	C	D	E	F	G	H	I	J	K
1	萬旗公司員工薪資表										
2	員工姓名	本薪	職務津貼	薪資總額	所得稅	健保	勞保	請假	應扣小計	應付薪資	
3	吳美麗	36,000	3200	39,200	0	1689		300			
4	呂小婷	39,540		39,540	0			800			
5	林裕暐	86,000		86,000	2440						

⋯ 所得扣繳稅額表 ｜ 健保負擔金額表 ｜ 勞保負擔金額表 ｜ 薪資表 ⊕

查出並填入吳美麗的健保費

算出吳美麗的健保費之後, 只要拉曳 F3 儲存格的填滿控點到 F32 即可算出所有人的健保費了 (您可以開啟範例檔案 Ch12-05, 並切換到**薪資表**工作表來觀看計算出來的結果)。

計算勞保費用

同樣地, 查詢勞保費在此也是以所屬級距中較低的等級做示範, 我們已經事先將**勞保負擔金額表**工作表中**月投保金額**欄由最小排序到最大。接續上例或開啟範例檔案 Ch12-05, 然後在**薪資表**工作表中的 G3 儲存格輸入勞保公式:

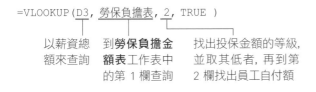

```
=VLOOKUP(D3, 勞保負擔表, 2, TRUE )
```

| 以薪資總額來查詢 | 到**勞保負擔金額表**工作表中的第 1 欄查詢 | 找出投保金額的等級,並取其低者, 再到第 2 欄找出員工自付額 |

> 應扣的勞保費用與扶養人數無關。

算出吳美麗的勞保費後, 請複製公式到 G4：G32, 即可算出每個人的勞保費了。

查出並填入吳美麗的勞保費

複製 G3 儲存格的公式, 即可求出其他人的勞保費用 (您可以開啟範例檔案 Ch12-06, 並切換到**薪資表**工作表來觀看計算出來的結果)

勞、健保費以「月投保金額」較高一級的級距來計算

剛才我們所示範的是以勞、健保費的**月投保金額**較低一級的級距來計算, 以便讓您了解 VLOOKUP 函數的用法, 若是要以較高一級的級距來計算, 那麼您可搭配 INDEX 及 MATCH 函數來計算。

01 首先, 請分別將**健保負擔金額表**及**勞保負擔金額表**工作表中的**月投保金額**做為排序基準, 並選擇**從最大到最小排序**。

由最大到
最小排序

	B	C	D	E	F	G
1			全民健康保險保險費負擔金額表			
2			(公、民營事業、機構及有一定雇主之受僱者適用)			
3						
4	投保金額	月投保金額	被保險人及眷屬負擔金額 (負擔比率30%)			
5	等級		本人	本人+1眷口	本人+2眷口	本人+3眷口
6	52	182,000	2,681	5,362	8,043	10,724
7	51	175,600	2,587	5,174	7,761	10,348
8	50	169,200	2,492	4,984	7,476	9,968
9	49	162,800	2,398	4,796	7,194	9,592
10	48	156,400	2,304	4,608	6,912	9,216

	A	B	C
1	月投保	員工	雇主
2	金額	自付	負擔
3	43,900	878	3,137
4	42,000	840	3,001
5	40,100	802	2,865
6	38,200	764	2,730
7	36,300	726	2,594

02 在**薪資表**工作表中, 新增一欄**健保月投保金額**欄, 並輸入以下公式, 此公式的目的是要判斷**薪資總額** (D3) 是否高於健保的最高級距 (182,000), 若高於此級距, 仍以此級距的費率為主, 沒有高於此級距, 就從**健保負擔金額表**中的 C6:C57 查詢較高一級的**月投保金額**級距。

=IF(D3>=健保負擔金額表!$C$6,健保負擔金額表!$C$6,INDEX
(健保負擔金額表!$C$6:$C$57,MATCH(薪資表!D3,健保負擔金表!$C$6:$C$57,-1),1))

若**薪資總額**高於健保最高級距, 仍以最高級距的負擔金額為主

1 新增此欄位　　　　　　　　　　**2** 在 F3 儲存格中, 輸入此公式

F3			fx	=IF(D3>=健保負擔金額表!$C$6,健保負擔金額表!$C$6,INDEX(健保負擔金額表! $C$6:$C$57,MATCH(薪資表!D3,健保負擔金額表!$C$6:$C$57,-1),1))					

	A	B	C	D	E	F	G	H	I	J	K	L	M
1						萬旗公司員工薪資表							
2	員工姓名	本薪	職務津貼	薪資總額	所得稅	健保月投保金額	健保	勞保	請假	應扣小計	應付薪資		
3	吳美麗	36,000	3200	39,200	0	40,100			300				
4	呂小婷	39,540		39,540	0	40,100			800				
5	林裕暐	86,000		86,000	2440	87,600							
6	徐誌明	66,000	450	66,450	0	66,800							
7	鍾小評	40,000		40,000	0	40,100			300				
8	沈威威	55,000	5000	60,000	0	60,800							
9	施慧慧	74,800		74,800	0	76,500			450				

員工基本資料 | 所得扣繳稅額表 | 健保負擔金額表 | 勞保負擔金額表 | 薪資表

3 拉曳 F3 的填滿控點到 F32, 即可
找出所有人的**健保月投保金額**

Next

12-12

03　找出每人的**健保月投保金額**後, 接著就可以在 G3 儲存格中, 輸入如下公式算
　　出**健保**費用了:

=VLOOKUP(F3,健保負擔表,VLOOKUP(A3,員工基本資料,5,FALSE)+2,FALSE)

　　　　　　事先定義好的查表名稱　　　健保眷口人數

G3				fx	=VLOOKUP(F3,健保負擔表,VLOOKUP(A3,員工基本資料,5,FALSE)+2,FALSE)							
	A	B	C	D	E	F	G	H	I	J	K	L	M

萬旗公司員工薪資表

員工姓名	本薪	職務津貼	薪資總額	所得稅	健保月投保金額	健保	勞保	請假	應扣小計	應付薪資
吳美麗	36,000	3200	39,200	0	40,100	1,773		300		
呂小婷	39,540		39,540	0	40,100	591		800		
林裕暐	86,000		86,000	2440	87,600	1,290				
徐誌明	66,000	450	66,450	0	66,800	2,952				
鍾小評	40,000		40,000	0	40,100	1,773		300		
沈威威	55,000	5000	60,000	0	60,800	2,688				

員工基本資料　所得扣繳稅額表　健保負擔金額表　勞保負擔金額表　薪資表

04　勞保費的部份, 同樣也有最高級距的限制, 請如下輸入公式, 先判斷**薪資總額**
　　(D3) 是否大於**勞保負擔金額表**的最高級距 (43,900), 若大於此級距仍以此級距
　　的**員工自付**額來計算, 若小於此級距, 則以較高一級的**月投保金額**為主。

=IF(D3>= 勞保負擔金額表!$A$3,勞保負擔金額表!$B$3,INDEX(勞保負擔金額表!
$A$3:$C$21,MATCH(薪資表!D3,勞保負擔金額表!$A$3:$A$21,-1),2))

若**薪資總額**大於勞保最高級距, 則費率為 B3 儲存格的**員工自付**

H3				fx	=IF(D3>= 勞保負擔金額表!$A$3,勞保負擔金額表!$B$3,INDEX(勞保負擔金額表!$A$3:$C$21,MATCH(薪資表!D3,勞保負擔金額表!$A$3:$A$21,-1),2))							
	A	B	C	D	E	F	G	H	I	J	K	L	M

萬旗公司員工薪資表

員工姓名	本薪	職務津貼	薪資總額	所得稅	健保月投保金額	健保	勞保	請假	應扣小計	應付薪資
吳美麗	36,000	3200	39,200	0	40,100	1,773	802	300		
呂小婷	39,540		39,540	0	40,100	591	802	800		
林裕暐	86,000		86,000	2440	87,600	1,290	878			
徐誌明	66,000	450	66,450	0	66,800	2,952	878			
鍾小評	40,000		40,000	0	40,100	1,773	802	300		

員工基本資料　所得扣繳稅額表　健保負擔金額表　勞保負擔金額表　薪資表

▲ 你可以開啟範例檔案 Ch12-07 來查看計算後的結果

12-3 計算應付薪資

進行到此，所有人的應扣費用都已經計算完畢，在這一節我們要來計算每個人的實領薪水。每個人實領的薪水，等於**薪資總額**扣掉**應扣小計**，所以我們得先將**應扣小計**算好。應扣小計為所得稅、健保、勞保費加上請病假、事假...等。

請開啟範例檔案 Ch12-06，切換到**薪資表**工作表，然後在 I3 儲存格輸入 "=E3+F3+G3+H3"，按下 Enter 鍵即可算出應扣小計：

I3			×	✓	f_x	=E3+F3+G3+H3			
	A	B	C	D	E	F	G	H	I	J
1	萬旗公司員工薪資表									
2	員工姓名	本薪	職務津貼	薪資總額	所得稅	健保	勞保	請假	應扣小計	應付薪資
3	吳美麗	36,000	3200	39,200	0	1689	764	300	2,753	
4	呂小婷	39,540		39,540	0	563	764	800		
5	林裕暐	86,000		86,000	2440	1236	878			

算出吳美麗的應扣小計

接著，請拉曳 I3 儲存格的填滿控點到 I32，即可算出每個人的應扣小計。所有的費用都計算完成後，現在我們就可以來計算實領的薪水了。請在 J3 儲存格輸入下列公式：

= D3 - I3

薪資總額　應扣小計

按下 Enter 鍵後，吳美麗的薪水就計算出來了，請將 J3 的公式複製到 J4：J32 儲存格中，這樣大家的實領薪水就都計算出來了。

J3			×	✓	f_x	=D3-I3			
	A	B	C	D	E	F	G	H	I	J
1	萬旗公司員工薪資表									
2	員工姓名	本薪	職務津貼	薪資總額	所得稅	健保	勞保	請假	應扣小計	應付薪資
3	吳美麗	36,000	3200	39,200	0	1689	764	300	2,753	36,447
4	呂小婷	39,540		39,540	0	563	764	800	2,127	37,413
5	林裕暐	86,000		86,000	2440	1236	878		4,554	81,446
6	徐誌明	66,000	450	66,450	0	2820	878		3,698	62,752
7	鍾小評	40,000		40,000	0	1689	764	300	2,753	37,247
8	沈威威	55,000	5000	60,000	0	2553	878		3,431	56,569
9	施慧慧	74,800		74,800	0	2144	878	450	3,472	71,328

計算出每個人的實領薪資 (您可以開啟範例檔案 Ch12-08，並切換到**薪資表**工作表來觀看計算出來的結果)

12-4 計算雇主的勞退提撥

> 為了保障員工的權益, 法律有明定雇主必須幫員工開設勞退個人帳戶, 並且按月提撥「工資的 6%」到該帳戶裡, 雖然這筆退休金必須年滿 60 歲以後才可使用, 但員工若能每個月在薪資單中看到雇主有按時提撥, 相信會安心不少, 工作也會更起勁。

勞退提撥除了規定雇主要按月提撥外, 員工也可以自願提繳金額, 本範例以雇主提撥的部份為主, 員工自提的部份就不特別做說明。

至於勞退的提撥金怎麼計算呢, 其計算公式為:

雇主提繳金額＝月提繳工資/30×提繳天數×雇主提繳率

以範例中的吳美麗而言, 假設其工作天數為 30 天, 薪資總額為 39,200, 雇主應依**勞工退休金月提繳工資分級表規定**的等級 40,100 元申報, 故雇主該月應提繳之退休金為:

40,100元/30×30×6% (雇主提繳率)＝2,406元

工作天數若為 30 天, 其實可省略此部份的計算

若吳美麗的工作天數為 15 天, 則公式為 40,100/30×15×6%=1,203。

您可以連到**勞動部勞工保險局**網站 (http://www.bli.gov.tw/sub.aspx?a=uyDH38mCe%2fM%3d), 下載**勞退月提繳工資分級表**來查表。

為節省您輸入表格的時間, 我們已在範例檔案 Ch12-09 的**勞退金月提繳分級表**工作表中輸入好**月提繳工資**的級距, 並且也計算好顧主應提撥的金額 (月提繳工資 × 6%)。

| B2 | | | : | × | ✓ | fx | =A2*0.06 |

▲	A	B	C	D	E	F	G
1	月提繳工資	雇主提撥					
2	150,000	9,000					
3	147,900	8,874					
4	142,500	8,550					
5	137,100	8,226					
6	131,700	7,902					
7	126,300	7,578					
8	120,900	7,254					
9	115,500	6,930					
10	110,100	6,606					
11	105,600	6,336					

◀ ▶ … │ 所得扣繳稅額表 │ 健保負擔金額表 │ 勞保負擔金額表 │ 勞退金月提繳分級表

請切換到**薪資表**工作表, 選取儲存格 K3, 輸入以下的公式, 即可查出顧主需提撥給吳美麗的勞退金。

=IF(D3>=勞退金月提繳分級表!$A$2,勞退金月提繳分級表!$B$2,INDEX(勞退金月提繳分級表!$A$2:$B$63,MATCH(薪資表!D3,勞退金月提繳分級表!$A$2:$A$63,-1),2))

判斷**薪資總額**是否大於**月提繳工資**的最高上限 (150,000), 若大於此級距仍以此級距為主

若**薪資總額**小於 150,000, 則會以**月提繳工資**的上一級為主, 並從第 2 欄查出顧主應提撥的金額

| K3 | | | : | × | ✓ | fx | =IF(D3>= 勞退金月提繳分級表!$A$2,勞退金月提繳分級表!$B$2,INDEX(勞退金月提繳分級表!$A$2:$B$63,MATCH(薪資表!D3,勞退金月提繳分級表!$A$2:$A$63,-1),2)) |

▲	A	B	C	D	E	F	G	H	I	J	K	L	M
1				萬旗公司員工薪資表									
2	員工姓名	本薪	職務津貼	薪資總額	所得稅	健保	勞保	請假	應扣小計	應付薪資	本月勞退提撥		
3	吳美麗	36,000	3200	39,200	0	1689	764	300	2,753	36,447	2,406		
4	呂小婷	39,540		39,540	0	563	764	800	2,127	37,413	2,406		
5	林裕暐	86,000		86,000	2440	1236	878		4,554	81,446	5,256		
6	徐誌明	66,000	450	66,450	0	2820	878		3,698	62,752	4,008		
7	鍾小評	40,000		40,000	0	1689	764	300	2,753	37,247	2,406		
8	沈威威	55,000	5000	60,000	0	2553	878		3,431	56,569	3,648		

◀ ▶ … │ 所得扣繳稅額表 │ 健保負擔金額表 │ 勞保負擔金額表 │ 勞退金月提繳分級表 │ 薪資表 │ ⊕

在 K3 輸入公式後, 拉曳填滿控點複製到 K32 即可查出所有人的勞退提撥金額了

你可以開啟範例檔案 Ch12-10 來瀏覽完成結果。

12-5 二代健保－計算應付獎金

本章的操作進行到上一節, 已經將所有人的應付薪資全部計算完成了。不過在二代健保的制度下, 年終獎金、節日獎金、紅利、…等若超過 4 倍的當月投保金額, 就會被扣取 2% 的補充保險費。

本節我們就以「吳美麗」為例, 教您計算每次實領的年終獎金、節日獎金、紅利吧!請開啟範例檔案 Ch12-11:在**應付獎金**工作表中, 會計人員已經填好吳美麗的各項獎金資料, 現在要做的就是建立公式, 以便計算獎金是否超過當月投保金額的 4 倍, 若超過就需提列補充保費。您可由 Ch12-10 的**健保負擔金額表**, 查出並填入吳美麗的當月投保金額 (38,200 元)。

計算 4 倍的投保金額

首先計算該員工的 4 倍投保金額。請在 E4 儲存格輸入 " = D4 * 4 ", 再按下 Enter 鍵即可算出 4 倍投保金額, 接著請拉曳 E4 儲存格的填滿控點到 E11, 即可在每一筆獎金項目後列出 4 倍投保金額。

1 輸入 " =D4*4", 再按下 Enter 鍵

			當月投保金額	4倍投保金額	當次發給獎金金額	累計獎金金額	累計超過4倍投保金額之獎金
姓名	獎金項目	發給日期	**D**	**E=D*4**	**F**	**G**	**H=G-E**
吳美麗	2014/12月紅利	2015/01/25	38,200	152,800	35,000		
	2014/年終獎金	2015/02/07	38,200	152,800	120,000		
	2015/1月獎金	2015/02/10	38,200	152,800	78,000		
	2015/2月達成獎金	2015/03/10	38,200	152,800	10,000		
	2015/3月紅利	2015/04/01	38,200	152,800	12,000		
	2015/4月獎金	2015/05/10	38,200	152,800	25,000		
	2015/5月獎金	2015/06/10	38,200	152,800	20,000		
	2015/6月達成獎金	2015/07/10	38,200	152,800	7,800		

萬旗公司 2015 年具獎勵性質之各項給予

E4 fx =D4*4

2 複製 E4 儲存格的公式即到 E11

計算累計獎金

接下來計算當年度的累積獎金金額，請在 G4 儲存格輸入 " = F4 " 按下 Enter 鍵，接續請在 G5 儲存格輸入公式 " = G4+F5 ",再按下 Enter 鍵，接著請拉曳 G5 儲存格的填滿控點到 G11，即可算出**累計獎金金額**。

1 輸入 " =F4 "，按下 Enter 鍵

G4			✕ ✓ *fx*	=F4				
	A	B	C	D	E	F	G	H
1	萬旗公司 2015 年具獎勵性質之各項給予							
2	姓名	獎金項目	發給日期	當月投保金額	4倍投保金額	當次發給獎金金額	累計獎金金額	累計超過4倍投保金額之獎金
3				D	E=D*4	F	G	H=G-E
4	吳美麗	2014/12月紅利	2015/01/25	38,200	152,800	35,000	35,000	
5		2014/年終獎金	2015/02/07	38,200	152,800	120,000	155,000	
6		2015/1月獎金	2015/02/10	38,200	152,800	78,000	233,000	
7		2015/2月達成獎金	2015/03/10	38,200	152,800	10,000	243,000	
8		2015/3月紅利	2015/04/01	38,200	152,800	12,000	255,000	
9		2015/4月獎金	2015/05/10	38,200	152,800	25,000	280,000	
10		2015/5月獎金	2015/06/10	38,200	152,800	20,000	300,000	
11		2015/6月達成獎金	2015/07/10	38,200	152,800	7,800	307,800	

2 輸入 " = G4+F5 "，再按下 Enter 鍵

3 複製 G5 儲存格的公式到 G11 即可算出所有**累計獎金金額**

計算累計超過 4 倍投保金額之獎金

接下來計算全年度「累計獎金金額」超過「當月投保金額 4 倍」的差額，請在 H4 儲存格輸入公式 " = IF(G4-E4>0,G4-E4,0) "，再按下 Enter 鍵，接著請拉曳 H4 儲存格的填滿控點到 H11，即可算出**累計超過 4 倍投保金額之獎金**。

1 輸入 " =IF(G4-E4>0,G4-E4,0) "，再按下 Enter 鍵

H4			✕ ✓ *fx*	=IF(G4-E4>0,G4-E4,0)						
	A	B	C	D	E	F	G	H	I	J
1	萬旗公司 2015 年具獎勵性質之各項給予									
2	姓名	獎金項目	發給日期	當月投保金額	4倍投保金額	當次發給獎金金額	累計獎金金額	累計超過4倍投保金額之獎金	補充保費費基	補充保險費金額
3				D	E=D*4	F	G	H=G-E	I=min(H,F)	J=I*2%
4	吳美麗	2014/12月紅利	2015/01/25	38,200	152,800	35,000	35,000	0		
5		2014/年終獎金	2015/02/07	38,200	152,800	120,000	155,000	2,200		
6		2015/1月獎金	2015/02/10	38,200	152,800	78,000	233,000	80,200		
7		2015/2月達成獎金	2015/03/10	38,200	152,800	10,000	243,000	90,200		
8		2015/3月紅利	2015/04/01	38,200	152,800	12,000	255,000	102,200		
9		2015/4月獎金	2015/05/10	38,200	152,800	25,000	280,000	127,200		
10		2015/5月獎金	2015/06/10	38,200	152,800	20,000	300,000	147,200		
11		2015/6月達成獎金	2015/07/10	38,200	152,800	7,800	307,800	155,000		

2 複製 H4 儲存格的公式即可算出**累計超過4倍投保金額之獎金**

計算「補充保費費基」

接下來計算**補充保費費基**, 請在 I4 儲存格輸入下列公式:

```
=IF(G4>E4,MIN(H4,F4),0)
```

此公式的用意為, 如果單筆**累計獎金金額** (G4) 超過 **4 倍投保金額** (E4), 就比較**當次發給獎金金額** (F4) 與**累計超過4倍投保金額之獎金** (H4) 取其較少者作為**補充保費費基**。輸入公式後, 按下 Enter 鍵, 接著拉曳 I4 儲存格的填滿控點到 I11, 即可算出每一筆補充保費費基。

1 請在 I4 儲存格輸入 〞=IF(G4>E4,MIN(H4,F4),0)〞,再按下 Enter 鍵

	A	B	C	D	E	F	G	H	I	J
I4				fx	=IF(G4>E4,MIN(H4,F4),0)					
1			萬旗公司 2015 年具獎勵性質之各項給予							
2	姓名	獎金項目	發給日期	當月投保金額 D	4倍投保金額 E=D*4	當次發給獎金金額 F	累計獎金金額 G	累計超過4倍投保金額之獎金 H=G-E	補充保費費基 I=min(H,I)	補充保險費金額 J=I*2%
4	吳美麗	2014/12月紅利	2015/01/25	38,200	152,800	35,000	35,000		0	
5		2014/年終獎金	2015/02/07	38,200	152,800	120,000	155,000	2,200	2,200	
6		2015/1月獎金	2015/02/10	38,200	152,800	78,000	233,000	80,200	78,000	
7		2015/2月達成獎金	2015/03/10	38,200	152,800	10,000	243,000	90,200	10,000	
8		2015/3月紅利	2015/04/01	38,200	152,800	12,000	255,000	102,200	12,000	
9		2015/4月獎金	2015/05/10	38,200	152,800	25,000	280,000	127,200	25,000	
10		2015/5月獎金	2015/06/10	38,200	152,800	20,000	300,000	147,200	20,000	
11		2015/6月達成獎金	2015/07/10	38,200	152,800	7,800	307,800	155,000	7,800	

2 複製 I4 儲存格的公式即可算出**補充保費費基**

計算應繳補充保費金額

最後計算**補充保險費金額**其公式為: **補充保費費基 *2%**。因此請在 J4 儲存格輸入公式 〞= ROUND(I4*2%,0) 〞,再按下 Enter 鍵即可算出當筆補充保險費金額, 請拉曳 J4 儲存格的填滿控點到 J11, 即可算出每筆獎金的補充保險費金額。

1 輸入 "=ROUND(I4*2%,0)", 再按下 Enter 鍵

J4		▼	:	×	✓	fx	=ROUND(I4*2%,0)		

	A	B	C	D	E	F	G	H	I	J
1				萬旗公司 2015 年具獎勵性質之各項給予						
2	姓名	獎金項目	發給日期	當月投保金額	4倍投保金額	當次發給獎金金額	累計獎金金額	累計超過4倍投保金額之獎金	補充保費費基	補充保險費金額
3				D	E=D*4	F	G	H=G-E	I=min(H,F)	J=I*2%
4	吳美麗	2014/12月紅利	2015/01/25	38,200	152,800	35,000	35,000	0	0	0
5		2014/年終獎金	2015/02/07	38,200	152,800	120,000	155,000	2,200	2,200	44
6		2015/1月獎金	2015/02/10	38,200	152,800	78,000	233,000	80,200	78,000	1,560
7		2015/2月達成獎金	2015/03/10	38,200	152,800	10,000	243,000	90,200	10,000	200
8		2015/3月紅利	2015/04/01	38,200	152,800	12,000	255,000	102,200	12,000	240
9		2015/4月獎金	2015/05/10	38,200	152,800	25,000	280,000	127,200	25,000	500
10		2015/5月獎金	2015/06/10	38,200	152,800	20,000	300,000	147,200	20,000	400
11		2015/6月達成獎金	2015/07/10	38,200	152,800	7,800	307,800	155,000	7,800	156

2 複製 J4 儲存格的公式到 J16 即可算出**補充保險費金額**

　　計算到這裡已經將每一筆獎金的補充保費金額全部計算完成了。您可以開啟範例檔案 Ch12-12 來觀看計算出來的結果。不過, 別忘了, 還要繳交所得稅喔!

計算獎金應繳所得稅

　　計算完二代健保補充保險費金額後, 接著要來計算獎金的應繳所得稅。**所得稅**的計算方式是以**當次發給獎金金額**超過 69,501 元時, 要繳交 5%。因此, 請在範例檔案 Ch12-12 的 K4 儲存格輸入下列公式 " = IF(F4>=69501,ROUND(F4*5%,0),0) ", 再按下 Enter 鍵即可算出當筆**所得稅**金額, 請拉曳 K4 儲存格的填滿控點到 K11, 即可算出每一筆獎金要繳交的**所得稅**金額。

1 請在 K4 儲存格輸入 " = IF(F4>=69501,ROUND(F4*5%,0),0) ", 再按下 Enter 鍵

K4		▼	:	×	✓	fx	=IF(F4>=69501,ROUND(F4*5%,0),0)		

	C	D	E	F	G	H	I	J	K
1	萬旗公司 2015 年具獎勵性質之各項給予								
2	發給日期	當月投保金額	4倍投保金額	當次發給獎金金額	累計獎金金額	累計超過4倍投保金額之獎金	補充保費費基	補充保險費金額	所得稅
3		D	E=D*4	F	G	H=G-E	I=min(H,F)	J=I*2%	K
4	2015/01/25	38,200	152,800	35,000	35,000	0	0	0	0
5	2015/02/07	38,200	152,800	120,000	155,000	2,200	2,200	44	6000
6	2015/02/10	38,200	152,800	78,000	233,000	80,200	78,000	1,560	3900
7	2015/03/10	38,200	152,800	10,000	243,000	90,200	10,000	200	0
8	2015/04/01	38,200	152,800	12,000	255,000	102,200	12,000	240	0
9	2015/05/10	38,200	152,800	25,000	280,000	127,200	25,000	500	0
10	2015/06/10	38,200	152,800	20,000	300,000	147,200	20,000	400	0
11	2015/07/10	38,200	152,800	7,800	307,800	155,000	7,800	156	0

2 複製 K4 儲存格的公式, 即可算出每一筆獎金要繳交的**所得稅**金額

計算應付獎金

最後, 我們來計算每一筆實際領到的獎金是多少?

= 當次發給獎金金額 - 補充保險費金額 - 所得稅

因此請在 L4 儲存格輸入下列公式 " = F4-J4-K4 ", 再按下 Enter 鍵即可算出當筆實際領到的獎金金額, 請拉曳 L4 儲存格的填滿控點到 L11, 即可算出每一筆**應付獎金**金額。這樣吳美麗的當年度每一筆實領的獎金就都計算出來了。您可以開啟範例檔案 Ch12-13 來觀看計算出來的結果。

1 請在 L4 儲存格輸入 " = F4-J4-K4 ", 再按下 Enter 鍵

萬旗公司 2015 年具獎勵性質之各項給予								
發給日期	當月投保金額	4倍投保金額	當次發給獎金金額	累計獎金金額	累計超過4倍投保金額之獎金	補充保費費基	補充保費金額	所得稅	應付獎金
	D	E=D*4	F	G	H=G-E	I=min(H,F)	J=I*2%	K	L=F-J-K
2015/01/25	38,200	152,800	35,000	35,000	0	0	0	0	35,000
2015/02/07	38,200	152,800	120,000	155,000	2,200	2,200	44	6000	113,956
2015/02/10	38,200	152,800	78,000	233,000	80,200	78,000	1,560	3900	72,540
2015/03/10	38,200	152,800	10,000	243,000	90,200	10,000	200	0	9,800
2015/04/01	38,200	152,800	12,000	255,000	102,200	12,000	240	0	11,760
2015/05/10	38,200	152,800	25,000	280,000	127,200	25,000	500	0	24,500
2015/06/10	38,200	152,800	20,000	300,000	147,200	20,000	400	0	19,600
2015/07/10	38,200	152,800	7,800	307,800	155,000	7,800	156	0	7,644

2 複製 L4 儲存格的公式即可算出每一筆實際領到的獎金金額是多少

計算員工的薪資對會計人員來說, 是一項重要且不可出錯的例行工作, 看完了這一章的介紹, 日後在計算員工薪資時, 您就不必辛苦地查表, 或是手動計算每位員工的薪資了。

本章內容主要著重在薪資的計算, 但薪資算完之後, 我們還得將薪水匯到指定銀行, 並且製作薪資明細表給員工, 甚至建立一個可供查詢的薪資表, 以方便日後作業, 這些實務上的應用, 我們將在下一章中為您做介紹。

13

製作薪資查詢系統及大量列印薪資明細

你會學到的 Excel 功能

- 製作轉帳明細表－利用儲存格的**參照**功能

- 製作可查詢每個人薪資明細的系統－
  使用**表單控制項**

- 一次列印所有員工的薪資明細－
  套用 Word 的**合併列印**功能

- 避免薪資資料外洩或被任意修改－
  替活頁簿設定密碼

在上一章中, 我們已經計算出每位員工的薪資了, 由於目前銀行轉帳及提款相當方便, 所以很多公司行號都直接將員工的薪水匯入銀行, 發薪水時, 只發一張薪資單給員工, 這種作法不僅安全而且方便。因此我們的會計人員算完薪水後, 還必須製作一張轉帳明細給銀行, 銀行才能根據這張明細將薪水匯入每個人的戶頭。在本章中, 我們將協助會計人員完成下列工作：

萬旗公司員工基本資料		
日期	本公司帳號	轉帳總金額
2015/6/5	123-45678	$1,355,943
姓名	帳號	金額
吳美麗	205-163401	$36,447
呂小婷	205-161403	$37,413
林裕暐	205-163561	$81,446
徐誌明	205-161204	$62,752
鍾小評	205-163303	$37,247
沈威威	205-163883	$56,569
施慧慧	205-163425	$71,328
劉淑容	206-134565	$25,483
黃震琪	206-213659	$29,288
高聖慧	205-324877	$30,896

▲ 製作轉帳明細表

萬旗公司薪資明細表			
年度：2015 月份：6			本月勞退提撥金額
姓名：鍾小評 本薪：40000 職務津貼：	部門：產品部 所得稅：0 健保自付：1689 勞保自付：764 請假：300		
應付小計 (A)	40000	應扣小計 (B) 2753	2406

	實領金額
(A)-(B)=	37247

▲ 結合 Word **合併列印**製作薪資單

萬旗公司薪資明細表				
年度：	2015			
月份：	6			
				17
姓名	崔成成 ▼	部門	經銷部	本月勞退提撥
本薪	38,450	所得稅		2,406
職務津貼		健保自付	563	
		勞保自付	764	
		請假		
應付小計(A)	38,450	應扣小計(B)	1,327	

	實領金額：	
(A)-(B)=	37,123	

▲ 建立薪資明細查詢系統

13-1 製作轉帳明細表給銀行

要利用 Excel 來建立轉帳明細表一點也不困難, 因為轉帳明細表所需的資料我們在上一章都已經建立好了, 例如: 員工姓名及銀行帳號已建立在 **員工基本資料** 工作表中, 而每人應領的薪水則存在 **薪資表** 工作表裡, 現在會計人員就可以快速製作給銀行的轉帳明細表了。

或許有些讀者會想到利用複製的方法, 將需要的資料貼到轉帳明細表! 沒錯, 當您的資料變動幅度不大時, 利用複製功能的確可以完成。可是若資料常常會變動, 則這種作法就容易出錯了, 因為只要員工的資料有變動, 如調薪、帳號更動, 轉帳明細表內的資料也必須更動。

為了解決員工資料變動, 就必須跟著更動轉帳明細表的問題, 底下將教您利用 **參照** 的方式來建立轉帳明細, 則上述問題將迎刃而解。

儲存格的參照

請開啟範例檔案 Ch13-01, 並切換至 **轉帳明細** 工作表:

	A	B	C	D	E	F
1	萬旗公司員工基本資料					
2	日期	本公司帳號	轉帳總金額			
3						
4						
5	姓名	帳號	金額			
6						
7						
8						

◀ ▶ … 勞保負擔金額表 │ 勞退金月提繳分級表 │ 薪資表 │ 轉帳明細

01 首先, 請在 A3 儲存格中輸入發薪日 "2015/6/05", 接著在 B3 儲存格中, 輸入公司的帳號:

請分別輸入這兩欄的資料

02 然後我們要採用參照的方式, 在 A6 儲存格中填入 "吳美麗", 請如下操作:

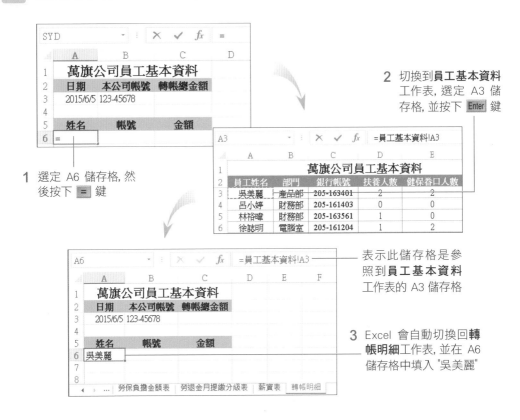

2 切換到**員工基本資料**工作表, 選定 A3 儲存格, 並按下 Enter 鍵

1 選定 A6 儲存格, 然後按下 = 鍵

表示此儲存格是參照到**員工基本資料**工作表的 A3 儲存格

3 Excel 會自動切換回**轉帳明細**工作表, 並在 A6 儲存格中填入 "吳美麗"

參照的好處

利用參照的好處是, 當被參照儲存格內的資料更動時, 參照儲存格的內容就會跟著變動。例如將**員工基本資料**工作表的 A3 儲存格資料更改為 "王大明", 則**轉帳明細**工作表的 A6 儲存格也會自動變成 "王大明"。

03 請利用拉曳填滿控點的方法, 將 A6 儲存格的參照關係複製到 A7：A35, 則所有的姓名就都填入了。

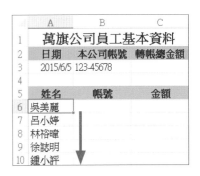

04 　**帳號**與**金額**欄也是利用相同的方
法,請分別在 B6 與 C6 儲存格
中輸入 "=員工基本資料!C3" 與
"=薪資表!J3",然後分別複製到
B7:B35 及 C7:C35 範圍,則所
有資料便建立完成了。

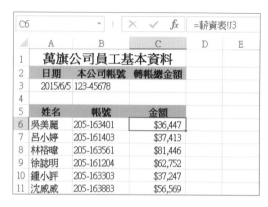

計算轉帳總金額

　　目前轉帳明細表只剩下**轉帳總金額**欄 (C3 儲存格) 尚未填入,這個儲存格的
值就是 C6:C35 範圍的加總,所以只要在儲存格 C3 中輸入公式 "=SUM(C6:
C35)",然後按下 Enter 鍵即可。

公式內容

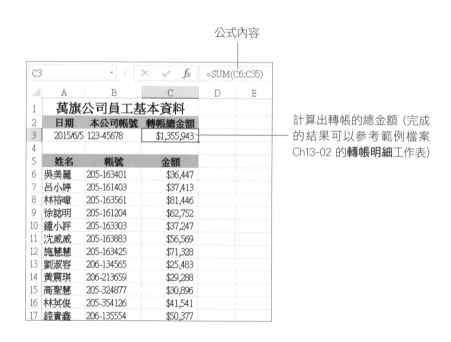

計算出轉帳的總金額 (完成
的結果可以參考範例檔案
Ch13-02 的**轉帳明細**工作表)

13-2 製作薪資明細表給員工

除了製作轉帳明細給銀行外, 我們還必須製作薪資明細表給每位員工, 通知員工薪資已經入帳了。

請開啟範例檔案 Ch13-03, 我們已經在**薪資明細**工作表中建好如圖的資料:

▶ 萬旗公司每月要發給員工的薪資明細表格式

利用下拉式方塊建立員工姓名選單

我們希望在薪資明細表的**姓名**欄做成下拉選單, 只要拉下選單選擇員工姓名, 就能自動將員工的所有薪資明細填上。下拉選單必須使用**下拉式方塊**鈕　來製作, 不過**下拉式方塊**鈕　預設不會出現在 Excel 的功能區中, 因此請按下**檔案**頁次的**選項**, 並如下將**開發人員**頁次顯示出來:

1 切換到此頁次

2 勾選**開發人員**

3 按下**確定**鈕

5 按下**插入**鈕就可以找到我們所要的**下拉式方塊**鈕

4 切換至**開發人員**頁次

6 按下**下拉式方塊**鈕

現在可以開始製作**姓名**欄的下拉選單了。

01 按下**下拉式方塊**鈕, 接著將滑鼠移到儲存格 B5 的地方 (指標會變成 + 狀), 然後拉曳出如下的下拉式方塊:

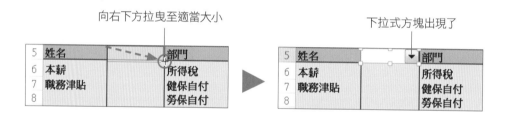

向右下方拉曳至適當大小

下拉式方塊出現了

剛剛產生的**下拉式方塊**, 周圍會出現 8 個控點 (表示該方塊被選定), 拉曳這些控點可調整其大小, 此時在**下拉式方塊**內按住左鈕並拉曳滑鼠, 可移動其位置。

02 加入**下拉式方塊**後, 就要建立在下拉式方塊中顯示的資料。請在**下拉式方塊**中按下滑鼠右鈕, 從快顯功能表中選擇『**控制項格式**』命令:

1 切換到**控制**頁次

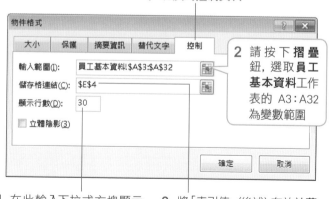

2 請按下**摺疊**鈕, 選取**員工基本資料**工作表的 A3：A32 為變數範圍

4 在此輸入下拉式方塊顯示的筆數, 完成後按下**確定**鈕

3 將「索引值」(後述) 存放於**薪資明細**工作表的 E4 儲存格

13-6

當我們利用**下拉式方塊**選取資料的過程中, 會產生「索引值」, 它會記錄所選取的資料是位於下拉列示窗中的第幾個位置, 藉此帶出其它欄位的內容。

03 資料建立好之後, 就可以使用**下拉式方塊**來選取員工姓名了。請先在**下拉式方塊**以外的地方按一下, 取消其選定狀態, 然後按**下拉式方塊**的下拉箭頭:

我們以選取 "鍾小評" 為例

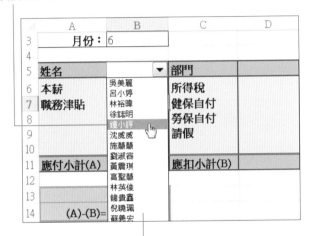

下拉式列示窗會顯示每個員工的姓名

索引值 5, 表示 "鍾小評" 位於下拉列示窗中的第 5 位

建立薪資明細表各欄位的公式

接著, 我們就來建立**薪資明細**工作表內各個欄位的公式。由於此工作表內的每一個欄位都可在**員工基本資料**或**薪資表**工作表中找到, 所以我們只要直接到這兩張工作表中, 找出需要的資料即可。

還記得**索引值**吧! 當我們從**姓名**列示窗選出一位員工時, 索引值就是該名員工位於列示窗內的位置, 利用這個值, 再配合 INDEX 函數, 就可找出需要的資料了。

INDEX 函數是用來找出指定範圍 (Array) 內, 位於第幾列 (Row_num)、第幾欄 (Column_num) 儲存格的內容, 其語法為:

```
INDEX (Array, Row_num, Column_num)
```

例如底下的例子, 若在 E1 儲存格中輸入如下的公式:

= INDEX (A1:C3, 2, 3)
　　　指定範圍 ──┘　第 2 列 ──┘　第 3 欄

現在, 我們就從 D5 儲存格的公式開始建立, 請如下操作:

01 D5 儲存格是用來顯示員工的部門資料, 所以必須到**員工基本資料**工作表去尋找, 我們可將公式設計如下:

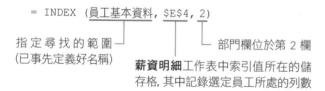
= INDEX (員工基本資料, $E$4, 2)

指定尋找的範圍 ──┘　　　　　　└── 部門欄位於第 2 欄
(已事先定義好名稱)　**薪資明細**工作表中索引值所在的儲
　　　　　　　　　存格, 其中記錄選定員工所處的列數

將上述公式輸入到 D5 儲存格, 則第 5 名員工 (鍾小評) 所屬的部門就會填入 D5 儲存格了:

公式內容

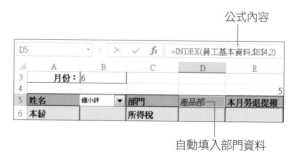

自動填入部門資料

若現在到**下拉式方塊**中選擇其它的員工, 則該名員工所屬的部門就會重新捉取並填入 D5 儲存格:

改選 "林英俊"　　更新為林英俊所屬的部門

02 接下來, 我們再以**健保自付欄** (D7 儲存格) 為例, 由於健保費用是儲存在**薪資表**工作表中, 而且其位於指定範圍 A3: K32 的第 6 欄, 所以公式可設計成:

= INDEX (薪資表, $E$4 , 6)

指定尋找的範圍┘　　　　　└健保位於第 6 欄

薪資明細工作表中的索引值

我們已將**薪資表**工作表中的 A3: K32 定義名稱為「薪資表」。

公式內容

林英俊的健保費用

03 其它欄位的公式也是以相同的方法來建立, 請您試著自行設計, 並輸入到對應的儲存格中, 所有公式都輸入完畢, 請在 B14 儲存格輸入公式 "=B11-D11", 算出該員工的實領薪水, 薪資明細表就建立完成了。

下表為**薪資明細**工作表中各欄位參照到**薪資表**工作表的對照：

「薪資明細」工作表	公式	對應到「薪資表」工作表的欄位
本薪 (B6 儲存格)	=INDEX(薪資表,$E$4,2)	本薪
職務津貼 (B7 儲存格)	=INDEX(薪資表,$E$4,3)	職務津貼
所得稅 (D6 儲存格)	=INDEX(薪資表,$E$4,5)	所得稅
健保自付 (D7 儲存格)	=INDEX(薪資表,$E$4,6)	健保
勞保自付 (D8 儲存格)	=INDEX(薪資表,$E$4,7)	勞保
請假 (D9 儲存格)	=INDEX(薪資表,$E$4,8)	請假
應付小計 (B11 儲存格)	=INDEX(薪資表,$E$4,4)	薪資總額
應扣小計 (D11 儲存格)	=INDEX(薪資表,$E$4,9)	應扣小計
本月勞退提撥 (E6 儲存格)	=INDEX(薪資表,$E$4,11)	本月勞退提撥

日後要查詢或是列印某個員工的薪資明細時，只要到**下拉式方塊**選定該員工，就可列出該員工的所有資料了，您可以開啟範例檔案 Ch13-04 的**薪資明細**工作表來查看。

將「索引值」隱藏起來

由於我們利用儲存格 E4 來儲存索引值，因此在列印薪資明細時，索引值也會被列印出來，這會使得明細表看起來有點奇怪。要避免這種狀況，可將 D4 儲存格的字型色彩改為白色，這樣在工作表上就看不到索引值，而且也不會列印出來了。

2 將字型色彩設為白色 (實際上該儲存格的內容仍然存在)

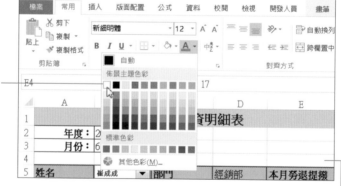

1 選定 E4 儲存格

表面上在工作表中看不到此儲存格的內容，那是因為工作表背景是白色的，而字型色彩也是白色。如果您的工作表背景是其它顏色，則要隱藏索引值這個儲存格時，必須將字型色彩與工作表背景設為相同的顏色，才能達到隱藏索引值的效果喔！

13-3 利用 Word 合併列印套印薪資單

在上一節中我們已經做好了員工的薪資明細表, 但是要印製所有員工的薪資單時就有些不方便, 因為一次只能列印一位員工的薪資, 若是員工人數多達數百人或數千人, 那麼一個個點選員工姓名後再列印就太費時了。

因此在這一節中, 我們要教您利用 Word 的**合併列印**功能, 一次列印所有員工的薪資單。請執行『**開始/所有程式/Microsoft Office 2013 / Word 2013**』命令, 先將 Word 啟動。

> 由於本節會用到 Excel 和 Word 兩種檔案, 因此從現在起我們會在檔名之後加上副檔名以做區分。當您看到 .xlsx 的檔案表示要在 Excel 中開啟, 而 .docx 的檔案則是要使用 Word 開啟。

合併列印的用途

簡單來說, **合併列印**就是把文件與資料合併成一份文件。例如我們將一張受訓結業証書透過**合併列印**功能, 與受訓學員資料合併, 產生以下的結果:

受訓單位	姓名
五強視訊	蕭美琳 小姐
訊飛國際	蘇增益 先生
聯松日報	朱安雨 小姐

合併列印

以上述的例子而言,將文件與資料透過合併列印結合在一起,就可以一次產生大量內容相同、對象不同的文件。

首先,您必須建立一份「主文件」,它是每一份合併文件都會具備的相同內容,例如上一頁範例中的結業證書。另外還要準備一份「資料來源」,用來提供給每一份合併文件不同的對象資料,如範例中的受訓學員資料。然後在主文件上插入合併列印的功能變數,合併列印功能就會在每一份合併文件的相同位置上,插入不同的資料。

合併列印的程序如下圖所示:

1. 建立主文件

請開啟範例檔案 Ch13-05.docx,這是一份事先在 Word 中建立好的薪資明細表,我們要大量印製這份文件,並在裡頭加上每位員工的姓名、部門、本薪、勞保、健保…等資料。這份文件就是合併列印的「主文件」。

萬旗公司薪資明細表		
年度:2015　　月份:6		本月勞退提撥金額
姓名:	部門:	
本薪:	所得稅:	
職務津貼:	健保自付:	
	勞保自付:	
	請假:	
應付小計 (A)	應扣小計 (B)	

	實領金額
(A)-(B)	

首先在 Word 中切換至**郵件**頁次, 接著請如下操作:

1 按下**啟動合併列印**區的**啟動合併列印**鈕, 執行『**逐步合併列印精靈**』

2 接著便會開啟**合併列印**工作窗格, 請選取此項

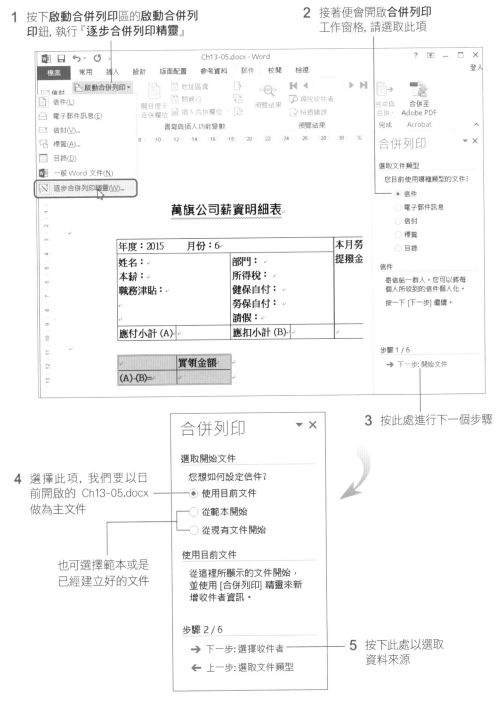

3 按此處進行下一個步驟

4 選擇此項, 我們要以目前開啟的 Ch13-05.docx 做為主文件

也可選擇範本或是已經建立好的文件

5 按下此處以選取資料來源

2. 指定資料來源

選擇好主文件後, 接下來要指定資料來源。資料來源可以是 Excel 工作表、Access 資料庫、Word 表格、純文字檔以及 Outlook 連絡人；若是您沒有現成的資料來源檔案, 可以在合併列印的過程中建立清單作為資料來源。

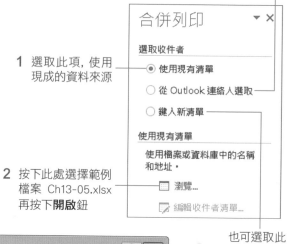

如果您有安裝 Outlook, 可選此項使用 Outlook 連絡人資料

1 選取此項, 使用現成的資料來源

2 按下此處選擇範例檔案 Ch13-05.xlsx 再按下**開啟**鈕

也可選取此項建立清單

3 如圖選擇**薪資表**工作表當做來源資料

勾選此項, 會將工作表中的第一列當做標題

4 按下**確定**鈕

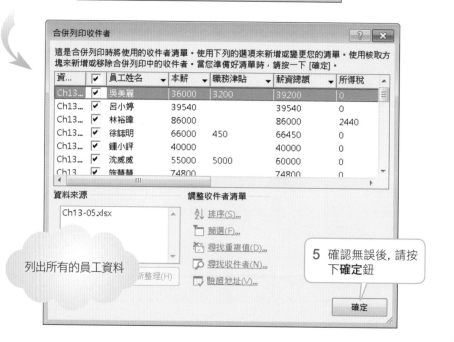

列出所有的員工資料

5 確認無誤後, 請按下**確定**鈕

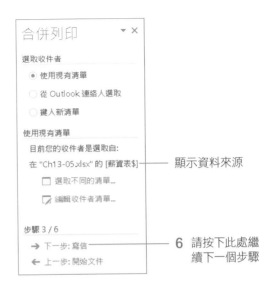

顯示資料來源

6 請按下此處繼續下一個步驟

3. 插入功能變數

　　建立主文件和指定資料來源之後, 合併列印已經完成一大半, 再來就是插入合併列印的功能變數。插入合併列印功能變數的動作, 就是設定在薪資明細表中放入員工資料的位置。請接續上例再如下操作:

1 請將插入點移到此處

2 選此項開啟**插入合併功能變數位**交談窗

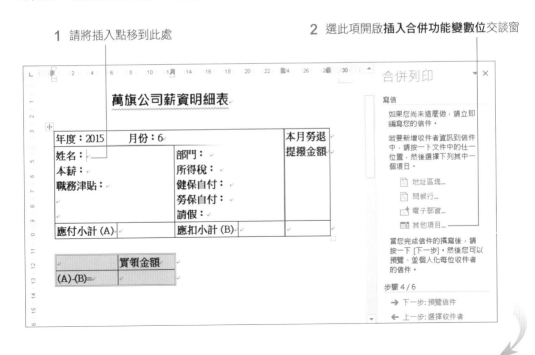

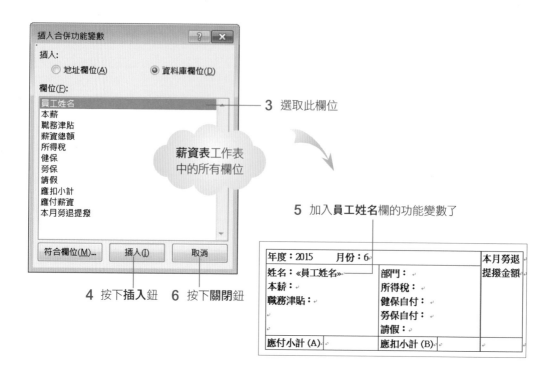

3 選取此欄位

薪資表工作表中的所有欄位

5 加入**員工姓名**欄的功能變數了

4 按下**插入**鈕　6 按下**關閉**鈕

重複上述步驟分別將功能變數插入到文件中的對應欄位。每插入一個欄位, 就得將**插入合併欄位**交談窗關閉, 才能繼續。

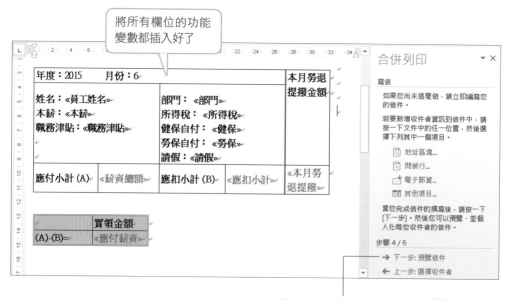

將所有欄位的功能變數都插入好了

按下此處預覽合併的結果

按這 2 個鈕可預覽上一筆、下一筆資料

第一筆合併文件的內容

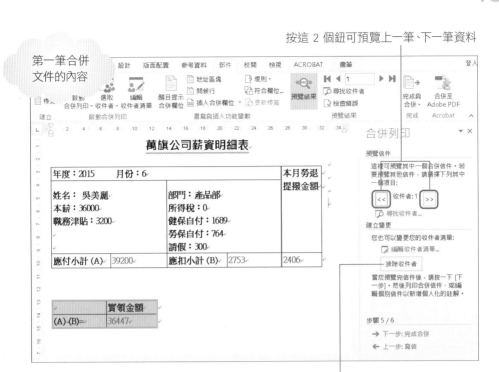

按下此鈕, 可將目前預覽的這一筆資料刪除

確認要插入的合併列印功能變數都已設定完成, 即可按**下一步：完成合併**繼續下一個步驟。

4. 執行合併列印

這個步驟是合併列印的尾聲, 也就是將合併文件列印出來, 員工的薪資單就可一次印製完成了。

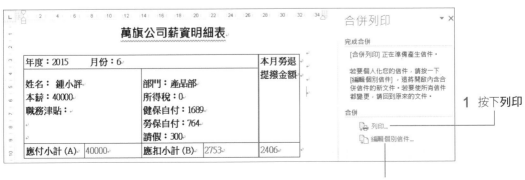

1 按下**列印**

選此項則可將合併後的資料開啟為 Word 文件, 以便編輯

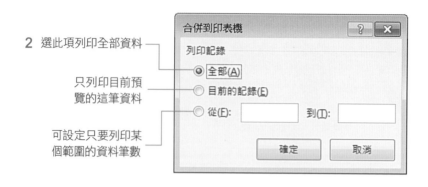

2 選此項列印全部資料

只列印目前預覽的這筆資料

可設定只要列印某個範圍的資料筆數

合併到印表機

列印記錄

◉ 全部(A)

○ 目前的記錄(E)

○ 從(F): _____ 到(T): _____

確定   取消

接著按下**合併到印表機**交談窗的**確定**鈕, 會開啟**列印**交談窗, 讓您進行印表機的設定, 一切無誤後, 你就可以按下**列印**交談窗中的**列印**鈕進行列印了。

萬旗公司薪資明細表

年度：2015　　月份：6		本月勞退提撥金額
姓名：鍾小評 本薪：40000 職務津貼：	部門：產品部 所得稅：0 健保自付：1689 勞保自付：764 請假：300	
應付小計(A)　40000	應扣小計 (B)　2753	2406

	實領金額
(A)-(B)=	37247

▲ 印出來的薪資表

您可以將這份合併列印的檔案儲存下來, 等到下個月在 Excel 做好薪資表之後, 再到 Word 把合併列印的檔案打開, 這時會重新連結並更新 Excel 薪資表的資料, 只要手動修改月份, 就可以將薪資表列印出來了。您可以開啟範例檔案 Ch13-06.docx 來瀏覽完成結果。

保護活頁簿不被任意開啟

由於在企業中個人的薪資是屬於保密的資料, 因此一定要設防被沒有權限的人任意開啟觀看或是修改, 因此本節將教您保護活頁簿檔案的方法。

要防止別人任意地開啟活頁簿檔案, 進而修改其中的資料。您可以為檔案設定「保護密碼」, 如此一來, 只有輸入正確的密碼才能打開檔案來編輯內容。請開啟範例檔案 Ch13-07.xlsx, 切換到**檔案**頁次然後如下操作:

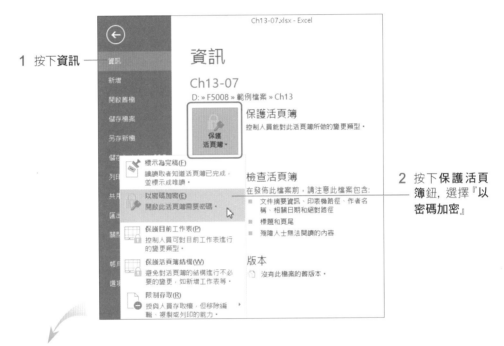

1 按下**資訊**

2 按下**保護活頁簿**鈕, 選擇『以密碼加密』

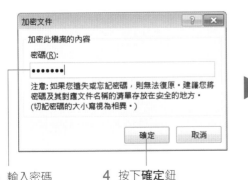

3 輸入密碼　　**4** 按下**確定**鈕

5 再輸入一次密碼以便確認, 然後按下**確定**鈕

此時在**檔案**頁次中就會看見如下 "開啟此活頁簿需要密碼" 的訊息：

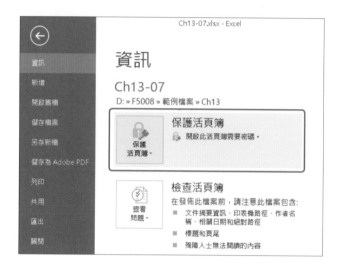

接下來請儲存檔案並關閉。下次再打開
檔案時, 就會出現如右這個交談窗要求你輸入
密碼：

輸入正確的密碼才能 ——
打開檔案做編輯

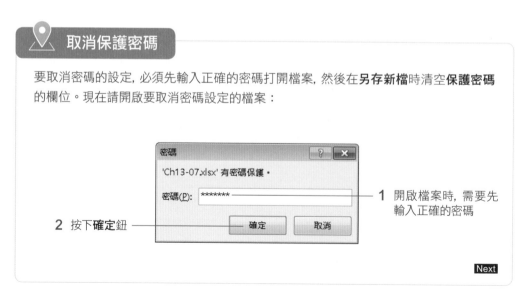

取消保護密碼

要取消密碼的設定, 必須先輸入正確的密碼打開檔案, 然後在**另存新檔**時清空**保護密碼**
的欄位。現在請開啟要取消密碼設定的檔案：

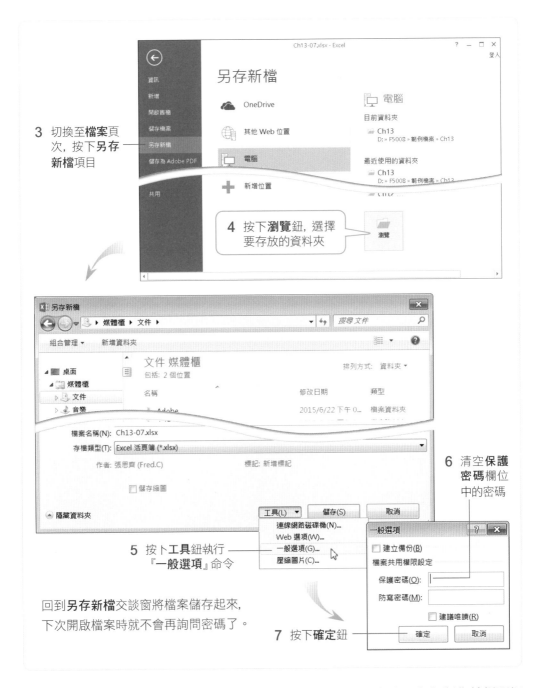

3 切換至**檔案**頁次，按下**另存新檔**項目

4 按下**瀏覽**鈕，選擇要存放的資料夾

6 清空**保護密碼**欄位中的密碼

5 按下**工具**鈕執行『**一般選項**』命令

回到**另存新檔**交談窗將檔案儲存起來，下次開啟檔案時就不會再詢問密碼了。

7 按下**確定**鈕

　　員工薪資的計算可是一點都不能馬虎的，在本章中，我們學會了如何製作轉帳明細表，及建立一個小型的薪資查詢選單，簡化您在處理人事薪資上的工作，並利用 Word 的**合併列印**一次列印所有員工的薪資單，相信日後您在處理員工薪資時就會更有效率了。最後還是要提醒您，記得將活頁簿設密碼做保護，以免機密資料外流。

14

錄製巨集加速完成重複性的工時統計作業

你會學到的 Excel 功能

- 認識巨集與巨集的使用時機
- 錄製與執行工時統計巨集
- 將巨集做成按鈕以便快速執行
- 巨集病毒及安全層級設定

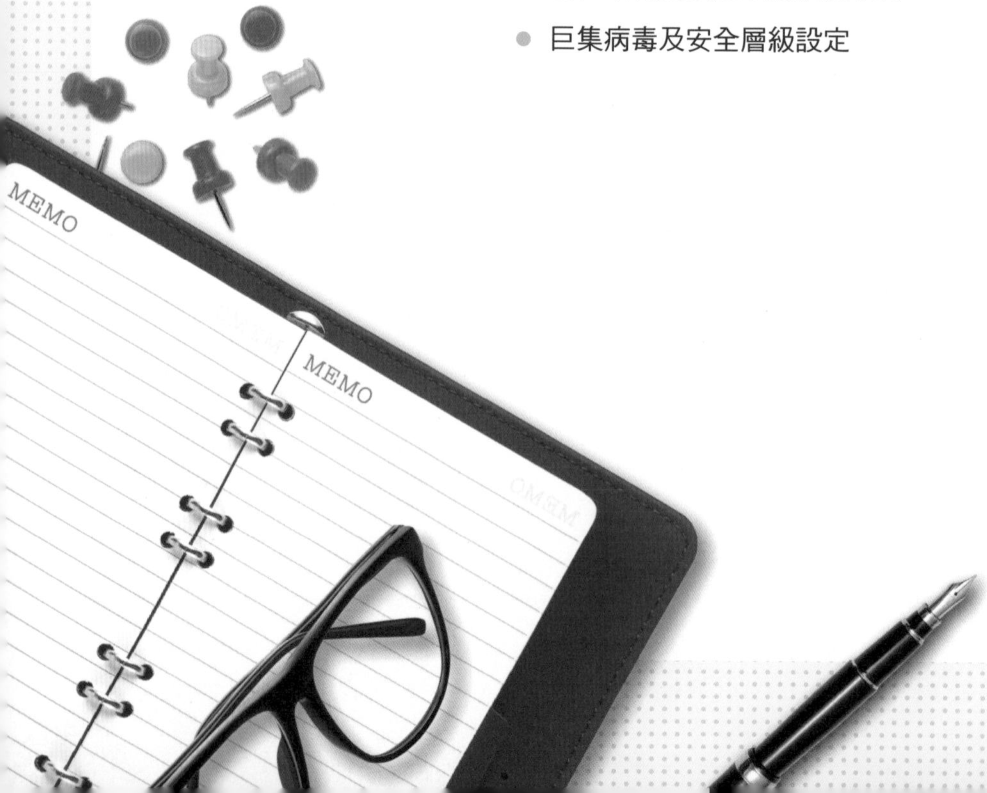

Maggie 是一家外商公司的人資專員, 每個星期都必須用 Excel 製作一份員工工時記錄表, 計算每位員工的實際上班時數, 以便核算每月薪資。在這份工時記錄表中, 除了記錄員工的工時以外, 還必須計算每位員工的總工時是否達到公司標準, 並且為員工計算缺席時數等等。

　　這些例行的工作, 每個星期都佔用 Maggie 不少時間, 還好 Allen 傳授了**巨集**的技巧給 Maggie, 現在 Maggie 只要在輸入資料後, 選取好要處理的範圍, 按下事先製作好的巨集按鈕, 工時記錄表馬上就可以完成了!

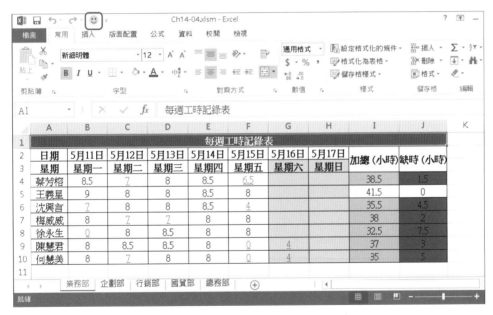

▲ 使用巨集並製作成按鈕, 按一下即可一次處理
　完所有的工作 (包括計算公式、套用格式等)

認識及錄製巨集

什麼是巨集？簡單地說, 巨集就是一群指令的集合。我們可以事先將操作步驟錄製成巨集, 再指定該巨集名稱, 日後要使用這些指令時, 只要執行該巨集, 即可完成所有的指令。

以下就來看看什麼時候可以使用巨集來簡化工作流程。

- **重複性高的作業**：如果要處理的資料量很大, 且需要不斷重複執行 Excel 的某些功能來達成作業時, 就可以使用巨集來簡化人工處理的時間。

- **避免人工疏失**：在以人工的方式處理繁複的作業流程時, 可能會發生失誤的情況, 例如一時疏忽打錯字、計算錯誤、甚至誤刪了某筆記錄、…等。若將這些繁瑣的工作交給巨集處理, 就可避免掉一些人工的疏失。

- **龐雜的處理流程**：假如有一份報告, 我們想將這份報告裡的所有標題都設定成 "16" 字級、字體設定成 "粗體"、顏色改為 "紅色"；雖然您可以使用不同的方法來達成, 但是這些方法都需要經過好幾個步驟, 若將這些步驟全部製作成一個巨集, 就可以簡化複雜的步驟了！

了解到什麼是巨集以及巨集的使用時機後, 下面我們以一個簡單的例子來示範巨集的錄製。請開啟範例檔案 Ch14-01, 並切換到**業務部**工作表, 我們要將以下的工作製作成巨集：

- 利用**設定格式化的條件**功能, 將單日未滿 8 小時的工作時數, 以紅色加單底線標示。

- 計算每人每週的總工作時數及不足的時數。

- 將總工作時數不足 40 者, 填滿藍色底色。

01　了解巨集要進行的工作之後, 請切換至**檢視**頁次再如下進行操作：

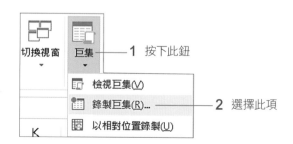

4　指定可以呼叫這個巨集的快速鍵 (請指定英文字母)

3　為巨集命名, 可
　依要進行的工作
　來命名

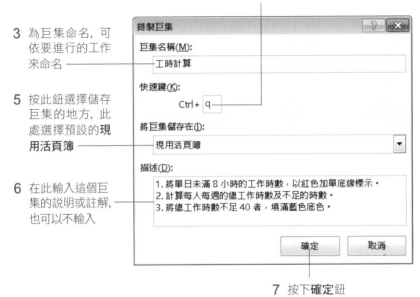

5　按此鈕選擇儲存
　巨集的地方, 此
　處選擇預設的**現**
　用活頁簿

6　在此輸入這個巨
　集的說明或註解,
　也可以不輸入

7　按下**確定**鈕

這時活頁簿視窗左下角的**狀**
態列會出現**正在錄製**按鈕,
表示已經在錄製巨集的狀
態 (按一下即可停止錄製)

巨集的儲存位置

巨集預設的儲存位置是在**現用活頁簿**中, 您可以依需求變更巨集的儲存位置, 以下就來
說明三種位置的差異:

- **現用活頁簿**:將巨集儲存在現用活頁簿中, 則此活頁簿中所有的工作表都可以使用
  該巨集, 當您儲存活頁簿時, 巨集也會一併儲存在活頁簿中。

- **新的活頁簿**:若是想將巨集與活頁簿的資料分開, 則可選擇此項。以此方式錄製好
  巨集之後, Excel 會自動產生一個新的活頁簿, 記得將此活頁簿儲存下來, 日後要使用
  巨集時, 必須先開啟這個活頁簿。

- **個人巨集活頁簿**:若您希望 Excel 所有的活頁簿, 都能使用錄製好的個人巨集檔, 則
  請選擇此方式, 將巨集儲存在 PERSONAL.XLSB 中。這樣一來, 在啟動 Excel 時就會自
  動載入 PERSONAL.XLSB, 並將其隱藏起來, 讓所有開啟的活頁簿都能使用該巨集。

02 開始錄製巨集後，請選取儲存格 B4：H10，然後按下**常用**頁次**樣式**區的**設定格式化的條件**鈕，執行『**新增規則**』命令：

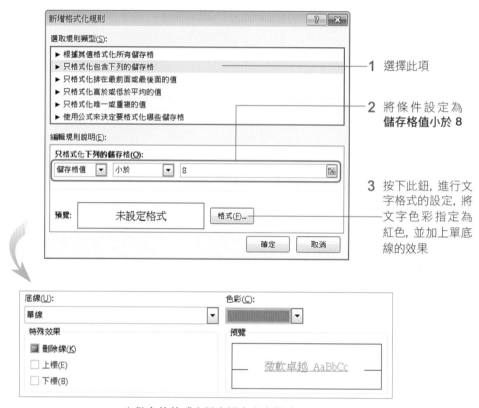

1 選擇此項

2 將條件設定為**儲存格值小於 8**

3 按下此鈕，進行文字格式的設定，將文字色彩指定為紅色，並加上單底線的效果

▲ 在**儲存格格式**交談窗設定文字格式

03 按下**確定**鈕，返回**新增格式化規則**交談窗後，按下**確定**鈕，上班時數小於 8 小時的記錄已經全部標示為紅色並加上單底線了，也就是完成了第一項的工作。

	A	B	C	D	E	F	G	H
1	每週工時記錄表							
2	日期	5月11日	5月12日	5月13日	5月14日	5月15日	5月16日	5月17日
3	星期	星期一	星期二	星期三	星期四	星期五	星期六	星期日
4	蔡芳榕	8.5	7	8	8.5	6.5		
5	王義星	9	8	8	8.5	8		
6	沈興言	7	8	8	8.5	4		
7	梅威威	8	7	7	8	8		
8	徐永生	0	8	8.5	8	8		
9	陳慧君	8	8.5	8.5	8	0	4	
10	何慧美	8	7	8	8	8	4	

◀ 工時小於 8 小時的記錄已經全部標示為紅色並加上單底線了

04 接下來我們要進行第二項的計算工作。請選取 I4 儲存格, 寫入公式 "=SUM(B4：H4)", 然後將此公式複製到 I5：I10 儲存格：

I4			fx	=SUM(B4:H4)				
	A	B	C	D	E	F	G	H	I

	A	B	C	D	E	F	G	H	I
1	每週工時記錄表								
2	日期	5月11日	5月12日	5月13日	5月14日	5月15日	5月16日	5月17日	加總 (小時)
3	星期	星期一	星期二	星期三	星期四	星期五	星期六	星期日	
4	蔡芳榕	8.5	7	8	8.5	6.5			38.5

在 I4 儲存格寫入公式, 計算出第一位員工當週工時總和為 38.5 小時

	A	B	C	D	E	F	G	H	I
1	每週工時記錄表								
2	日期	5月11日	5月12日	5月13日	5月14日	5月15日	5月16日	5月17日	加總 (小時)
3	星期	星期一	星期二	星期三	星期四	星期五	星期六	星期日	
4	蔡芳榕	8.5	7	8	8.5	6.5			38.5
5	王義星	9	8	8	8.5	8			41.5
6	沈興言	7	8	8	8.5	4			35.5
7	梅威威	8	7	7	8	8			38
8	徐永生	0	8	8.5	8	8			32.5
9	陳慧君	8	8.5	8.5	8	0	4		37
10	何慧美	8	7	8	8	0	4		35

將公式複製至其他儲存格, 立刻計算出所有人的工時總和

05 算出工時總和後, 我們要來計算每位員工不足的工時。請在 J4 儲存格寫入公式 "=IF(I4>40,0,40-I4)", 當總工時超過 40 則顯示為 0；總工時不足 40 者, 則算出缺少的時數, 再將公式複製到 J5:J10 儲存格：

J4			fx	=IF(I4>40,0,40-I4)				

	A	B	C	D	E	F	G	H	I	J
1	每週工時記錄表									
2	日期	5月11日	5月12日	5月13日	5月14日	5月15日	5月16日	5月17日	加總 (小時)	缺時 (小時)
3	星期	星期一	星期二	星期三	星期四	星期五	星期六	星期日		
4	蔡芳榕	8.5	7	8	8.5	6.5			30.5	1.5

在 J4 儲存格寫入公式, 計算出第一位員工不足的時數為 1.5 小時

	A	B	C	D	E	F	G	H	I	J
1	每週工時記錄表									
2	日期	5月11日	5月12日	5月13日	5月14日	5月15日	5月16日	5月17日	加總 (小時)	缺時 (小時)
3	星期	星期一	星期二	星期三	星期四	星期五	星期六	星期日		
4	蔡芳榕	8.5	7	8	8.5	6.5			38.5	1.5
5	王義星	9	8	8	8.5	8			41.5	0
6	沈興言	7	8	8	8.5	4			35.5	4.5
7	梅威威	8	7	7	8	8			38	2
8	徐永生	0	8	8.5	8	8			32.5	7.5
9	陳慧君	8	8.5	8.5	8	0	4		37	3
10	何慧美	8	7	8	8	0	4		35	5

總工時超過 40 者, 缺時為 0

將公式複製到其他儲存格, 即可算出該部門所有人不足的工時

06 算出該部門所有人的總工時及不足的工時後, 我們可以比照前面的做法, 分別選取 I4:I10、J4:J10 儲存格, 設定格式化規則:

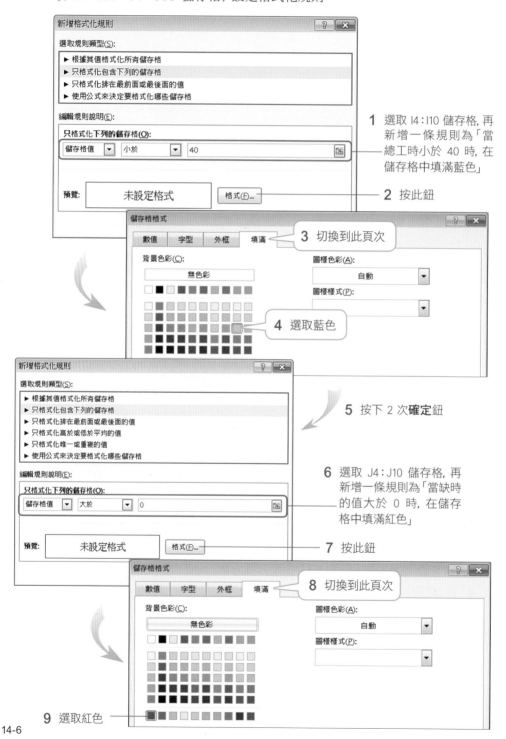

1 選取 I4:I10 儲存格, 再新增一條規則為「當總工時小於 40 時, 在儲存格中填滿藍色」

2 按此鈕

3 切換到此頁次

4 選取藍色

5 按下 2 次**確定**鈕

6 選取 J4:J10 儲存格, 再新增一條規則為「當缺時的值大於 0 時, 在儲存格中填滿紅色」

7 按此鈕

8 切換到此頁次

9 選取紅色

07 完成所有要執行的設定之後，只要按下**狀態列**的**停止錄製** ▪️，就完成巨集的錄製了。最後請記得要儲存檔案，才能將巨集儲存起來哦！儲存檔案時，注意要將檔案儲存為 Excel 啟用巨集的活頁簿，也就是 .xlsm 檔案格式：

> 要停止錄製巨集，也可以切換到**檢視**頁次，按下**巨集**鈕下半部執行『**停止錄製**』命令。

	A	B	C	D	E	F	G	H	I	J
1	每週工時記錄表									
2	日期	5月11日	5月12日	5月13日	5月14日	5月15日	5月16日	5月17日	加總 (小時)	缺時 (小時)
3	星期	星期一	星期二	星期三	星期四	星期五	星期六	星期日		
4	蔡芳榕	8.5	7	8	8.5	6.5			38.5	1.5
5	王義星	9	8	8	8.5	8			41.5	0
6	沈興言	7	8	8	8.5	4			35.5	4.5
7	梅威威	8	7	7	8	8			38	2
8	徐永生	0	8	8.5	8	8			32.5	7.5
9	陳慧君	8	8.5	8.5	8	0	4		37	3
10	何慧美	8	7	8	8	0	4		35	5

▲ 完成了所有的設定

儲存檔案時請選擇此項

14-2 執行錄製好的巨集

錄製好巨集後，接下來我們要來看看如何執行做好的巨集，請利用剛才已建立巨集
的檔案來練習。如果您未照上一節的說明錄製好巨集，請先開啟範例檔案 Ch14-
02.xlsm，依照以下步驟來執行巨集。

巨集的安全性警告

為了防止巨集病毒的侵襲，Excel 預設會停用巨集功能，以免使用者誤開含有巨集
病毒的檔案。因此當您開啟含有巨集的活頁簿時，視窗上會出現**安全性警告**訊息，提醒
您該巨集已經停用，您可以按下訊息旁的**啟用內容**鈕，將巨集啟用：

請按下此鈕

執行巨集

啟用巨集後，請切換至**企劃部**工作表，按下**檢視**頁次的**巨集**鈕 (上半部)，開啟**巨集**
交談窗：

1 選取剛才錄製好的巨集

2 按下**執行**鈕

	A	B	C	D	E	F	G	H	I	J	K
1					每週工時記錄表						
2	日期	5月11日	5月12日	5月13日	5月14日	5月15日	5月16日	5月17日	加總 (小時)	缺時 (小時)	
3	星期	星期一	星期二	星期三	星期四	星期五	星期六	星期日			
4	陳文輝	8	7	8	8.5	7			38.5	1.5	
5	王青青	0	8	8	9	8	4		37	3	
6	黃家明	7	8	8	8.5	4			35.5	4.5	
7	丁文林	8	7	7	9	6			37	3	
8	陳丁財	0	8	8.5	8	8			32.5	7.5	
9	何利莉	8	6	8.5	8	0	4		34.5	5.5	
10	蕭美麗	8	7	8	8	8			39	1	
11											

業務部　企劃部　行銷部　國貿部　總務部　（+）

▲ **企劃部** 工作表立刻套用了巨集中的設定

執行巨集功能後是無法復原操作的。因此若您對執行的結果不滿意，可以不儲存並關閉檔案，然後再重新開啟檔案來操作。

你可以繼續切換到其它工作表，並按**巨集**鈕來完成工時處理，也可以按剛剛設定的快速鍵 Ctrl + Q 來執行巨集。不過剛才我們在錄製巨集時，是選取整份活頁簿中資料筆數最多的儲存格範圍，所以在資料筆數較少的工作表中執行巨集 (如**行銷部**和**國貿部**工作表) 時，會發現**加總**欄及**缺時**欄會多出幾筆資料，這並不影響正確性，只要將這些多餘的資料刪除即可。你可以開啟範例檔案 Ch14-03 來瀏覽結果。

刪除巨集

若是想刪除錄製好的巨集，只要直接在**巨集**交談窗中，選擇要刪除的巨集名稱，然後按下**刪除**鈕即可。

您只能刪除啟用中的巨集。因此若在**巨集**交談窗中發現無法刪除該巨集，可以重新開啟活頁簿，啟用該巨集後再行刪除。

14-3 將巨集製作成按鈕以便快速執行

若您常常需要使用某一組巨集指令, 每次都要打開巨集交談窗來選取並執行, 或記不住快速鍵, 不如將巨集製作成按鈕, 之後只要按一下按鈕, 即可完成所需的工作, 方便又有效率。

將巨集按鈕放到「快速存取工具列」

現在就讓我們來練習這個好用的功能, 請開啟範例檔案 Ch14-04, 然後如下進行設定:

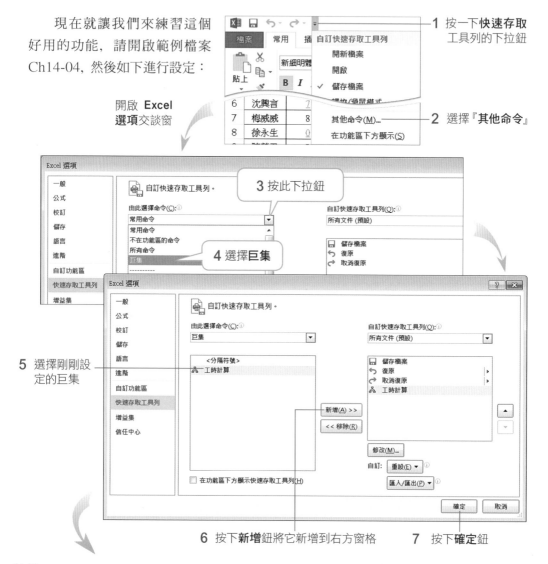

1 按一下**快速存取**工具列的下拉鈕

2 選擇『其他命令』

開啟 Excel 選項交談窗

3 按此下拉鈕

4 選擇**巨集**

5 選擇剛剛設定的巨集

6 按下**新增**鈕將它新增到右方窗格

7 按下**確定**鈕

在**快速存取工具列**新增了該巨集指令的按鈕

更改巨集按鈕的圖示

若您有好幾組常用的巨集，可以將它們都製作成按鈕，但是巨集按鈕的預設圖示都是 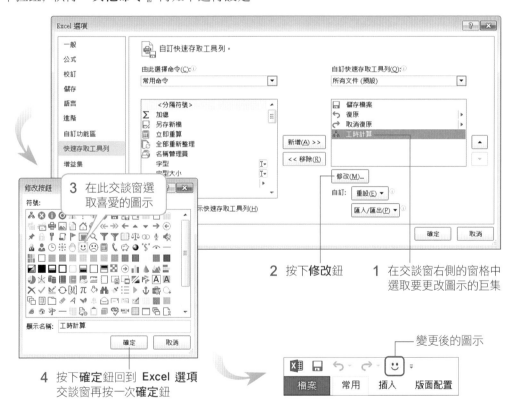，反而不容易辨識要使用的巨集。這時您就可以修改巨集按鈕的圖示，讓每個巨集都使用不同的圖示，並加上巨集的說明文字，以便區別。請按下**快速存取工具列**旁的下拉鈕，執行『**其他命令**』再如下進行設定：

3 在此交談窗選取喜愛的圖示

2 按下**修改**鈕

1 在交談窗右側的窗格中選取要更改圖示的巨集

4 按下**確定**鈕回到 Excel 選項交談窗再按一次**確定**鈕

變更後的圖示

當您將滑鼠移到按鈕上，還會顯示該按鈕的名稱，幫助你了解按鈕用途：

在**快速存取工具列**中預設的**儲存檔案**、**復原**、**取消復原**命令，無法修改圖示。

14-4 巨集病毒及安全層級設定

巨集病毒是電腦病毒的一種，主要是儲存在活頁簿或是增益集程式的巨集中。若我們不小心開啟了一個含有巨集病毒的活頁簿，或是執行一個可能驅動病毒的動作，就會讓活頁簿檔案自動感染到巨集病毒，並且摧毀檔案中的資料，所以在開啟含有巨集的活頁簿時必須小心謹慎。

Excel 的巨集防護措施

Excel 雖然不像專業防毒軟體一樣具有檢查毒的能力，但是它可以降低活頁簿感染巨集病毒的機會。每當您開啟含有巨集的活頁簿檔案時，Excel 便會出現安全性警告訊息。若您無視此訊息，仍可進入 Excel 主視窗，但無法使用巨集。若您確定巨集是安全的，就可以按下**啟用內容**鈕啟用巨集。

安全性警告訊息

變更安全性層級

若您確認所要開啟的活頁簿檔案中沒有巨集病毒，就可以將它啟用，但是每次開啟該活頁簿時都必須再啟用一次，可能會有點不便。由於 Excel 是根據安全性層級來決定是否顯示巨集病毒警示訊息，因此您可以修改 Excel 的安全性層級，讓警示訊息不再出現。請按下**檔案**頁次左側的**選項**鈕進入細部設定：

1 切換到 **信任中** 心頁次

開啟**信任中心**交談窗

2 按下此鈕

點選此項則只會啟用有數位簽章的巨集
檔案, 來源不明的巨集檔案一律停用

3 切換到**巨集設定**頁次

若您確定所有的巨
集都是安全無虞, 選擇此
項便不會再一直彈出擾
人的安全性警告標示。
之後在您要開啟安全
性有疑慮的檔案之前,
為了安全起見, 可以再
選擇其他設定

4 在此點選顯示安全性警告的方
式, 有 4 種安全性層級供您選擇

若是更改過巨集的安全層級, 但仍然無法使用巨集, 請關閉 Excel 再啟動一次就可以了。

　　看完了本章的介紹後, 相信您日後在處理一些重複性高的工作時, 會更有效率。若
是對程式設計有興趣的話, 可以學學 VBA 語法, 自己撰寫巨集程式, 讓巨集發揮更大
的效力哦！使用巨集雖然簡化不少操作步驟, 但我們也得提防巨集病毒的侵襲, 所以再
次提醒您, 在開啟巨集檔案時, 還是得小心謹慎才好。

感謝您購買旗標書,
記得到旗標網站
www.flag.com.tw
更多的加值內容等著您…

<請下載 QR Code App 來掃描>

1. FB 粉絲團:旗標知識講堂

2. 建議您訂閱「旗標電子報」:精選書摘、實用電腦知識
   搶鮮讀; 第一手新書資訊、優惠情報自動報到。

3. 「更正下載」專區:提供書籍的補充資料下載服務,以及
   最新的勘誤資訊。

4. 「旗標購物網」專區:您不用出門就可選購旗標書!

   買書也可以擁有售後服務,您不用道聽塗說,可以直接和
   我們連絡喔!

   我們所提供的售後服務範圍僅限於書籍本身或內容表達
   不清楚的地方,至於軟硬體的問題,請直接連絡廠商。

● 如您對本書內容有不明瞭或建議改進之處,請連上旗標
   網站,點選首頁的 讀者服務 ,然後再按右側 讀者留言版 ,
   依格式留言,我們得到您的資料後,將由專家為您解答。註
   明書名(或書號)及頁次的讀者,我們將優先為您解答。

   學生團體　　訂購專線:(02)2396-3257 轉 362
   　　　　　　傳真專線:(02)2321-2545

   經銷商　　　服務專線:(02)2396-3257 轉 331
   　　　　　　將派專人拜訪
   　　　　　　傳真專線:(02)2321-2545

國家圖書館出版品預行編目資料

老鳥都會!菜鳥必學! Excel 商用表單製作 /
施威銘研究室 作. -- 臺北市:旗標, 2015.07 面; 公分

ISBN 978-986-312-270-8 (平裝)

1. Excel (電腦程式)

312.49E9　　　　　　　　　　　104010535

作　　者/施威銘研究室

發 行 所/旗標科技股份有限公司

　　　　　台北市杭州南路一段15-1號19樓

電　　話/(02)2396-3257(代表號)

傳　　真/(02)2321-2545

劃撥帳號/1332727-9

帳　　戶/旗標科技股份有限公司

監　　督/楊中雄

執行企劃/林佳怡

執行編輯/林佳怡

美術編輯/張家騰

封面設計/古鴻杰

校　　對/林佳怡

新台幣售價:380 元

西元 2020 年 11 月 初版 6 刷

行政院新聞局核准登記-局版台業字第 4512 號

ISBN 978-986-312-270-8

版權所有‧翻印必究